동북아 사유와 건축이론

글 임기택

PART II 인도 및 동북아 건축 담론과 한국건축

1

첫 번째 주제

/

내재성의 철학과 생기(生氣)의 건축

주요철학자 소개

베다 사제(司祭, ?~?)

베다 경전은 사제들에 의해 만들어져 구전되었는데, 특정인이 주도적으로 저술했다기보다는 오랜 시간에 걸쳐 비밀스럽게 사제들과 사제들 간에 전파되며 다듬어지고 발전되어 왔다. 따라서 '무명(無名)의 철학' 혹은 '집단지성의 철학'이라고 할 수 있다. 특히 베다에서 종교적 특성을 제외하면 남게 되는 철학적 사유 부분인 '우파니샤드'는 인도철학의 원류가 되고 있다. 베다는 서양철학의 영향과 함께 이후 다양한 종교의 교리와 문화가 융합되면서 최종적으로 힌두교로 통합된다. 불교는 이후 동양에 전해지며 현재의 동북아 사유의 형성에 큰 영향을 끼치게 된다. 베다로부터 영향을 받아 나타난 철학 및 종교들의 공통점은 첫째, 불변의 브라흐만(세계)과 아트만(참 내적 자아)이 동일하다는 사유인 '범아일여(梵我一如) 사상'이며 둘째, 좋은 업(Karma)을 쌓으면 다음 생에 좋은 곳에서 태어난다는 '도덕보존의 법칙'으로부터 파생되는 윤회의 개념, 즉 '순환적 사유'이다. 베다는 동북아 사유에 많은 영향을 주었던 불교의 개념을 형성시켰고 동양의 문화의 원류를 탐구함에 있어서 매우 중요한 경전이다. 특히, 불교사상의 형성에 지대한 영향을 미쳤고 동양의 사유의 근본적인 내재성의 사유가 포함되어 있다는 점에서 중요하다. '범아일여'라는 내재성의 사유는 서양 사유와의 근본적인 차이를 만드는데 결정적인 부분이며 건축 부문에도 큰 차이를 가져왔다.

부처(싯다르타, 석가釋迦, BC 563? ~ BC 483?)

불교를 창시한 인도의 성자(聖者). 성은 고타마(Gautama) 이름은 싯다르타(Siddhārtha). 북부 인도에 있었던 한 나라의 왕자였으나, 세속적인 권력을 거부하고 출가하여, 이것과는 차원이 다른 종교, 사상 영역에서 불교를 창시하여 인류사에 커다란 영향을 주었다. 인간의 근본적인 고통의 본질을 깨닫고 해탈을 강조하여, 사성제(四聖諦:苦 · 集 · 滅 · 道)의 4가지 진리, 즉 현상계의 괴로움과 그 원인 및 열반과 그에 이르는 길)과 그 수행 방법인 팔정도(八正道)로 요약되는 사상을 펼쳤다. 무아(無我)를 깨달은 수행상태에서 생로병사와 각종 인연으로부터 발생하는 연기(緣起)의 고통을 끊는 해탈(解脫)의 경지를 추구했다. 불교에서는 해탈(참 자유)한 마음의 진리를 바탕으로 하여 열반(涅槃:nirvā_참 평화)의 경지를 추구해야 함을 대중에게 전파했다. 불교는 인도에서 창시되고 이후 동방으로 전파되어 동북아의 유교, 도교 등과 경쟁, 융합되며 하나의 사상인 성리학으로 통합되었다. 이후 종교로서의 지위뿐만 아니라, 동북아 세계관과 철학에 지대한 영향을 끼치게 되는데, 그러한 세련된 인식론을 형성하는데 토대를 만든 인물로, 그의 사상은 인간 본성에 대한 깊은 인식론적 성찰을 보여주고 있다. 마음의 치유와 진여(眞如)를 찾고자 하는 방식은 동북아 건축의 자연관과 사상적 특성에 많은 영향을 끼쳤다.

노자 (Laozi, 老子, ? ~ ?)

도교 사상의 시조로, 성은 이(李), 이름은 이(耳). 노장사상에 있어서 대표적 인물로 생몰연대나 실존 인물이었는지에 대한 논란이 있다. 공자의 인위적인 윤리나 예절을 중시하는 유교적 방식과는 대조적으로 인위적인 것을 배제하는 '무위자연(無爲自然)' 이 사상의 핵심이다. 상선약수(上善若水)로 요약되듯이, 물의 흐름과 같이 순리대로 흘러가는(이루어지는) 세계의 운행(道)이 중요하다고 생각했다. 이를 위해 '도(道)' 라는 개념을 설정하여 만물의 운행과 생성 및 소멸이 순리에 따라 이루어져야 함을 주장하였고 더 나아가 형이상학적 개념으로 발전시켰다. 이후 노장사상은 음양오행, 점술, 주술적 요소들이 다양하게 결합되면서 대중들에게 친근한 도교로 발전했고 때로는 은둔 세력 혹은 혁명적 세력들이 노자의 사상을 이용해 반란의 봉기를 일으켜 불타오르기도 했다. 후에 유학과 결합 된 황로지학, 현학, 주자학(성리학)에 이르기까지 많은 영향을 주었다. 기존 체제에 대한 '전복'

의 측면과 함께 순리를 따라야 한다는 것과 전체를 중시하는 성향이 공존하며 후에 제국주의 사상의 부정적인 부분에 영향을 주기도 했다. 또 내재적 질서인 '도(道)' 의 개념은 보수적 개념과는 달리 기존의 질서를 파괴하거나 탈주하는 개념으로 사용되었다. 이렇게 노장사상은 보수와 진보적 가치에 영향을 주기도 하는 등 전혀 다른 두 가지의 얼굴을 가진 사상이다. 건축에서도 내재적 신의 속성은 다양한 양태의 변화를 중시하는 스피노자의 사유와 이후 그의 영향을 받은 들뢰즈의 사유와 친연성이 있어서 오늘날 '탈주의 철학' 과 밀레니엄 이후 '유동적 흐름' 의 건축과 연계되며 활발하게 담론화되고 있다.

장자 (莊子, BC 369~BC 289?)

중국 고대 제자백가(諸子百家) 중 노자와 함께 도교의 대표적인 사상가. 역설(paradox)를 통해 행위와 사건, 사물의 다른 차원의 시각과 해결방식을 추구하며 세속적 가치를 초월하고자 하는 철학을 펼쳤다. '무위자연(無爲自然)' 의 개념을 중시하는 점과 '도(道)' 를 천지 만물의 근본원리로 보는 점은 노자와 유사하나 그와 다른 사상적 특징은 '도' 가 개별적 사물들에 전개된 것을 '덕(德)' 이라고 생각하고 이를 중시했다는 점이다. 노자가 전체를 중시하는 성향으로 인해 화엄 사상의 제국주의적 가치에 적합한 탑다운의 사유로 전파되거나 오용된 것과는 달리, 장자의 사유는 대척점에 있는 보톰업의 사유이다. 노장사상으로 노자와 장자가 함께 묶여 언급되지만 이러한 대립적 사유의 특징이 있음을 유의해야 한다. 노자와 마찬가지로 범신론적인 특성과 유사하게 보이는 것이 장자의 사유에 있어서 공통적으로 나타난다. 장자는 노자가 도가 천지 만물의 공통된 본성이라고 본 점은 동일하지만, 장자의 사유는 개별존재자들의 위상을 중시하여 각각의 독립적인 개체의 뜻이 합쳐져 보텀업(bottom-up)되는 사유를 중시했다는 점에서 차이가 있다. 전체보다는 개체의 자유를 중시하는 특징은 현세와의 타협을 배제한다는 점에서 자유분방한 측면이 있어서 예술에 많은 영향을 주었다.

들어가며

'건축의 한국성' 이라는 주제는 사상적 문화적, 세계적 관점으로 다양한 지형을 만들어내고 있기 때문에 포스트모던 사회를 살아가고 있는 우리의 자화상만큼이나 간단치 않은 주제이다. 그럼에도 불구하고, 결국 이 시대 이 땅에 살고 있는 건축인이라면 '한국성, 한국적인 동시대 건축을 어떻게 성취해야 할 것인가' 라는 물음으로 항상 귀결되는 것을 경험하게 될 것이다. 이 책은 오늘을 사는 우리가 어떤 사상적 지형에 위치하는지의 질문과 함께 오늘날의 외적 변수와 동북아 사상적 지형을 연계하여 이에 적합한 동시대 건축을 어떻게 구축할 것인가에 대한 니즈로부터 시작하여, 전반적인 이해를 바탕으로 실천을 위한 사유를 추구한다.

서양철학이 중심이 되는 '현대 철학과 건축이론 시리즈' 를 쓰고 난 이후, 동북아 사유와 건축과의 사상적 관계성에 대해서 연구해보아야 겠다는 생각을 하게 되어 이 작업을 시작했고 꽤 오랜 시간이 흘렀다. 연구 과정에서 '건축의 한국성' 과 관련하여 다차원적이고 까다로운 사상적 연결, 건축적 연결작업에서 일정 부분 성취도 있었다. 그러나 필자의 의도와는 별개로 그것은 너무나 방대한 작업이어서 마치 블랙홀에 빠지는 듯한 느낌을 계속해서 경험하게 되었다. 시간이 흐르면서 한국의 위상이 높아지고 문화적으로 다양한 분야에서 훌륭한 업적들이 늘어나면서 건축적 담론과 논의의 업데이트가 계속해서 필요했고 글로벌 시대의 동시대성과 전통의 가치 사이에서 혼란을 경험했다. 이 과제는 어쩔 수 없이 어느 정도 욕심을 버리고 현재까지의 수준에서 멈추어야 하는 과제임을 깨닫게 되었다. 부족한 점이 발견된다면 그 자체로 필자의 한계임을 고백할 수밖에 없다. 다만 이 책 이후에도 지속적으로 '건축의 한국성' 에 대한 관심을 가지고 정진하겠다는 약속

한다. 이 책이 이 주제와 관련하여 건축인들에게 조그마한 암시가 되고 한국성에 대하여 생각해보는 계기가 된다면 그것 자체로 의미가 있을 것이다.

이 책을 쓰는 데 있어서 강신주, 김광현, 김동욱, 김봉렬, 김성우, 김인철, 김정동, 김홍식, 박언곤, 안영배, 안창모, 윤장섭, 이상헌, 이상해, 이정우, 임석재, 전봉희, 함성호 선생 등 뛰어난 선학들의 연구들이 큰 도움이 되었다.(가나다 순) 그분들의 혜안과 노력이 없었더라면 이 작업은 생각해볼 엄두도 낼 수 없었을 것이다. 또한 어려운 시대적 상황과 여건에서 한국성의 동시대적인 건축을 구현하기 위해 노력하셨던 건축가들에게 큰 존경의 마음을 표현하고 싶다.

1권의 화두를 생각해보자. 포스트모던 시대를 살아가고 있는 우리는 급격한 근대화를 경험하면서 정체성의 혼란기를 거쳤다. 이러한 혼란은 일정 부분 현재에도 계속되고 있다. 일제의 조선에 대한 강제 합병과 식민지 시기 동안에 우리는 급격한 서구 문명의 도입으로 인해 물적 정신적, 토대의 변화와 혼란을 경험했다. 그러나 연이어 벌어진 타자에 의한 해방과 한국전쟁으로 인해 우리는 역사의 소용돌이에 빠져 과거와 급격하게 단절되었다. 이어서 서구의 사조와 문물이 동시에 쏟아져 들어와 우리는 정신적으로는 동양적 사고하고 있으나, 물질적인 부분은 서구 과학 문명에 지배되며 극도의 혼란함을 경험해왔다. 근대 이후 이성과 과학 분야에 있어서 매우 큰 격차로 인해 조선말 이후부터 한국과 서양의 관계는 수직적이고 강압적인 관계 속에서 고통받아야 했다.

오늘날 우리는 다시 우리의 문화적 자산과 영향을 끼친 근본적인 사상에 대해서 다시 평가하고 새롭게 재조명하는 움직임을 목도한다. 그것은 각종 매체의 상업적 의도로 주도된 측면도 있지만, 한편으로는 후기 산업 시대로 들어서고 소득 수준이 높아지면서 동북아 문명권과 자국 문화에 관한 관심이 문화적 콘텐츠를 다양하게 만들고자 하는 하나의 흐름으로도 나타났다고도 볼 수 있다. 또한 그것은 토착적이고 자생적인 근대화를 이루지 못했던 지난 우리의 역사에 대한 반성과 갈망의 표출이라고 볼 수도 있을 것이다. 우리는 서양과 동양의 사유를 동시에 충분히 습득하고 그 이해를 바탕으로 대등한 입장에서 새로운 사유와 그것을 적용한 건축이론과 작업을 수행해야 할 것이다.

결국, 우리에게는 폐습을 끊어내고 한꺼번에 들어온 근대의 문명 중에 폐해가 되는 것을 동시에 극복해야 하는 과제를 안고 있다. 우리의 동양 문명권과 동북아 사유체계는 기타 문명권에서 발견하기 힘든 장점이 분명히 존재하며 이것은 사유뿐만이 아니라 건축문화에서도 많은 장점이 있음을 알고 있다. 서구의 사유와 교육체계에 의해 동일성의 폐해를 보이는 우리나라의 건축 현실을 생각해보았을 때 동북아 사상과 연계되는 우리의 건축적 자양분이 될 수 있는 동북아 사유체계와 건축적 가능성을 살펴보는 것은 무척 중요하다. 문명권이 다르고, 풍토가 다른 이유에서 동북아인들에게는 인류의 공통적인 구조로는 설명할 수 없는 다른 차원의 정신적, 물질적, 공간 구조적, 표현적 요소들이 존재한다. 그것은 이성적인 것으로는 설명하기 힘든 영역도 존재한다. 그중 상당 부분은 풍토의 차이와 같이 문자 그대로 '다른 것' 이다. 다른 것은 다른 것으로 인정하고 다른 것을 존중하는 태도가 필요하다. 다른 사유체계와 관점을 인정하고 이질적인 사유를 주체적으로 사유하여 현대적인 관점에서 새롭게 적용할 때 새로움을 창조하고 역으로 다른 문명권에 영향을 끼치며 의미를 생성할 수 있을 것이다.

그에 따른 화두는 다음과 같다.

-베다가 불교 및 힌두교에 어떠한 영향을 주었는가?

-인도철학의 어떠한 특징이 동북아 철학과 건축에 어떠한 영향을 주었는가?

-소승불교와 대승불교의 차이점과 사유의 주요특성은 어떠한가?

-오늘날 힌두교 통합의 의미는 무엇인가?

-인도불교가 전파되며 동북아 세계관과 융합되며 어떠한 상황으로 전개되었는가?

-인도 및 중국의 사유가 한국에 있어서 어떠한 영향을 주었는가?

-동북아 건축문화의 특성과 초기 인도건축의 영향은 무엇인가?

-초기불교와 연계된 건축적 담론과 특성은 어떻게 전개되었는가?

-도교와 연계되어 발전된 건축담론과 특성은 어떻게 나타나는가?

-동시대 건축과 연계된 동북아 건축담론은 어떻게 나타나는가?

등을 중심으로 함께 사유할 것이다.

인도철학과 중국 초기불교 및

PART I

도교 사유의 특성

인도철학의 특성과 전개

동북아 사상을 연구하기에 앞서 인도 사상을 먼저 살펴보는 이유는 무엇일까? 먼저 사상사적으로는 인도의 사상이 동북아 사상에 있어서 중요한 한 축인 불교를 생성하고 전파했기 때문이다. 또한 세계의 운행을 순환하는 기의 흐름으로 보는 내재성의 사유가 중요한데, 동북아 사유가 인도의 사유와 공통분모도 있고 영향도 깊이 받았기 때문이다. 내재성의 철학의 전통과 생기를 중심으로 하는 사상과 문화의 특성은 아시아의 공통분모라고 할 수 있다.

동북아에서 유, 불, 도교는 서로 경쟁하며 상호보완되며 각자 발전되고 융합되었는데, 불교가 동북아에서 꽃핀 이유는 상대적으로 세련된 인식론을 중심으로 하면서 동북아에서 도교에서 보이는 공통분모를 통해 전파되었기 때문이다. 거기에는 인도가 서양과 동양의 접면에 위치하였기에 서양의 논리적인 측면에 영향을 받은 것도 있지만, 자연의 생명력을 찬양하고 숭배하는 측면이 함께 작용하고 있으며, 자연합일의 정신과 논리적인 인식론이 작용했기 때문이다. 동북아에서 불교는 초기에 도교의 자연합일의 공통분모를 중심으로 친근하게 도입되었고, 점차 세련된 인식론을 바탕으로 그 교세를 확장해 나가면서 경쟁하고 상호 영향을 주고받으며 융합되었다. 불교는 당시 동북아 사유에서 부족했던 인식론을 보완, 강화하는 데 큰 역할을 했던 것이다. 이런 측면에서 인도 사상의 기원과 사상의 흐름을 살펴보면 오늘날의 동북아의 사상적 배경과 함께 물리적 특성을 만들어내는 매커니즘의 본질에 다가설 수 있을 것이다.

불교사상은 인도의 베다로부터 강한 영향을 받았는데, 인도 베다는 크게 시가(찬송), 의례(ritual), 제사(비밀의 주문), 우파니샤드(철학) 등의 네 가지 요소들로 구성되어 있다. 이것은 종교의 근본적인 구조이기도 하다. 여기서 중요한 것은 우파니샤드이다. 우파니샤드는 불교 철학의 주요 바탕을 이루고 있으며 우파니샤드의 사상적 특징은 동북아 사유의 특성과 유사한 지점을 공유하고 있다. 향후, 인도 사상 전반에 큰 영향을 끼쳐왔다. 이러한 점이 바로 인도 사유의 근간으로부터 동북아 사유를 시작하는 이유가 된다. 이제 인도 사상으로부터 이 여정을 시작해보기로 하자.

0101 인도철학의 형성배경과 특성

풍토(風土)로 대변되는 기후와 토양이 만들어내는 자연의 현상은 인류의 사유 형성과 발전에 있어서 매우 중요한 외적 변수이며, 건축에서는 거의 절대적인 영향력을 끼치는 조건이다. 동북아 사유에 많은 영향을 준 인도 사상의 경우, 생명력이 충만한 자연과 변화무쌍한 풍토의 기후로부터 사상의 형성에 절대적인 영감을 받게 되었다. 자연의 변화와 신(神)적 속성이 외부에 존재하며 인간을 심판하는 신이 아니라 신 자체가 자연의 내부에 있다고 보는 '내재성(內在性)의 사유'는 상당 부분 원시에 가까운 자연조건과 풍토로부터 기인한 것이었다.

인도 풍토의 기본적인 소건은 다음과 같다. 북쪽으로는 세계의 지붕인 히말라야산맥과 데칸고원이 가로막고 있어서 고대로부터 북쪽의 외세 침범을 막아주었다. 북쪽의 외세 침범은 히말라야산맥이라는 천혜의 자연적인 요인으로 막을 수 있었으나, 이로 인해 역사적으로는 중앙 평원의 내부에서 많은 왕권이 바뀌면서 독자적인 문명을 개척하고 있었다. 북인도의 인더스강은 서쪽으로 갠지스강은 우측으로 다른 방향으로 흐르며 비옥한 평원을 이루고 있다. 이처럼 인더스강 유역의 펀잡(Punjab) 지방에서 세계 4대 문명 중 하나인 인더스 문명이 생성되었고 동쪽으로 흐르는 갠지스강은 신성한 강으로 여겨져 순례의 중심지가 되었다. 인도에서는 기후, 언어, 인종, 관습 등에 있어서 다양한 문화와 사유가 넘나들며 융합되었다. 중부지방에는 데칸고원이 밀림지대를 형성하여 이를 경계로 남부와 북부로 나누어진다. 인도에서는 지진과 해일, 홍수, 가뭄 등이 연속하여 등장하기 때문에 초자연적 현상들이 백성들의 삶을 지배한다. 따라서 고대의 인도인들은 거대한 힘으로 인간에게 큰 영향을 끼치는 자연현상 이면에 절대적인 신들이 존재한다고 생각했다. 초자연적인 현상이 지배하는 상황이 지속되면 인간은 자연스럽게 신을 찾게 마련이다. 초자연적인 자연의 재해에 신음하게 되면, 그 앞에 한없이 작아지는 인간의 존재를 생각하면서 자연이라는 신 앞에 놓인 인간이라는 존재를 사유하게 되기 때문이다.

이와 같이, 인도인은 대자연(밀림지대의 풍토)에서의 삶과 죽음, 그리고 생명이 창발되는 현상이 어디로부터 연유한 것인가에 대해 질문을 할 수밖에 없는 환경에 둘러싸여 있었다. 인도에서는 이러한 자연환경 때문에 자연스럽게 형이상학적 사유가 발달했다. 또한 서양과 동양이 접하는 지리적 위치로 인해 서양의 논리적 사고로부터 큰 영향을 받았다. 실제 아리아인들의 이주로 인해 이러한 논리적 경향의 사상 및 문화가 접목된 것으로 보고 있다. 또한 그들의 언어 역시 서양의 어원과 문법구조를 따르고 있다. 이것 역시 논리적 성향의 사상의 지형 형성에 큰 영향을 주었다. 인도 사상은 이후 특유의 대자연 생성과 소멸, 그리고 울창한 삼림의 자연경관에서 주로 생명의 생성과 소멸, 창발과 관련된 주제의 철학들이 등장했고 자연을 관조하면서 사유하는 명상이 중심이 되는 가운데 형이상학과 실천의 사유가 발전했다. 끊임없이 자연이 생멸하고 변화하는 환경에서 인도인은 자연스럽게 불멸성과 생의 의미에 대한 질문에 집중하여 사유했다.[1] 이러한 초자연적 현상에 대하여 반응하며 생활 깊숙이 뿌리박혀 있는 민간신앙은 브라만교에 남아 있었고 오늘날까지도 지대한 영향을 끼치고 있다. 특히, 세계 대부분 종교에서 성(sex)과 관련된 요소를 금기시하는 방향과는 달리 인도의 종교들은 성을 긍정적으로 보는 경우가 많다. 인도의 탄트리즘과 카마수트라 등의 문화는 양과 음이 만나 무아지경이 되는 순간과 새로운 생명이 잉태되어 창발되는 순간을 찬미하고 있다. 이것은 자연의 생성과 변화 흐름을 긍정하고 중요시하는 인도 특유의 문화를 만들어내고 있다.

1) 고대 중국 사상은 처음부터 실천적 행위와 인간 공동체의 문제, 즉 윤리학의 문제에 집중해 있었다. 지극히 다양한 양태로 출현한 고대 그리스 철학에서는 인식과 행위 문제가 좀 더 중시되기는 했으나 세 가지 물음 모두가 사유의 대상이었다고 볼 수 있다. (이정우, 세계 철학사, 길, 2018, p.37)

인류의 사유가 창발했던 시기는 일반적으로 거대한 크기의 대륙에서 여러 나라로 분열되어 전쟁으로 어지러울 때가 그러했다. 전쟁으로 어려운 가운데 처하게 되면 어떻게 살아야 하며 어떻게 나라를 다스려야 하는지에 대해서 논리와 명분을 앞세우는 세력들이 그들의 행동의 명분을 논리적으로 받쳐줄 사상을 필요로 하기 때문이다. 중국에서 제자백가의 자유로운 사상가들이 출현했던 시기가 바로 이러한 정치, 사회적 분위기가 지배하던 때였다.

중국 춘추전국시대에 제자백가들에 의해 각종 사상이 꽃피는 경향과 유사하게 인도에서도 소규모 부족들로 전쟁이 빈발한 시기인 BC. 6세기경에 이러한 현상들이 발생했다. 중국 춘추전국 시대의 제자백가는 정치적인 집단이자 철학적 사유를 지향하며 도덕적 기준을 논했던 사람들이다. 그러나 인도의 사상가들은 더 종교적이고 현학적인 측면이 강했다. 밀림의 자연적 생성과 소멸의 변화가 강하게 작용하는 풍토의 조건에서 좀 더 초자연적인 현상에 기대어 위계를 설정하고 통제하고자 했던 지배 세력들은 종교적, 사변적 사유와 연계하여 권력을 쟁취하거나 동조하며 권력을 나누어 가졌다.

계급과 관련하여 인도의 가장 큰 사회적, 계급적 특징은 바로 '카스트'라는 신분 질서이다. 인도에서는 기원전 10세기경에 베다의 주석서인 브라흐마나가 만들어지면서 정통 브라만교가 성립되었다. 이들은 카스트라는 4계급 신분제도를 정착시켰다. 승려 계층인 브라만이 특히 특권을 가지게 되었다. 여러 부족으로 나누어져 있던 세력 중에 부족들을 복속시키고 통일한 정복자들이 그러한 특권을 가지게 되었을 것이라는 점은 쉽게 짐작할 수 있는 부분이다. "카스트가 형성된 데는 그럴 만한 이유가 있었다. 스페인이 남미를 정복하여 지배한 상황과 유사하게도, 서쪽에서 온 아리아인들이 인도의 원주민을 정복했지만, 수적으로 열세였던 아리아족 지배계급은 원주민과 피를 섞어 소멸되지 않기 위해 순수 혈통을 엄격히 유지할 필요가 있었다. 그리하여 우선은 아리아와 수드라라는 두 계층으로의 분화가 일어났는데, 수드라라는 계층명은 원래 아리아족에 의해 정복당한 민족의 이름이었던 것으로 보인다. 따라서 계층분화가 일어났다기보다는 정복자와 피정복자의 관계가 카스트에 의해 존속되고 회복 불가능하게 고착된 것이라고 말할 수 있다."[2]라고 평가한 것과 같이 오늘날 인도 카스트 제도의 정착과 사회적 관계는 권력 관계의 정착과 밀접한 관계를 맺으며 사회구조가 형성되었다.

사회가 발전하는 단계로 생각해보면, 최초로 사분오열되어 있는 부족들을 무력으로 통합하는 과정에서 자연스럽게 무력을 중심으로 하는 전사(戰士) 계급이 우월한 지위를 차지하게 되었을 것이다. 그러나 권력을 잡고 평화가 지속되고 어느 정도 안정기에 접어들게 되면 전사 계급보다는 지식 혹은 종교를 기반으로 하는 세력들이 권력을 획득하기 마련이다. 앞서 언급한 바와 같이 인도의 경우, 초자연적인 힘이 강력한 가운데 이를 다스리고 하늘에 제사를 지내는 승려계급이 집권하게 되었고 정치적 영역까지 영향력을 행사하게 되었다. 동북아의 철학자들은 문사(文士)이면서 권력의 정치적 지배계급이었다면, 인도에서는 종교지도자들이 그러한 사회지도계층을 독점하여 권력을 유지하고 있었다. 브라만 계급은 자신들의 지위를 유지하기 위해 제사를 위한 지식과 세계관과 철학 부문에 있어서 비밀을 독점하고 유지하며 사제(司祭) 관계에서만 지식을 전파하고 계승했다.

아리안족의 이동으로 서양의 문명이 전파되고 정착된 인도에 또다시 알렉산더가 침공하면서 본격적으로 서양문명이 전해지고 동양의 문명과 서양의 문명이 만나게 되었는데, 이를 계기로 인도인들은 독특한 간다라 문명을 창조했다. 간다라 문화 및 미술 등의 유산은 상당 부분 서양의 논리적이고 합리적인 사유 및 세계관과 서양의 문화가 동방문화에 융합되고 이를 전파되는데 중요한 계기를 만들었다. 물질이 공간을 차지한다는 개념과 물체들이 운동하는 총량이 일정하다는 개념 역시 서양의 수학적, 물질적, 기계론적 세계관이 반영된 것이었다. 이처럼 인도의 사유는 서구의 외재적, 논리적 세계관과 동양의 내재적, 직관적 세계관이 접목된 사유이며 특유의 자연, 역사 환경의 영향이 빚어져 만들어진 사유이다. 이

2) 이정우, 세계 철학사2, 길, 2018, p50

제 생명의 찬미와 논리성이 결합된 인도의 사유가 어떠한 특성이 있는지 본격적으로 살펴보기로 하자.

0102 베다의 구성과 범아일여 사상

모든 종교는 신을 빌거나 혹은 윤리를 앞세워 계급의 구분 및 위계설정을 하는 경향을 보여왔다. 이 과정에서 권력 행사의 당위성을 구축하고 강화하며 세습하는 특성을 보이기 마련이다. 이를 위해 종교는 일반적으로 네 가지의 요소들을 사용하여 권력의 체계를 구조화 해왔다. 그것은 인류의 공통분모로 각 문명권에서 유사하게 나타난다. 종교를 구성하는 네 가지 요소는 신을 찬송하는 시가(찬송)와 의례(제사의 의식)와 제사(祭祀, 비밀의 주문) 등이 있다. 마지막으로 일반인들에게 이성적으로 종교적 세계관을 이해시키고 설득시킬 수 있게 만드는 철학사상 체계가 존재하게 된다. 여기에서 중요하게 다루는 부분이 바로 철학(사상) 부문이다.

제정일치 시대에 만들어져서 구전되고 다듬어진 베다는 당시 사회의 엘리트들 사이에서 비밀스럽게 전수되었기에 폐쇄적인 특성을 지녔고, 이것은 카스트 세도의 계급의 고착화를 만드는 데 일조하게 된다. 이러한 폐쇄적인 권력조직에는 항상 폐단과 권력의 오, 남용이 발생하게 되어 있다. 이렇게 고대 인도에서는 폐쇄적인 권력승계로 인해 다양한 폐해가 발생했고, 그 결과 해탈의 평등을 설파했던 부처의 불교가 생성되고 전파되었던 중요한 이유가 되었다.

고대 베다로부터 불교 및 자이나교, 육파철학, 그리고 힌두교에 이르기까지 인도의 종교에는 다음의 공통 특징이 있다. 『베다』의 종류는 크게 운문(찬가)이 위주가 되는 리그베다(Rigveda)와 노래(가요)로 이루어져 있는 사마베다(Samaveda), 공물 제의(제사)에 관한 지식이 주가 되는 야주르베다(Yajurveda), 마법(주술)에 관한 지식이 주가 되는 아타르바베다(Atharvaveda) 등의 네 가지로 구분되는데 각각의 베다는 공통적으로 다시 다음의 네 가지 공통적인 요소들이 포함된다.

그 요소들은 찬가, 제문, 주문 등의 내용으로 다음의 네 가지 요소들로 구성된다.
만트라(Mantra)-진언. 찬송가와 기도문.
브라흐마나(Brāhmana)-공물을 놓고 기도와 주문을 말할 때의 법식(제례의식)
아라냐카(Aranyaka)-삼림서, 숲에 사는 은자들을 위한 글
우파니샤드(Upaniṣad)-심오한 가르침, 철학적으로 가장 중요한 문헌.[3]

등으로 구성된다. 여기에서 우리가 관심을 집중하는 것은 철학 부문인 우파니샤드이다.

이처럼 베다의 네 가지 요소는 모든 종교가 가지는 공통분모이다. 신에게 바치는 찬양(찬송가), 신을 위해 제사를 지내는 기도문, 예식(禮式, ritual), 그리고 그 종교의 철학적 사상으로 구성되면서 해당 신의 권위와 교세가 확장되게 된다. 베다의 경우에도 이러한 요소들로 이루어져 있는데, 그중에 여기에서 중요한 것은 우파니샤드이다. 우파니샤드는 이후, 불교의 사상에도 결정적인 영향을 미쳤으며 한편으로 여러 종교가 명멸하면서 오늘날의 힌두교로 통합된 가운데에도 가장 큰 영향력을 끼쳤다.

앞서 언급한 바와 같이 인도는 초자연적 현상과 광활한 자연환경 및 다양한 문화의 유입 등으로 인해 초자연현상을 숭배하는 신격화가 두드러진 문명이었다. 이처럼 인도에서는 초기 종교 형태인 토테미즘, 샤머니즘의 영향으로 인해 모든 자연현상을 신격화하여 찬양하는 범신론적인 문화가 발달했는데 그것이 바로 베다 경전으로 남게 되었다. 후에 제사장 계급인 브라만들이 익명으로 베다 경전을 다듬어 하나의 경전으로 구축하여 전승했다.

"조로아스터교는 선신과 악신이 투쟁하는 우주적 드라마라고 할 수 있다. 반면 아바타라=화신(化身)의 존재론에 입각한 브라만교 및 힌두교에는 이런 날카로운 이원론이 보이지 않으며, 또 시간적 드라마보다는 공간적 전변(轉變)의 사유가

3) 이정우, 세계 철학사 2, 길, 2018, p501

압도적이라 할 수 있다."[4]라고 언급했듯이 기독교의 전신인 조로아스터교로 대표되는 서양의 이원론적 특성보다는 순환적인 변화의 특성이 동북아 사유에 상당 부분 영향을 주었다고 볼 수 있고 다른 한편으로 동북아 사유의 기본적인 성향 자체가 본래부터 순환적 사유에 있어서 공통되는 특성이 존재했다고 볼 수도 있다. 인도에서는 서양의 사유에 영향을 받기는 했으나 서양의 이원론적 세계관과는 다른 내재성의 종교적 자세와 사상적, 문화적 특징이 자리 잡고 있었다.

우파니샤드에서 두드러진 사유의 특징은 인간의 시간이 **'순환적인 원형 구도'**로 그려져 있다는 점에 있다. 그것은 서양의 외재적이고 한 방향의 발전성의 시간관 즉, 선형의 발전적인 시간관이 아니라 사람이 살다가 죽으면 다른 생으로 다시 태어나는 순환적 시간관(윤회)을 선택하고 중시했다는 특성이 있다. 불교의 윤회 시간관과 윤리관은 이후 불교의 사유의 기본적 메커니즘이 되었다. 육신에 정신이 깃들고 육신이 소멸되기 전까지 깨달음을 얻게 되면 괴로움을 끊고 괴로움에서 벗어나 해탈하게 될 것이라는 메커니즘과 구도, 그리고 선악의 윤리적 잣대와 누적되는 카르마(업, 業)의 개념이 순환적 시간관에 있어서 핵심이다. 그것은 수로 베다의 우파니샤드로부터 영향을 받은 것이다.

-범아일여(梵我一如) 사상

베다 사상에서 발견할 수 있는 공통적인 특징은 다음과 같다. 첫째, 범아일여(梵我一如) 사상이 있다. 이것은 불변의 브라흐만(세계, 우주)과 아트만(참 내적 자아)이 동일하다는 사유인데, 신적인 속성이 나와 자연에 동일하게 존재한다는 범신론적, 내재성의 철학이라는 점에서 신의 속성을 외부에서 찾고자 했던 서양과 근본적인 차이를 보이는 부분이다. 둘째, 좋은 업을 쌓으면 좋은 곳에 태어난다는 '업(業, Karma)'의 개념을 들 수 있다. 달리 말해, 그것은 질량보존의 법칙과 유사하게 '도덕보존의 법칙'으로 불릴 수 있다. 선하고 악한 업을 쌓는 것에 따라 내생에서 달리 태어난다는 업(業)의 개념은 연기(緣起: 인과 연에 의해 서로 연계되어 생기는 개념)에

4) 이정우, 상게서, p500

따라 윤회하며 새롭게 태어난다는 생각에 영향을 주었다. 이러한 업의 개념은 동양의 순환적 사유와 공통적인 부분이며 이후 불교사상의 성립과 전파에 많은 영향을 끼쳤다.

힌두교의 역사에서 베다 시대 말기(기원전 700년부터 500년 사이)에, 우파니샤드의 내용에 우주의 궁극적인 실재인 브라흐만(梵)과 개인의 진정한 자아인 아트만(我)은 하나(一如)라는 범아일여(梵我一如)의 개념이 정립되었다. 이후 범아일여 사상은 힌두교의 여섯 가지 정통(正統) 사상인 육파 철학이 성립되는 데 결정적인 영향을 주었고, 철학 및 종교 전반에 큰 영향을 끼쳤다. 범아일여(梵我一如)에서 '범(梵)' 은 브라흐만을 한자로 옮긴 것이고, '아(我)' 는 아트만을 한자로 옮긴 것이다. 브라흐만은 우주의 근본적 실재 또는 원리를, 아트만은 진정한 자아를 뜻하는 개별적, 인격적 원리를 의미한다. 수행을 통해 자신의 참모습(아트만)과 세계가 긴밀하게 연결되어 있음을 발견하라는 것이다.[5] 우파니샤드에서 범아일여의 개념은 주객일체(主客一體)의 무아지경의 단계로 나아가는 것을 최종목적으로 설파하고 있다. 또 세계에서 일반 사람들은 '마야(māyā)' 즉, 거짓된 환영으로 인해 진실된 모습을 볼 수 없게 되고 무명(無明, avidhyā)에 집착하고 고통을 받게 된다고 보았다. 따라서 자신의 내부에 있는 주관적인 참 실체를 깨닫고 이와 연결된 세계와의 관계를 파악하는 것이 중요하다. 참 자신을 아는 것이 결국 세계를 이해하는 것이며 바른 방향으로 삶을 살 수 있는 것이기 때문이다. 우파니샤드에서는 무명(無明)을 떨치고 받아들일 때 범아일여(梵我一如)의 궁극적 단계, 즉 해탈에 이를 수 있다고 보았다.

끊임없이 변화하는 세상에 대해 이해하기 위해서 인도인들은 마야와 아바타라는 공허한 '환영' 의 개념을 만들어냈다. 마야와 아바타의 개념에서 마야(maya)는 환영, 또는 가짜라는 의미이다. 또한 '아바타(avatar)' 는 분신(分身), 화신(化身)을 뜻하는 단어로, 모든 것은 다른 얼굴을 하고 와서 다른 것의 대체로서 작용하기

5) 공간과 시간 속의 사물 세계는 참된 본질, 즉 아트만이 아니라 그저 허상과 미망, 환영에 불과한 것이며 이것을 마야라고 한다. 마야로 이루어진 것은 앎이라고 하더라도 거짓된 것이다. 참모습은 아트만 하나이다.

때문에 결국은 이것 역시 공허하다는 개념이다. 고대 베다에서는 이 세상에서 홀로 존재하는 것은 없고 모든 것들(존재들)이 관계 때문에 생성(연기, 緣起)되는데, 관계의 조합에 따라서 다르게 생성되어 나타나는 모든 것들은 부질없고 공허하고 일시적인 환영에 불과하다는 것이다. 인도에서 세계의 모든 것은 환영인 마야에 불과하기에 그러한 집착을 끊고 해탈해야 한다는 개념이 발전되고 전파되었다. 이후 이러한 개념은 모든 것이 고정된 것이 없고 무상(無常)하고 공(空)하다는 깨달음에서 나온 중관불교의 무자성(無自性)의 '공(空) 사상'에 많은 영향을 주게 된다.

베다의 우파니샤드에서 '도덕보존의 법칙'인 '업(業)의 개념'과 '윤회'라는 '순환의 개념'은 긴밀하게 연결되어 있다. 이러한 개념은 일반 대중들에게 영향력을 행사하며 매우 보수적인 특성을 보여왔다. 지배계급인 사제 계급과 왕의 입장에서는 이런 식으로 설파할 것이다. "내가 전생에 좋은 업(업과 윤회의)을 많이 쌓았기 때문에 이렇게 현생에 지배자로서 태어나 지금과 같은 지배구조를 갖게 된 것이다." 반대로 "(피지배계층인) 너희들은 전생에 죄를 많이 지어서 현재의 고통스러운 생으로 태어난 것이다. 현생이 힘들겠지만, 그것을 순순히 받아들이고 이번 생(生)에서는 감내하면서 선한 업(業)을 쌓아 다음 생에 좋은 곳에서 태어나도록 하여라."라는 식의 논리로 작용하게 될 것이다. 그러한 정당성과 이데올로기가 설정되어 고착되면 자연스럽게 강압적인 정치, 불합리한 사회 지배구조가 지속되면서 국민의 불만이 가중될 것이다. 업과 윤회의 개념은 이처럼 불평등한 기득권의 유지에 유리한 측면이 있었다. 보편적인 아트만이 있다고 가정하면 개별성은 궁극적으로 사라지는 것이다. 개별성이 보존되지 않는다면 무질서한 물질의 세상만이 존재할 것이다. 윤회는 기존의 개인의 아트만의 정체성이 보존되고 유지된다고 가정하기 때문에 결과적으로 윤회가 가능해진다는 역설이 존재한다. 연기의 업은 밀접하게 결합되어 있다. 카르마의 법칙을 받아들인다는 것은 자신의 행위에 대한 책임을 인정한다는 것이다.[6] 카르마의 전제는 윤회를 인정하는

6) 정체성이 보존되고 행위의 선악에 따라 다른 결과의 현생을 살게된다는 생각으로, 이것은 보수적인 관점이 될 수 있다. 더 나아가 자신의 업에 따른 현생의 결과를 인정해야 한다는 보수적 논리로 작용하게 된다.

것이며 동일성을 확보하고 영원한 자아가 필요한데 그 자체로는 개체성을 갖지 않고 무명의 조건 속에서 임시적인 개체성을 가지게 된다.7)

부처가 창시한 불교는 깨달음의 종교로서 '깨달음-해탈-열반(윤회의 사슬 끊음)' 의 논리를 주장했다. 해탈할 수 있는 방법과 길이 기존에는 모두 사제들의 영역이고 권리였다고 한다면 불교의 경우에는 누구나 깨달음을 얻기만 하면 해탈할 수 있다고 설파했다. 그것은 평등의 가치, 기존 엘리트적 사유의 반동 또는 보완의 사유를 주장한 것이라고 할 것이다. 이후 불교에 요가 사상의 특성이 접목되었다. 요가 사상은 깨달음과 교조적 철학 이외에 '실천(수행)의 중요성' 을 강조한다. 요가 사상은 해탈(解脫)의 순간인 삼매(三昧)의 순간을 '몸의 수행' (실천)으로 경험하고 그것을 기본으로 하여 계속해서 실천적으로 수행될 수 있도록 하는 과정을 중시하는 흐름으로 덧붙여지며 나타났다. 요가 사상은 이후 동북아에서 선불교(禪佛敎)의 수행문화에 지대한 영향을 끼치게 된다. 또한 조선 시대 성리학에서 선비의 마음 수행 자세에도 영향을 끼쳤다. 인도에서는 이슬람의 침입 이후 불교가 탄압받으며 쇠퇴하여 동방으로 향하게 되었고 그 자리에 기존의 베다의 가치가 통합되어 힌두교로 정착되게 되었다.

이처럼 인도의 범아일여(梵我一如) 사상은 이후 동북아의 사유에 있어서 공통점이기도 하고 또한 상당 부분 전체와 부분이 동일하다는 내재성과 범신론적 특성에 영향을 준 사상이기도 했다. 예를 들어, 중국 대승불교의 화엄사상(華嚴思想)은 제국의 가치에 부합하는 일즉다 다즉일(一卽多, 多卽一)의 사상을 주장했다. 이것은 하나가 전체이자 전체가 하나라는 것을 강조하는 사상으로 인도 '범아일여' 사상이 전해지고 동북아의 토착적인 내재성의 사유의 공통분모가 되는 부분이 강조되며 동북아의 천인합일 사상과 공명했다. 차후 언급하겠으나, 이러한 사상은 이후 제국주의 혹은 전체주의적 사고에 있어서 잘못 오용되는 역사를 보이기도 했다. 인도의 사유는 서양의 일신교라는 배타적 전통과 강고한 논리적 성향과 인

7) 윤회가 된다는 것은 나의 존재가 동일하게 유지된다는 것을 의미하고 영원한 자아가 존재해야 한다는 것을 전제한다. 그러나 선악의 업을 통해 새로운 생에서의 결과가 달라지므로 임시적인 특성을 갖는다는 역설이 존재한다. 동일하면서 동시에 임시적인 외적 특성을 보인다는 의미이다.

식론의 영향을 받았으며 초월적 자연의 범신론적 세계관과 결합되었다. 이러한 서양적 특성과 직관적인 동양적 특성이 결합되어 불교라는 사상의 형식이 형성되는 데 큰 영향을 주었다. 이후 불교는 동방으로 향하여 종교사상 부문에서 화려하게 꽃을 피웠다. 인도의 사유는 논리적, 일신교적 영향이 강한 서방보다는 범신론적이고 직관적이지만 상대적으로 세련된 인식론이 필요했던 동방으로 향했던 것이다.

이처럼 인도 베다 사상에 있어서 업의 특징과 순환의 개념, 범아일여 사상과 마야, 아바타 등의 개념은 중요한 요소이며 동북아 사상과 공통분모를 가지고 있는 특성들이다. 이것은 인도 사상의 특성이면서 동시에 동양사상의 공통분모이기 때문에 무리 없이 동북아에 전파되고 스며들게 되었다. 중국에 전파된 최초의 불교는 격의불교(格義佛敎)로 불린다. 중국에서는 불교 도입 초창기에 부처 역시 도교의 수많은 신중 하나로 숭배되어 섬기는 방식으로 중국에 전파되었다. 부처의 개념과 불교의 개념 자체가 생소했던 중국인들에게 무리 없이 스며들기 위해서는 유사한 부분이 존재하는 도교의 신의 한 종류로서 대중들에게 이해시키는 것이 손쉬운 방법이었기 때문이었다. 불교의 특성이 도교와 공통분모로 존재하기도 했고 불교가 도입 초창기에 그런 부분으로 전략적으로 파고들었다고 볼 수도 있다. 넓은 국토면적으로 인해 수많은 외래문화와 종교들이 들어와 수용되며 자신의 방식으로 체화(體化)되었던 중국의 특성상 도교와 불교는 상호 경쟁 구도를 형성하며 발전했다. 불교와 도교 및 유교는 완전히 상호 배타적인 방식이 아니라 경쟁을 하며 공존하는 방식을 선택했다. 이후, 동북아에서는 인도불교에서는 볼 수 없었던 독특한 선불교가 등장한다. 선불교에서는 고승의 직관적인 가르침을 통해 선사상(禪思想)이 제자들에게 전수되었다. 선불교에서는 해탈의 깨달음을 돈오(頓悟)와 불립문자(不立文字), 이심전심(以心傳心) 등의 방법을 통해 전수되었다. 한순간에 모든 것(세상의 이치)을 깨닫고(돈오, 頓悟) 점진적인 수행(점수, 漸修)을 통해 계속해서 나쁜 습관을 버리고 해탈의 깨달음의 상태에 있게 하는 것이다. 이러한 과정은 기존의 방식과는 다른 직관적 차원에서 '범아일여'의 세계와 '참 자아(아트만)'를 깨닫고 전파하고 수행하는 방식이라고 할 수 있다. 이처럼 동북아의 선불교에서는 단순히 문자를 통한 교육보다는 스스로 수양을 통해 깨닫는 세련된 인식론의 전파 방법을 통해 범아일여의 세계를 파악하는 방식이 정교화되었다.

0103 불교사상의 주요 개념과 전파과정

부처가 창시한 불교는 누구나 깨달으면 해탈할 수 있다는 평등의 가르침을 중심으로 성장했다. 불성(佛性)의 참된 빛은 계속해서 발산하고 있으나 인간의 이기심과 탐욕 등으로 인해 집착하고 고통의 먹구름에 빠지게 되어 참된 불성의 빛에 다가갈 수 없다. 그러므로 불교에서는 집착을 끊고 참된 불성을 깨닫고 수행으로 그 상태를 유지하게 되면 해탈에 이르게 된다고 보았다. 이를 위해 부처는 깨달음과 수행의 방법을 제시한다. 불교의 수행 교리는 크게 사성제(四聖諦)와 팔정도(八正道)로 요약할 수 있다. 고 · 집 · 멸 · 도[8]로 구성되는 사성제는 인생은 고통 그 자체이며, 집착을 멸하여 해탈의 도로 향해 가야 함을 강조한다. 사성제는 인생이 집착(원인)의 결과 고통이 발생하게 되며 이로 인해 고통의 바다(苦海)에서 허우적댈 수밖에 없고 죽어서도 또다시 새로운 생으로 태어나면 윤회와 업의 굴레를 계속하게 된다는 연기설(緣起說)에 근거하고 있다. 또한 팔정도(八正道)는 그 길을 가는 데 있어서 고통을 끊어내고 해탈하기 위해 행해야 할 올바른 방법이라고 할 수 있다.[9] 고, 집, 멸, 도(苦集滅道)에서 집(集)은 집착하여 고통이 모여 일어난다는 의미이다. 괴로움의 발생에는 원인이 있다는 것이며 세상의 괴로운 원인은 내 안에 있으니 이것을 멸하고 극복해서 궁극적인 도(해탈)에 도달해야 한다는 의미이다. 이처럼 사성제는 이론적인 동시에 실천적이며, 오히려 변화를 위한 실천(행동)을 주장한다.

불교가 형성되고 교세를 전파하고 수행하는 데 있어서 주요한 방법론은 크게 삼학의 형태로 구분된다. 삼학은 계학(戒學), 정학(定學), 혜학(慧學)이다. 무언가 위상

8) 고집멸도(苦集滅道) 불교의 근본원리인 사제(四諦)의 첫 글자를 따서 이르는 말. '고'는 생로병사의 괴로움, '집'은 '고'의 원인이 되는 번뇌의 모임, '멸'은 번뇌를 없앤 깨달음의 경계, '도'는 그 깨달음의 경계에 도달한 수행을 이른다. 불교의 사성제는 사제(四諦) · 사성제(四聖諦) · 사진제(四眞諦)라고도 한다. 미망(迷妄) 속에 살고 있는 중생들의 생존은 그대로 괴로움이고(고제), 이 괴로움은 모두 망집(妄執)에서 생기며(집제), 이 망집을 완전히 극복한 상태가 열반이고(멸제), 열반의 경지에 도달하기 위해서는 팔정도(八正道, 도제)를 실천해야 한다고 가르치고 있다.
① 고성제: 인생 그 자체는 모두 고통이라는 진리. 현실 세계의 결과물
② 집성제: 마음 속의 번뇌와 갈등이 쌓여 고통이 생긴다는 진리. 현실 세계의 원인

을 세우고 유지하고 전파하는 데에는 일반적으로 계율에 해당하는 부문(계학, 戒學)과 문자적 교육에 해당되는 부분(혜학, 慧學)이 필요하다. 그리고 실제적으로 정진하며 수련 혹은 수행(정학, 定學)하는 부문이 조화를 이루어야 한다. 계(戒)는 계율을 의미하여 근본적으로 자기 스스로를 제어하는 의미가 있다. 정(定)은 선정(禪定)으로 마음이 경향성에 물들지 않고 순수 체험을 하는 의미가 있으며 혜(慧)는 결국 학문(사상)과 밀접한 지혜를 의미한다. 계학을 제외한 각 분파는 그 시대의 정치, 사회적 상황에 따라 불교의 정치적 입장을 대변하면서 경쟁하거나 보완하면서 발전했다. 계학은 율법에 해당되는 내용으로 동북아에서는 이미 유교라고 하는 윤리적 이데올로기가 이미 강하게 존재했으므로 영향력이 미미했다. 그래서 동북아에서는 주로 정학(선종)과 혜학(교학)이 당파적 논쟁을 주도하며 발전했다. 또 경(經)과 율(律)에다 론(論)을 더하면 삼장(三藏)이 된다. 경과 율은 부처가 직접 설교한 것이고, 론(論)은 후대의 학자들이 경과 율을 연구해서 지은 것인데 이것에도 경전과 같은 지위를 부여한다. 삼학은 각 부분에 강조하는 정도의 차이가 있을 뿐, 불교의 종교가 전파되기 위한 각 종파(부파)의 기본적인 구조가 되었다.

불교에서 가장 중요한 개념이지 세계관으로 연기설(緣起說)이 있다. 모든 고통은 인연으로부터 발생하게 된다. 무인도에 나 혼자 있으면 타자로 인해 고통받을 일이나 사건이 발생하기 힘들 것이다. 모든 것이 인연에 의해서 나타나게 된다는 말이다. '연기(緣起)'는 '인연생기(因緣生起)'의 준말로서 세상 모든 만물이 관계에 의해서 비로소 무언가가 나타나게 된다는 것이다. 사람과의 인연과 사건도 무언가 다른 대상들과의 관계 가운데 발생하게 된다. 앞서 언급한 것과 같이 마야라는 것은 환영, 환상, 혹은 가짜인데, 결국 세상 모든 것이 관계 속에서 나타났다가 헤어지면서 변화가 나타난다. 관계가 사라지면 현상도 사라지는 것이기 때문에 어떠한 관계에 따르느냐에 따라 모든 현상은 달리 나타날 수 있는 공허한 것이다. 따라서 인도인들은 그것이 환영에 불과한 것이라고 믿는다. 실제로 관계라는 것은 서로가 서로에게 의지하여 존재할 뿐이다. 따라서 연기는 결국 환영에 불과하

③ 멸성제: 고통의 원인이 소멸된 상태로서 해탈과 열반의 경지에 이르는 것. 불교의 궁극 목적. 이상세계의 결과임. 멸이란 해탈과 열반의 경지, 곧 절대 자유와 절대 평화의 세계.

④ 도성제: 열반의 경지에 도달하는 수행 방법. 이상세계의 원인임. 이렇게 사성제를 한마디로 축약, 또는 요약한 것이 고집멸도이다.

9) ① 정견(正見):올바로 보는 것, ② 정사(正思:正思惟):올바로 생각하는 것, ③ 정어(正語):올바로 말하는 것, ④ 정업(正業):올바로 행동하는 것, ⑤ 정명(正命):올바로 목숨을 유지하는 것, ⑥ 정근(正勤:正精進):올바로 부지런히 노력하는 것, ⑦ 정념(正念):올바로 기억하고 생각하는 것, ⑧ 정정(正定):올바로 마음을 안정하는 것 등이다.

다는 결론에 이르게 된다. 그것이 결국 '공(空)' 하다는 것을 깨닫게 된다면 우리는 각종 번뇌에 집착하지 않고 번뇌가 생길 수 있는 관계를 초월할 수 있을 것이다. 세계의 운행 가운데 각 역할자들(players)은 홀로 독존하는 것은 없으며 서로를 기대고 기다리고 쟁투하고 화합하며 연기에 의해 만들어질 뿐이다.

인연으로 발생하는 것과 더불어 우리가 인연생기(因緣生起) 하면서 고통의 감정이 발생하는데, 여기에서 오온(五蘊)의 개념이 중요하게 등장한다. 오온은 우리가 고통스러워하는 감정이 어디에서 연유하고 어떻게 치료하고 해결책을 낼 수 있는지에 대한 인식론적인 해답을 찾는 과정의 불교 개념을 보여준다. 불교 철학에서 오온(五蘊)의 개념이 중요한 이유는 오온의 요소들로 인해 인간은 집착에 빠져 번뇌와 고통을 겪게 된다고 보았기 때문이다. 그래서 오온으로부터 만들어지는 집착을 제거하여 해탈에 이르게 한다는 점에서 오온의 특성을 이해하는 것이 중요하다. 오온이라는 고통의 '적' 을 알아야 그 해결책이 나올 수 있기 때문이다. 인간은 하나의 유기체이며 전체로 볼 수 있다. 불교 철학에서는 그 전체에서 벌어지는 작용과 기능은 크게 다섯 가지 요소들로 나누고 있다. 그래서 오온은 다섯 가지 덩어리로 이루어진 집합체이며 거기에는 물질, 육체인 색(色)과 감각 작용과 감각 경험인 수(受), 표상 작용, 개념적 인식인 상(想), 경향성 및 성향인 행(行), 그리고 종합적인 인식 기능 기억, 종합 및 비교를 의미하는 식(識)으로 구성된다. 앞서 언급한 대로 불교는 부처의 기본개념을 중심으로 하여 발전했으며 부처의 사후 제자들에 의해 부처의 말씀이 경전화 되고 발전하면서 종교로서의 체계를 갖추기 시작했다.

불교는 고통을 일으키는 마음의 원인을 분석하여 해탈하고자 하는 종교로서, 마음의 고통을 일으키는 인식의 근원을 탐구하여 해결책을 제시한다. 인연에 의해 나타나는 사건과 고통의 문제들을 해결하는 불교의 사상은 건축과 어떻게 연계시켜 생각할 수 있을까. 건축 부분에서는 프로그램의 접합에 따라 다양한 방식의 조합과 실험을 통해 새로운 인연(프로그램 연계)의 공간이 생성될 수 있다는 점에서 잠재성에 대한 부분과 연결하여 사유할 수 있을 것이다. 또한 전체와 부분이 동일하다는 범아일여의 사유는 전체와 부분이 동일선상에서 나타나는 프랙탈적인 개념과 방의 사회, 방의 도시의 개념 혹은 부분과 전체에 대한 존재론의 건축적 구축방식과 동북아 건축의 순환성 개념과 연계될 수 있다.[10] 이러한 개념들은 공통적으로 범신론적인 내재성의 사유와 연계가 가능하다. 동북아에서 불교가 쉽게 받아들여질 수 있었던 데에는 동북아 특유의 도교적 부분의 공통분모가 작용했기 때문이다. 도교와의 연계성은 내재성의 '도(道)'의 사유와 유사하고 자연스러운 순환과 초월의 가치를 중시했다는 점에서 유사한 지점을 공유하고 있다.

10) 건축과 도시를 방의 집합체로 바라보는 관점으로 개인의 집을 작은방, 광장이나 규모가 큰 공간을 사회의 큰 방으로 생각하는 관점이다. 놀리의 지도나 칸의 개념에서 주로 사용된 방식이다.

불교의 발전과 힌두교의 통합

0104 부파불교 및 소승불교의 특성

평등의 깨달음과 해탈을 강조했던 부처의 가르침은 민중들에게 많은 영향을 끼쳤고 세계 4대 종교의 하나로 성장하는 원동력이 되었다. 부처의 존재와 가르침은 그만큼 인류에게 강한 울림이 있었던 것이다. 그러나 부처의 입적(入寂) 이후, 큰 변화가 일어나게 되었다. 무언가 강력한 리더십을 발휘하던 존재가 사라지면 추종하던 세력들은 혼란의 시기를 거치게 마련이다. 우선 나타나는 현상으로, 그 존재에 대한 미화와 이론의 성립을 통해 교세를 강화시키게 된다. 이 과정에서 인류 공통으로 발견되는 것으로, 가장 강력한 종파로 흡수, 통합되는 과정이 진행된다. 불교의 형성과 정착에도 유사한 과정이 진행되었다. 이어, 아소카 왕조 시기(기원전 3세기)에는 많은 제자가 각각 자신의 해석대로 교리를 이끌어나가며 분파(부파)들이 난립되었다. 각각의 부파들은 보수파와 진보파 등 대략 20여 개의 분파로 분열되어 원시불교의 형태로 논쟁하며 대립하였다. 각 그룹은 많은 분파(부파)만큼이나 각자의 입장으로 부처의 말씀을 해석하여 각자의 주석연구의 결과물들을 내놓았고, 각 부파만의 방식대로 다른 부파의 논리와 대립하며 복잡하고 추상적인 논쟁들을 이어갔다. 그러한 방식은 경(經), 율(律), 논(論) 중에 각 부파의 중점을 두는 방식에 따라 달리 해석하고 자신의 교설을 강화하는 식이었다. 물론, 어느 부파라 할지라도 경, 율, 논의 요소들은 존재하기 마련이지만 어떠한 것에 중점을 두는가에 따라 그 그룹의 정체성이 형성되었다. 이렇게 부처 사후에 여러 그룹이 난립되던 불교 교파를 '부파불교(部派佛敎)'라고 정의한다. 쉽게 이야기하면 여러 그룹의 불교파(부파)들이 생기게 되었다는 의미이다. 각 부파는 각자의 위상을 높이기 위해 수행자들의 출가와 수행의 완성을 추구했으며 이를 위해 계율을 엄격하게 지키면서 학술적인 추상성을 강화시켜 나갔다. 그들은 일정한 지역에 스투파(탑)(Stupa, 塔)를 세우고 수행자가 거처하는 정사(精舍 : 수도하는 곳)를 세움으로써 가람을 완성하여 각 거점별로 자신의 부파 세력을 키웠다.[11] 이러한 경제적 기반과 장소는 모두가 지역의 유지와 신자들이 기부한 토지에 근거했다. 이러한 분파들은 크게 계율을 중시하는 보수적인 상좌부(上座部)와 숫자적으로 우세하였던 진보적인 대중부(大衆部)로 나뉘게 된다.

각 부파(附派, group, branch)는 고통의 원인분석과 해결에 있어서 각자 다른 입장을 견지하며 논쟁했는데 예를 들어 보수적인 부파는 고, 집(苦, 集)의 사실을 중시하고, 진보적 성향의 부파는 멸, 도(滅, 道)의 실천에 두어야 한다고 강조하며 논쟁을 이끄는 식이었다. 또한 부처관에 있어서 보수파(상좌부) 측에서는 부처가 인간으로부터 깨달은 존재가 되었다고 보았지만, 진보파(대중부) 측에서는 부처를 마치 슈퍼맨과 같이 초인으로서 설정하기도 했다. 원래 '논(論)' 이라는 말의 원어가 '아비다르마(abhidharma)' 라고 하기도 하는데, 부파불교를 다른 말로 한역(漢譯)하여 아비달마(阿毘達磨) 불교로 부르기도 한다.[12] 부파불교 시기에는 같은 부처의 행적과 말씀에 있어서 중점을 달리 두어 해석하고 수행하였기 때문에 교리에 있어서 많은 논쟁을 통해 형이상학적 발전이 이루어졌다. 그러나 난립하는 다수의 불교 부파들로 인해 자연스럽게 혼란도 증가했다. 새로움을 추구하고자 하면 항상 기존의 것에 대한 전면적인 부정이 있기 마련이다. 각 부파는 개인 수행의 완성을 최우선시했기 때문에 곧 '이기적인 해탈' 방식에 대한 반성과 변화의 요구에 직면하게 되었다.

이에, 대승(大乘)불교는 부파불교를 비판하며 등장했다. 대승불교의 새로운 세력들은 불탑(佛塔)을 중심으로 부처의 본래 뜻으로 돌아가자는 운동을 일으켰으며 개인의 해탈보다는 중생을 구제하자며 전체의 완성을 추구하는 대승(大乘)의 정신을 강조했다. 이에 그들은 초기에 경쟁했던 부파불교를 구분하여 소승(小乘)이라

11) 부파불교의 교리는 신자와는 동떨어진 승원 내에서 은밀히 이루어지는 일부 엘리트 불자들의 사변에 불과한 것이었으며 이 때문에 세속화의 부정적 속성이 강했고 이로 인해 대승으로의 개혁의 목소리가 나타나게 된 것이다.

12) 아비달마란 말은 범어 아비다르마(abhidharma)의 음사(音寫)이며 '법(法, dharma)에 대한(abhi)' 연구를 뜻한다. 부처의 세상 이치와 법에 대한 각자 입장에서 분석한 논리이며 인간의 내면세계와 객관세계를 분석하여 그들 상호 관계를 체계적으로 분류하는 것이었다. 다른 한편, 논증을 세워 논파하기 위한 목적의 산물이었다.

낮추어 부르면서 비판했다. 불교에는 소승불교와 대승불교로 구분하는 것 외에 소승불교(부파철학 시대)와 경량부 사유의 전통(다르마키르티까지 연결)과 대승불교가 있는데 대승불교에는 크게 '모든 것이 공(空)하다'는 이론을 체계화한 중관 불교의 나가르주나(용수, 龍樹)와 바수반두(세친, 世親)가 체계화한 유식불교가 있다. 이들의 공통점은 부처(싯다르타)가 집착을 제거하기 위해 제시한 무아론(無我論), 무상론(無想論)을 기본사상으로 수용하고 있다는 점이다.[13] 그러나 이것은 후에 인도 주류 철학계의 비판을 받게 된다.

초기 부파불교 중 설일체유부(說一切有部) 부파와 경량부(經量部) 부파가 대표적인데 설일체유부는 영원성을 갈망하는 종교의 특성상 불교 자체 내에서 이론으로 정립되었다. '모든 것(일체, 一切)이 존재한다'(일체유, 一切有)라고 설(說)하는 부파(部派)라는 의미에서 설일체유부(說一切有部)라고 칭한 것이다. 그들은 불교에서 '무아(無我)'를 강조하지만, 자아를 구성하는 법은 존재한다는 의미에서 일체가 유(有) 즉, '일체가 존재한다'고 보았다. 한편 경량부 부파는 오직 경전에 근거해서만 생각한다는 부파로서, 무상(無常)의 논리는 '모든 것이 찰나임'을 강조하는 부파의 특성이 강화되는 결과로 나타나기도 했다. 그들은 인식론적 회의(懷疑)를 통해 '매 순간 변한다면 내가 현재 본 것을 믿을 수 있는가?'라는 질문을 했고, 이를 집중하여 논리를 전개해 나갔다. 이후 이러한 논의는 유식 불교 철학에 지대한 영향을 주었다. 부파불교는 부처의 사후 논리적으로 논증하는 부분에 있어서 경전의 토대를 구축하였으며 이후 대승불교에 영향을 주어 세련된 '마음의 인식론'을 형성하는데 중요한 역할을 수행했다.

0105 대승불교(중관 불교 및 유식 불교)의 인식론

앞서 언급한 부파불교(소승불교)는 부처의 입적 이후, 각 부파의 정치적 입장과 해석의 관점에 따라 다른 교리 및 형이상학을 달리 설립하면서 지리멸렬한 논쟁을 계속했다. 이에 기존의 불교를 단지 개인의 해탈만 고집하는 소승(小

13) 중생들은 영속적 실체로서의 자아가 있는 것으로 착각하여 집착한다. 그것은 우리의 욕망과 욕구가 요청하는 허위관념일뿐이고 실재하지 않는다. 관계의 소멸에 따라 소멸될 뿐이다. 따라서 진정한 자아도 없고 변하지 않는 것도 없으므로 집착을 버려야 한다. 그런 의미에서 진정한 자아가 없다는 무아론, 변하지 않는 것은 없다는 무상론은 불교사상의 핵심적인 가치이다.

乘:Hinayana)이라 폄하(貶下)하고 전체 대중을 깨달음에 이르게 하여 함께 해탈하고자 하는 이타적인 세계관을 주장하는 대승불교가 등장한다. 대승(大乘)은 많은 사람을 구제하여 태우고 가는 '큰 수레'를 의미한다. 보수적이고 엘리트적인 소승적 세계관을 타파하고 진보적인 의미에서 전체 대중을 포용하여 공평하게 다 함께 해탈에 이르고자 하는 움직임으로 나타난 것이다. 이와 함께 새로운 대승의 세력들은 부처를 숭상하고 부처의 상징을 참배하는 의미에서 부처의 사리가 안장된 스투파(탑)를 건축하고 그 탑을 참배하며 그 주위를 도는 '탑돌이'의 의식을 만들었다. 대승불교는 일체 중생이 성불(成佛)하는데 도와줄 수 있는 '보살(菩薩)'의 역할과 가능성을 중시했다. 이를 통해 전체 대중이 손쉽게 포교되고, 포용되는 대승불교의 의미를 설립하고 전파했다. 그들은 쉬운 방식으로 종교에 접근할 수 있는 교리와 신앙방식을 점차 정교화했다.

대승불교의 큰 두 줄기는 나가르주나(용수, 龍樹)의 중관불교(中觀佛敎)와 바수반두(세친, 世親)의 유식불교(唯識佛敎) 사상으로 구분할 수 있다.[14] 대승불교 사상은 크게 초기 대승은 반야(般若), 공(空)을 주장한 중관 사상과 모든 것을 마음에 의하여 설명하는 중기 대승의 유식사싱 그리고 후기 밀교로 구분된다. '모든 것이 공(空)하다'라는 공 사상을 강조하는 중관 사상은 반야경을 중심으로 하며 일체의 집착(執着)으로부터의 해탈(解脫)을 추구했고, 이를 성취하기 위해 수행을 통해 실천적 방식으로 해탈을 이루고자 했다.[15] 또 이 사상은 언어로 인해 본질에 다가가는 것에 방해가 되는 부분을 논리적으로 분석하여 세련된 인식론을 제공한다. 이러한 사상을 집대성한 인물이 바로 나가르주나(용수, 龍樹)였다. 소승의 개인 해탈의 롤모델인 '아라한(阿羅漢)' 중심의 불교에서 대승적 수행목표인 '보살(菩薩)' 중심의 불교로 일대 개혁하고자 하는 운동이 바로 대승불교였다. 대승불교는 타인을 구제할 때 자신도 구제된다고 믿었다. 모든 것이 공하다는 것에서 '공'이란 물론 "없다"라는 뜻이 아니라 연기의 법칙에 따라 이 세계가 헛된 마야 즉 '가짜의 덧없는 것'(無常)임을 깨달아야 하며 '헛된 것의 집착'(空)으로부터 벗어나야 한다

14) 중관(中觀)철학은 대승불교의 핵심이며 후대 8종파에 사유의 기초를 설립하여 "8종의 개조(開祖)"로 자리매김한다.

15) 일체를 포함하여 '일승(一乘)'을 교설(敎說)하고 구원(久遠)의 본불(本佛)을 세우는 《법화경(法華經)》, 광대한 불타[毘盧遮那佛]의 세계를 교설하는 《화엄경(華嚴經)》, 재가거사(在家居士)인 유마(維摩)가 오히려 출가자(出家者)를 교설하는 《유마경(維摩經)》, 서방정토(西方淨土) 아미타불(阿彌陀佛)의 세계를 찬탄하며 일체중생의 구제를 약속하는 《정토삼부경(淨土三部經)》 등의 다양한 불경이 해석되어 전파되었다.

는 것을 중관불교는 강조하는 것이다.

또 유식불교는 초기불교의 심리 분석 정도를 수준이 높은 대승불교의 심리학적 해결책의 수준에까지 승화, 발전시켰다.[16] 유식사상은 '모든 것(一切)은 오직(唯) 마음이 만들어내는 것이다(心造)' 라는 일체유심조(一切唯心造)로 대표되는 사상으로, 마음이 모든 고통을 만들어내는 것이니 집착을 끊고 해탈에 이르게 하라는 심리적 해결책을 제시해준다. 마야(가짜)인 세상의 요소들에 대한 집착으로부터 생성되는 삶의 다양한 번뇌들은 우리의 마음을 오염시켜 고통에 빠지게 한다. 여러가지 마음의 고통을 일으키며 우리를 괴롭히는 번뇌들을 108번뇌(욕계의 번뇌 36종, 색계의 번뇌 31종, 무색계의 번뇌 31종, 그리고 10종의 얽힘)라고 칭했다. 이것들은 무의식(아뢰아식)에 잠복해 있다가 영향을 주며 문득문득 되살아나 우리를 괴롭힌다. 공통적으로 불교의 모든 교파는 이러한 고통으로부터 해탈하여 윤회의 사슬에서 벗어나는 것을 목표로 하고 있다. 특히 유식불교는 이러한 마음의 고통으로부터 벗어나기 위해 마음을 구성하는 부분을 세밀하게 분석하여 번뇌로부터 해탈의 방법을 제시하는데, 이것은 오늘날로 보자면 심리학적 해결 방법과 유사하다고 할 수 있다. 마음의 문제에 집중하여 마음의 고통을 치유하며 해탈하고자 하는 불교의 방안은 자연과 일체화가 되어 고통의 집착으로부터 벗어나기 위해 자연과 연계되는 무자성의 회색공간의 건축적 태도에 영향을 주었다.

한편, 7세기에는 일반 민중이 쉽게 다가갈 수 있도록 주문을 중시하는 밀교가 유행했는데 밀교는 대승이라는 명칭보다는 '금강승(金剛乘)' 으로 불렸다. 불교는 동북아로 전파되었는데 불교가 쇠퇴하는 시기에 인도와 동북아의 중간 지역에 위치하는 티벳 등지에서는 토착신과 자연신의 요소들과 결합된 밀교가 발전하기 시작했다. 이러한 부분은 동북아에서 자연신과 토착신의 요소와 공통분모로서 작용하여 친근하게 다가가면서 불교가 동북아에 도교라는 공통분모로 정착하는데 도움을 주었다. 동북아에는 소승불교보다는 대승불교가 전파되어 널리 유행했고

16) 유식사상은 미륵, 무착, 세친이 정립했다. 오직 마음이 있을 뿐 바깥의 대상은 존재하지 않는다는 의미이다. 마음의 세 가지 성격에는 깨닫지 못한 상태에서 실체가 없는 것을 실체가 있는 것으로 집착하여 바라보는 편계 소집성, 모든 존재는 모두 다른 것에 의존하여 존재한다는 의타기성, 그리고 두 가지의 성질을 떠나 진실한 것 자체를 말하는 원성실성 등이 있고 변계소집성의 미혹된 세계를 떠나 원성실성의 진실 된 세계로 변화하는 것을 전식득지라 하며 이것이 유식의 목표가 된다.

일부 밀교가 들어오기도 했다. 대승불교는 각 지역의 토착 문화 및 도교 사상과 융합하여 선불교로 발전하였고 우리나라에서는 특히 선불교가 독창적인 방식으로 발전하며 오늘날까지도 주류로서 그 명맥을 유지하며 발전되고 있다. 특히 불교 도입 초기에는 중국 초기의 천태종과 화엄종 및 당시 처음 유행하던 밀교 등이 한꺼번에 들어오면서 다양한 불교적 흐름이 혼재되었다. 오늘날 포스트모더니즘의 시기에 다양한 서양 사조 및 문화가 한꺼번에 들어오면서 나타났던 문화적 특징들과 유사한 시기가 있었을 것으로 추측할 수 있다.

중국 송 대에 등장한 주자학(성리학)은 유교(도덕학, 정치학)와 불교의 세련된 인식론 그리고, 도교에서 음양오행 사상(동양적 세계관: 氣, 陰陽五行, 周易)을 종합적으로 결합시키고 인도로부터 전파된 불교의 철학과 종교, 그리고 동북아 철학과 세계관을 종합하여 거대한 형이상학의 세계를 완성했다. 주자학의 격물치지(格物致知)는 하나의 사물의 이치를 통달하면 세계 전체의 이치를 깨닫게 된다는 것으로, 이것 역시 일정부분 범아일여 사상의 계보를 이어받고 있는 것으로 볼 수 있다. 주자학이 뛰어난 것은 도교의 노장사상에 일부로 민간에서 통용되었던 주술적(샤머니즘, 토템미즘)인 짐술을 포함하였고, 음양오행사상(동양적 세계관), 주역 등을 종합적으로 포용하여 불교의 세련된 인식론과 함께 이론적으로 종합했다는 점을 들 수 있다. 즉, 주자학은 동북아 사유에서 부족했던 형이상학적 세계관을 동양적 방식으로 종합한 것이었다.

2권과 3권에서는 대승불교를 중심으로 하여 인도에서 발전했던 마음의 인식론이 중국으로 전파되어 도교 및 유교와 사상적 경쟁과 융합을 통해 성리학으로 종합되는 과정에 대해서 좀 더 심도있게 살펴볼 것이다. 인도 사유의 특성과 중국의 사유가 만나 독특한 선불교의 전통을 만들고 이어, 한국에 전파되어 원효에 이르러 한국 특유의 원융무애(圓融無碍)한 화쟁사상(和爭思想)으로 종합되는 과정을 살펴볼 것이다. 특히, 원융무애한 순환과 통합의 정신은 건축에서 통합성과 자연과의 천인합일의 정신과 순환성 등에 거의 직접적인 영향을 끼치게 된다.

0106 힌두교 통합의 과정과 도교와의 공통분모

대승불교 이후 불교는 다양한 분파의 철학 혹은 종교로부터 도전과 견제를 받아왔다. 불교는 고대 베다 사상의 전통하에 있던 전통 종교들과의 경쟁을 거치게 되면서 정교화되었지만, 동시에 엘리트화되어 대중들로부터 멀어져갔다. 인도에서는 베다 사제의 엘리트적 폐쇄성과 폐해를 비판하며 평등의 해탈을 추구했던 불교가 결국 주류가 되었다. 그러나 점차 교리가 정교화되면서 대중과 멀어지고 엘리트화되며 외면받게 되었다. 이로 인해 불교는 인도 본토에서 점차 세력이 위축되었고 결국 힌두교로 통합되었다. 불교가 폐쇄적으로 변하는 동안 힌두교는 고대 베다의 사상을 기본으로 하여 쉬운 교리와 주문을 중심으로 대중들에게 친근하게 다가가면서 적극적으로 포교 활동을 펼쳤다. 이후, 불교의 교리와 경쟁하는 과정에서 불교에 대항했던 고대 베다의 전통을 계승한 여섯 개의 분파의 철학인 '육파 철학'이 중요하게 대두되었다. 육파 철학은 초기 불교사상과 계속해서 경쟁했고 논리와 인식론의 측면에서 영향을 주면서 세력이 공존해왔다. 불교의 논리학과 인식론적 특성은 동북아 건축에서 자연과 합일하고자 하는 특성과 동시에 논리적이고 구조화된 특성이 공존하는 경향과 연계된다.

육파 철학은 불교 생성 이후 인도 바라문교 계통의 여섯 학파의 철학을 가리키며, 공통적으로 브라만의 기본 성전인 베다를 인정한다. 베다의 권위 즉, 우파니샤드 사상의 권위를 인정하느냐 그렇지 않느냐가 인도 사상에서는 정통이냐 이단이냐를 가르는 중대한 기준이었다. 나가르주나(용수, 龍樹)가 활약했던 당시 인도에서 번성했던 정통철학에는 여섯 개의 학파, 즉 상키야 학파, 요가학파, 바이쉐시카 학파, 니야야학파, 미망사 학파, 그리고 베단타 학파 등이 있었다. 그들은 공통적으로 베다의 중요한 사상적 요소인 '범아일여'와 '윤회 사상'을 모두 중시했으며, 윤회의 사슬을 끊어내는 것을 최종적인 목표로 삼고 정진 수행하고자 했다.

베다를 중심으로 하여 인도의 문화와 기존의 사상과 논리학 등의 다양한 종교, 학문체계가 종합되었는데, 이들은 힌두교로 통합되는 과정에서 나타난 종교들이라고 할 수 있다. 불교가 한 시대를 풍미하고 난 이후, 기존 세력들은 불교의 권위를 타파하기 위해 불교의 취약 부분을 공격했다. 이를 위해 그들은 논리 부분을 강화시켜 논파하고자 했다. 물론 이 학파들 역시 불교로부터 영향을 받은 부분도 존재한다. 인도의 철학은 서양과 동양의 경계에 있는 문명의 산물로, 서양과 동양의 특성이 혼합되어 있는데 특히 육파 철학은 서양의 논리적 특성과 내재성의 범아일여 사상이 잘 혼합된 형태의 사상체계라고 볼 수 있고 힌두교로 통합되는데 중요한 역할을 했다.

〈표1. 육파철학의 공통점과 차이점〉[17]

	공통점	차이점	비고
상키야 학파 요가학파 (심신이원론)	-세계의 모든 존재는 정신(prusa)과 물질(prakrti)의 두 가지 원리로 구성. -인간의 불변하는 자아(푸루샤)존재.	-세계관과 형이상학 집중. -요가: 실천 및 수행 집중.	-독자생존 실패. 이후 베단타 학파로 흡수됨. -인도 정통사유의 형성에 큰 영향.
바이쉐쉬카 학파, 니야야학파 (실재론)	-세계는 여섯 가지 범주, 즉 실체, 속성, 행위 보편, 특수, 내재로 구성. -실체에 속하는 아트만과 보편에 속하는 보편자들도 실재한다고 봄.	-바이쉐쉬카: 형이상학적 존재론 집중. -니야야: 인식론과 논리학집중. 보편자와 특수자를 개별자와 별개의 범주로, 실재로 간주.	-실재론의 입장. -인도 정통 철학학파 중 가장 불교에 적대적.
미망사학파, 베단타 학파 (절대적 관념론)	-범아일여의 우파니샤드의 철학에 가장 충실. -일자로서의 브라흐만과 현상세계의 다양한 아트만들 사이의 관계에 대해 탐구.	-미망사: 제사 의식의 실행방법과 의의에 집중. -베단타: 추상적, 철학적 사유에 집중.	-베단타: 불교를 포함한 다른 학파들의 장점들을 비판적으로 흡수. -인도 정통 철학의 정점으로 등극.

여섯 가지의 학파를 의미하는 육파 철학은 크게 두 개의 유사한 학파로 묶어 세 쌍으로 구분해볼 수 있다.

첫째, 상키야 학파와 요가학파는 심신이원론적인 특성을 보이면서 정신과 물질의 이분법을 사용한다. 이러한 동질적인 세계관에서 좀 더 형이상학적인 상키야와는 달리 요가학파는 몸과 정신을 일체화하여 해탈의 삼매에 드는 실천적 수

17) 강신주, 철학 vs. 철학, 오월의봄, 2016, 내용추가 및 정리

행을 중시한다. 이들은 후에 베단타 학파로 흡수된다. 바이세쉬카 학파와 니야야 학파는 형이상학적 존재론, 특히 인식론과 논리학을 중시하는 특성을 보인다. 이들은 실재론을 중시했기 때문에 유물론적이었고 불교에 적대적이었다. 논리적 특성에 있어서 특히 불교의 교리를 논파하는데 공을 세운다. 미망사 학파와 베단타 학파는 범아일여와 아트만의 추상적 사유에 집중하여 통합하고자 했다. 따라서 베다의 기원을 둔 대부분 학파의 특성들을 통합하여 녹여내는 특성을 보인다.[18]

그들은 직접지각(直接知覺), 유비(類比), 추론(推論), 신뢰할 만한 사람의 언어[19] 등 공(空) 사상을 설파한 2~3세기 나가르주나의 내용을 비판하고 있다. 니야야학파는 '모든 것이 공하다' 라는 중관 학파 나가르주나를 비판했으며 나가르주나는 회쟁론에서 이를 방어했다. 나가르주나에게 공의 개념은 자성이 없는 것, 무자성(無自性)의 개념이다. 나가르주나는 실체나 본질을 규정하는 자기동일성이 존재하지 않는다고 주장하는 부분에서 '모든 것(이미 있는 것)이 공하다' 라는 문장이 이미 그 자체로 자기모순에 빠진다고 비판했다. 중관 불교 철학은 나가르주나 이후 모든 집착의 대상은 결국 실체가 존재하지 않는다는 것, 다시 말해 공하다는 것을 논리적으로 입증하려고 했다.

18) 첫째, 상키야 학파는 형이상학적 세계관, 우주관에 집중한다. 이들은 두 가지가 합쳐지면 고통이 생기는데 지(智)를 통해 해탈에 이를 수 있다고 보았다. 정신과 신체 기관의 물질과 연계된 자성(自性)에 나타나는 감각, 사유, 의욕이 합쳐지면서 고통이 생기는 것으로 보았고 이러한 괴로움이 윤회하므로 깨달음을 바탕으로 요가 수행으로 삼매에 들어 해탈하고자 했다.

두 번째, 요가(Yoga) 학파는 요가 수행으로 해탈에 이르는 것을 목표로 한다. 불교 및 이후 학파에 있어서 실천적 수행 방법론에 있어서 많은 영향을 주었으며 이후 동북아에서 선불교에도 영향을 주었다. 나의 아트만을 브라흐만과 일치시켜 삼매의 상태에 이르게 하여 해탈을 하는 것이다. 그 상태는 주관이 객관을 떠나 독존하는 상태이다. 이후 상키야 요가학파는 독자적으로 생존하지 못했지만 이후 베탄다 학파에 흡수되어 인도 전통사상으로 회귀하며 새롭게 창조되었고 힌두교에 통합되었다.

셋째, 바이세시카(勝論) 학파는 근원적인 물질의 4원소인 지수화풍, 즉, 흙(地), 물(水), 불(火), 바람(風) 등과 공허, 시간, 방위, 아(我 : 아트만)와 의(意) 등 9개의 실체를 중시하여 이들의 운동에 의해서 나타나는 철학적 현상에 대해서 사유했다. 이들의 원리를 이해하기 위해 요가의 실천적 수행을 강조했다. 유물론적인 실재를 중시했기에 불교와 적대적이었다. 다섯 번째, 미망사(聲論) 학파는 제사의식(祭式)을 철학적으로 해석하여 강화했다. 베다의 제식부분은 인간의 의무이자 법(dharma)이며 옳게 행하면 그것이 곧 해탈에 이르게 된다고 생각했다. 제식의 언어가 곧 원초적으로 존재하는 영원불변하는 실체라고 생각한다. 말은 사라지지만 말로 형성되어 지켜지는 제식은 법 그자체로 영원히 존재하는 진리로 보는 것이다. 미망사 학파는 『베다』의 전반부 두 부분 (만트라와 브라흐마나)을 이어받아 종교로서 실천적 수행을 강화시켰다. 여섯째, 베단타 학파는 베다의 끝에 위치하는 우파니샤드를 중심으로 각각의 종파의 특성과 교리들을 폭넓게 수용하고 통합하여 정리한다. 우주의 원리이자 운행법칙인 브라흐만과 합일함으로써 해탈에 이르게 된다고 보았다. 지수화풍의 4원소에 허공의 5원소의 물질적 요소들이 지(知)의 힘에 의해 합일될 수 있다고 보았다. 이 학파는 미망사 학파와 많은 부분을 공유하지만 보다 이론적이며 통합적인 특성을 보인다. 후에 힌두교의 이론적 기초를 다지며 통합하여 나가는 힘을 보여준다.

그 가운데 두 번째의 추론(推論)에서는 다음의 사례와 같이 '5분 작법(五分作法)'으로 통칭되는 '논리학'의 논증 형식으로 이루어진다. '저 산(山)에 불이 났다.'라는 문장을 합리적이고 논리적으로 증명해보도록 하자.

1) 주장(宗 종): 저 산(山)에 불이 났다.(주장하려는 바)

2) 이유(因 인): 그것은 연기가 나고 있기 때문이다.(그렇게 주장하는 이유)

3) 실례(喩 유): 어떤 것이든지 연기가 일어나는 곳에는 불이 있다. 비유컨대 아궁이와 같다.

(1과 2를 연결할 수 있는 일반적 명제)

4) 적용(合 합): 연기가 일어나는 아궁이와 같이 저 산의 경우에도 마찬가지이다.

(3의 보편 명제로부터 다시 2의 구체적 이유로 거슬러 올라감)

5) 결론(結 결): 따라서 저 산은 불이 나고 있다.(2→3→4를 거쳐 다시 원래의 주장을 확인)

니야야학파의 철학은 1단계에서 5단계에 이르는 추론의 과정을 통해 논리적으로 증명하고자 하는 방식을 정교화했다.

중관불교는 서양의 논리학의 연역법과 유사한 방식으로 모든 것이 공하다는 것에 대한 논리적인 입증 및 논파를 중시했다. 이렇게 불교는 논리적이고 세련된 인식론으로서 동북아에 전파시키는데 상당한 영향력을 끼쳤다. 이러한 성향은 인도 언어가 서양 언어와 유사한 논리적 구조를 가지고 있었고 서양의 논리 철학이 전파되었던 것에서 영향을 받은 것으로 볼 수 있다.

이 육파 철학은 불교가 흥성한 시기와 그 이후, 논리를 중심으로 하는 철학분파와 베다의 권위를 중심으로 연장선상에서 발전시키고자 하는 분파들에 영향을 주었으며 힌두교로 통합되는 역사를 보이게 된다. 육파 철학은 베다의 권위를 철저하게 인정하면서 동시에 각각의 특성을 중심으로 다른 학파 및 종교와 경쟁했으며, 대중들에게 친근하게 다가가는 쉬운 전도 방식과 교리로 대중의 마음을 얻

19) 현량 現量: 감각지각
비량 比量: 추상개념 논리를 통한 이성적 추론
비유량 譬喩量: 언어를 통한 인식(직접 지각은 아님)
성언량 聖言量: 신뢰할 만한 성인의 가르침에 의해 인식하는 것
부처가 되면 일체의 편견과 집착이 없이 세상을 지각한다는 것
니야야학파에서 현량만은 부정할 수 없다는 것을 문제삼음-나머지는 추론을 통해 판단 인식

는데 성공했다. 육파 철학은 힌두교에 거의 직접적인 영향을 주었으며 이후 힌두교는 다양한 신앙과 교리를 통합하는 저력을 통해 인도 사상의 통합적인 본류가 되는데 토대가 되었다는 점에서 중요하다. 또한 이러한 논리성은 건축 부문에 있어서도 영향을 주어, 불교사찰에서 회랑으로 둘러싸인 그리드 체계의 가람 배치와 만다라의 기하학적 구성 및 생명력 넘치는 단청 등의 화려한 장식 등에 강한 영향을 끼쳤으며, 세련된 인식론과 논리의 철학적 구성에도 영향을 주었다.

–힌두교 통합의 의미와 도교와의 공통분모

힌두교는 '인도교(印度教)' 라고도 불리는 바와 같이 고대 인도로부터 내려왔던 모든 사상이 통합된, 그야말로 인도의 사상 및 종교 그 자체라고 할 수 있다. 가히 '인도 종교의 저류지' 라는 표현이 적합할 정도로 오랜 역사에 걸쳐 살아남은 '민간신앙의 종합' 그 자체이다. 따라서 힌두교에는 특정 교조와 체계가 불명확하고 인도의 각종 신화, 의례, 제도, 관습 등이 융합되어 있다. 힌두교에는 수많은 신들이 숭배되고 다양한 신전들이 함께 공존하는 종교문화를 보인다. 그러나 많은 신들의 근원에는 유일의 최고신이 존재하며 삼신일체적인 서구의 일신교적인 요소들도 통합되어 있다. 또한 오늘날까지도 이어지고 있는 악명높은 카스트 제도도 사회문화적 제도로서 융합되어 있다.

앞서 언급한 바와 같이 힌두교에 이르기까지 다양한 종교들이 명멸했지만 베다 이후의 학파, 종교 사상들의 공통점은 범아일여 및 윤회(輪廻)와 업(業), 해탈(解脫)의 개념이 공통으로 존재한다는 점이 특징이다. 이것은 베다의 우파니샤드 철학으로부터 기원한 것이다. 이들 사상은 보수적 관점에서 숙명론의 사회 이데올로기를 설정하고 전파함으로써 기득권 유지에 일조하고 사회발전을 저해하는 측면이 있었다. 이들은 진리를 깨닫고 해탈하기 위해 실천적 고행을 수행하는데 있어서 일반적으로 유행(遊行)의 생활과 고행 또는 요가의 방법론을 사용했다.

제정일치 사회에서 브라만 사제들은 권력을 독점하고 종교의식을 명목으로 때로는 자신의 정치적 목적에 따라 제도적 살생을 저지르기도 했다. 이러한 폐단에 반기를 들고 새로 일어난 종교가 불교와 자이나교였다. 불교는 브라만교의 엘리트적, 교조적 이데올로기 체계를 비판하면서 등장했다. 일반 대중들도 깨달으면 해탈할 수 있다는 평등사상과 누구에게나 열려있는 종교라는 '평등의 방식'은 새로운 시대를 여는 것이었다. 그러나 이후 부파불교에서 발전시킨 수준 높은 철학적 인식론은 일반 대중들이 다가가기에는 너무나 현학적이었다. 이때 브라만교는 자체적인 노력을 기울이며 형식적인 교리를 알기 쉽게 개편하고 대중들이 믿고 있던 민간신앙들도 포용하며 점차 힌두교로 변신하게 되었다. 현학적이어서 대중과 유리된 당시 불교와는 달리 힌두교는 대중에게 쉽고 친근하게 다가갔던 것이다. 마치 바가바드기타의 박티의 사례처럼 '오직 신에게 충성을 다 바치면 신은 그 대상을 반드시 구제해 준다.'라는 쉬운 힌두교의 교리가 대중에게 친숙하게 다가왔던 것이다. 힌두교는 2대 서사시를 정비하고 육파 철학도 발전시키면서 인도 굽타왕조(4~6세기) 시대에 국교가 되었다. 힌두교의 경우, 중국의 격의불교와 같이 민간이 믿던 신까지도 교리와 신앙체계에 포용하여 흡수하고 녹여버렸다. 힌두교는 굽타왕조 때 비약적인 발전을 이루게 되었는데, 여기에는 정치적 계산이 깔려있었다. 기존의 기득권이었던 불교보다는 힌두교의 신적 위치를 인정함으로써 왕조의 정치적 이득과 권위상승을 고려했던 것이다. 굽타왕조의 적극적인 지원하에 힌두교는 눈부신 발전을 이루게 되었다. 인도의 민간신앙과 고대로부터 내려온 베다의 전통을 기초로 하고 불교까지 포용하는 방식은 힌두교 신전에 불교 및 다른 신전까지도 함께 포용하는 지경에까지 이르게 되었다.

불교의 평등사상으로 와해되는 듯 했던 카스트 제도는 힌두교를 숭상하는 굽타왕조 때 오히려 더욱 강화되었다. 진보적인 세력이 와해시켰던 권위와 기득권의 질서를 새로운 보수세력이 더욱 강한 계급제도와 종교적 색채로 자신들의 권위와 기득권을 강화한 것이다. 굽타왕조 이래 오늘날까지 강력하게 유지되는 카스트 제도는 이렇게 정비되고 고착되었다.

힌두교는 모든 종교가 하나로 귀일(歸一)한다는 보편주의적 종교관과 함께 인간과 우주가 피조된 것으로 보면서 동시에 신의 속성이 내부에 존재한다는 내재적 사유이다. 이 때문에 범아일여와 윤회라는 내적 순환 체계를 보인다. 윤회를 통한 새로운 육체의 획득과 특정 자아의 존재는 서양의 외적 신의 존재와 분리한 객체의 이분법적 세계관과는 다른 것이다. 또 한편으로 이러한 세계관은 동양적, 동북아적 세계관과 철학적 체계에 있어서 서양과는 상반되는 부분이 있고, 동시에 공통분모도 가지고 있기에 그러한 부분에 지대한 영향을 끼치게 된다. 물론 인도는 서양과 동양의 경계선상에 있기에 서양의 자연적, 기계론적 세계관과 일신론적 종교관과 비교했을 때 유사하거나 전혀 다른 것들이 상존한다. 서양의 일신교와 다신교 이면의 통합적 일신(一神)을 숭상하는 힌두교는 동전의 양면처럼 유사성과 차이가 존재한다. 통합적인 하나의 신이 최종적으로 존재하고 그 하부에 민간과 지역에서 믿는 다양한 잡신(雜神)들이 존재하는 식이다. 기독교 형성에 영향을 준 조로아스터교의 경우 선과 악의 뚜렷한 대립으로 인한 싸움(기독교에는 아마겟돈)과 선의 승리와 최후 심판이 있다는 반면, 힌두교에는 대립적 이원론보다는 순환적 사유를 통해 공간이 변화하는 사유를 추구했다는 점이 특히 다른 부분이다.

힌두교는 고대 베다를 중심으로 하는 브라만교 이후 현대까지 오랜 생명력을 이어가고 있으나 오늘날의 관점에서 보면 정체되어 있다고 평가된다. 새로운 시대의 외적 변수와 경험과학 및 경험철학이 배제된 상태로 사변적인 사유만으로는 발전에 한계가 있을 수 밖에 없기 때문이다. 인도의 사유는 서양의 논리적 사유에 영향을 받아 발전했으나 동양의 접면에 있는 상태에서 객관세계에 대한 탐구는 상대적으로 부족했기 때문이다. 이러한 양태의 원인은 동, 서양의 접면에서의 특성이 동시에 작용한 것으로 보는 것이 타당할 것이다.

–소 결

범아일여 사상, 윤회 사상, 마야와 아바타의 특성 및 실천과 몸의 수행을 중시하는 요가 사상 등은 내재성을 중시하는 인도 사유의 중요한 위치를 차지하며 외재성을 중시하는 서양사상과 차이점을 보이고 있다. 베다로부터 시작된 인도의 고대 사상은 다양한 유형의 종교적 흐름을 만들어냈다. 이후, 폐쇄적인 폐단에 반발하여 불교가 창시되고 동북아에 전파되었지만, 본토에서는 소멸되었고 이후 다시 베다의 전통에 근거한 사상들이 다양한 사상들을 포용하고 종합하여 오늘날의 힌두교로 귀결되었다. 거기에는 자연과 인간이 하나이고 인간 자체 내에 신의 속성이 존재한다는 내재성의 사유 형성에 있어서 공통분모가 존재했기 때문이다. 자연의 생명력을 찬양하고 자연과 자신이 하나임을 깨닫고 집착을 벗어나고자 하며 자연과 하나가 되고자 실천하는 마음 수양의 방식은 동북아 사유에 많은 영향을 끼치게 된다.

이처럼 베다의 범아일여(梵我一如) 사상이 중요한 이유는 이후 동북아의 사유에 있어서 공통분모가 있기도 하고 상당 부분 우파니샤드로부터 영향을 받아 순환성, 공 사상과 함께 이후 불교의 전파에 영향을 끼친 사상이었기 때문이다. 예를 들어, 중국 대승불교의 화엄사상(華嚴思想)은 제국의 가치에 부합하는 일즉다 다즉일(一卽多, 多卽一)의 사상을 주장했는데, 이것은 하나가 전체이자 전체가 하나라는 범아일여의 다른 버전의 사상으로 생각할 수 있으며 여러 시대에서 되살아나고 있는 것을 찾아볼 수 있다. 인도의 사유는 서양의 일신교의 전통 및 강고한 논리적 짜임과 인식론의 영향을 받았으며 다른 한편으로, 초월적 자연의 범신론적 세계관과 결합되어 발전하다가 불교의 형식으로 동방으로 전파되어 꽃을 피웠다. 인도의 사유는 논리적, 일신교적 영향이 강한 서방보다는 논리성과 인식론이 상대적으로 부족하여 영향을 줄 수 있었던 동방으로 향했던 것이다. 신의 속성이 외부에 있는 것이 아니라 사물과 세계의 운행하는 내부에 이미 존재한다는 내재성을 중시하는 사유, 논리적이면서 직관적인 부분이 조화를 이루고 있는 것, 자연과의 합일을 이루고자 하며 순환하는 것, 그러면서 중심을 잡고자 하는 사유는 동, 서양의 건축에 있어서 많은 차이를 불러일으켰다. 풍토의 특성만큼이나 사상의 특성과 중점적인 사상의 차이가 공간과 물질의 형성에 영향을 주었고 건축 부문에도 큰 차이를 불러온 것이다.

인도불교의 중국전파와 도교와의 만남

0107 불교 전파와 노장 사상(도교)과의 조우(황로지학)

기원전 6세기에 인도 동북부에서 발원한 불교는 동방으로 전파되었다. 불교와 같은 종교가 전파된다는 것은 단순히 종교만 전파되는 것은 아니다. 불교의 전파는 종교와 사상과 건축, 문화 전반(회화, 복식, 조각, 음악, 무용, 공예) 등 종합적으로 전체의 문화가 전파되는 것을 의미한다. 아소카왕은 기원전 3세기에 남인도, 이집트, 북아프리카, 지중해 지역의 국가 등 3대륙에 걸쳐 포교단을 파견하여 불교의 위상을 높이며 그 제반 문화를 전파했다. 오늘날의 스리랑카는 동남아의 남방부파불교(소승불교)의 전파의 중심지가 되었다. 불교는 만민평등사상을 제시하며 기존의 브라만교를 제치고 대중들의 지지를 받았으며 급속도로 세력을 확장했다. 극심한 계급 및 신분적 차별을 강요하는 브라만교와는 달리 불교는 중도(中道)를 지키며 개인적인 깨달음을 얻고 수행하여 해탈하면 누구나 구원을 받으며 열반(涅槃)에 이를 수 있다고 주장한다. 뿐만 아니라 해탈(解脫)을 위한 사성제(四聖諦)와 팔정도(八正道)의 수행 방법과 '평등' 개념의 종교적 체계를 전파하는 것은 차별받고 억압당하던 당시 서민들의 마음을 사로잡기에 충분했다.

동북아의 유교는 지배계층의 정치철학과 윤리학을 대변해주고 있으나 보편적인 인식론과 진화된 종교적 부문에는 치명적으로 부족한 점이 있었다. 거기에 뚜렷한 세계관(존재론, 인식론) 역시 부재했다. 도교의 경우에 이러한 동북아적 세계관이 존재하기는 했으나 점술과 토템과 샤머니즘 등의 주술적 요소들이 강하게 작용해 왔기 때문에 내세를 본격적으로 다루는 정식 종교로서 지위와 정체성의 확립은 불가능하다는 한계가 있었다. 이렇게 종교적 공백 상태에서 불교는 세련된 인식론과 함께 국가종교로서 지위를 확고히 설립하면서 대중들에게 쉽게 전파되고 자리 잡을 수 있었다. 인류 문화사적으로 4대 문명이 꽃피운 지역은 필연적으로 이러한 종교적 니즈가 높아졌는데, 그 중 유일하게 종교적 특성과 논리적 인식론이 부족했던 동북아 문명(황하문명)에 업보(業報)와 윤회(輪廻) 사상, 그리고 범아일여 사상이 중심이 된 불교가 적극적으로 전파된 것이다.

앞서 언급한 대로 인도 불교는 힌두교의 융성과 함께 흡수, 통합되었다. 이후 7세기경에 흥기한 밀교(密敎)도 결국 불교의 본질에서 다소 변형된 형태로 동북아에 함께 전파되었다. 9세기경부터 불교는 힌두교에 흡수되어 영향력이 줄어들고 결국 소멸되었지만, 동방으로 전파되면서 영원한 생명력을 얻었다. 오늘날 동남아에는 소승불교(부파불교)의 영향이 우세하고 동북아에는 대승불교의 영향이 지배적이다. 다만, 전파과정에서 각 지역의 외적 변수 및 문화, 사상적 특성과 순응, 융합하여 융통성 있게 변용되었다. 동북아에서는 도교적 특성이 융합되어 선종의 독특한 종파가 생성되어 영향력을 끼쳤다. 살생을 금하고 극한의 대립을 피하는 교리의 특성상, 불교는 이질적인 것과 사이좋게 병립하기도 하고 때로는 순응하기도 하며 융합되는 방식을 선호했고, 이것은 교세 확장에 유연한 이점이 있었다. 불법(佛法)의 번역과 전파는 자연스럽고 단계적인 방식으로 이루어져서 위정자들에게도 위협감이나 거부감이 없었던 것이다. 또한 동북아 세계관과 내재성 및 순환성의 사유에는 근본적으로 공통분모도 존재했다.

—동북아 전파의 의미

세련된 철학적 인식론이 부재한 당시 동북아의 상황에서 불교의 전파는 인간의 '마음'과 '내면'에 집중할 수 있는 계기가 되었다. 이는 이후, 유교에도 마음을 중심으로 하는 신유학(성리학)의 발전을 이루게 하였으며 결국, 유, 불, 도가 병립하며 융합된 주자학의 발생에 중요한 역할을 하게 된다. 경전(문자)을 중시하고 논리에 있어서 치열했던 인도의 불교와는 달리 동북아 불교에서는 명상, 그리고 수행하면서 도달하게 되는 '직관적인 깨달음'을 중시했다. 동북아에서 선불교(禪佛敎)의 생성은 인도 본토의 불교와는 커다란 차이를 보이는 특징으로 자리 잡았다. 선불교는 인식론의 깨달음의 실천적 수행을 극한까지 실험하며 진화한 분파로서 의미가 있으며 오늘날까지 계속해서 동북아에 영향력을 행사하고 있다.

인도 문명(간다라)과 동북아 문명(황하)의 만남은 아시아 문화권의 정신세계가 탄생한 것을 의미한다. 인도불교는 세계적인 종교와 철학의 시초를 만들었고 후에 전파되어 동북아 사상의 공통분모와 결합되어 종합(주자학)되었다. 불교는 내적인 마음의 인식론을 탐구하는 것과 외적인 매너학을 중시하는 유교와 상호보완의 관계를 가지지만, 도교와는 병립하여 경쟁하는 관계에서 상호 영향을 주고받았으며, 송 대에 이르러 주자학으로 세련된 방식으로 통합되게 된다. 동북아인들은 대립되는 요소들을 배척하지 않고 공존하면서 화합시키고 종합하려고 했으며, 이러한 경향은 동북아인들의 세계관이기도 한 '관용성(포용성)'과도 연결된다. 불교는 대립하지 않고 유연한 융합을 통해 외연을 확장하게 되었다. 특히 도교의 주술적 샤머니즘과 토테미즘 등 초기 단계의 종교에서 불교의 교리가 수용되어 세련된 형태의 종교적 내세관으로의 이행이 이루어졌다. 이후, 동북아로 전파되어 통합되는 단계에서 불교 천태종 및 화엄종으로 종합, 발전되었다.

동북아 불교는 대체적으로 도입 초기 왕실 중심으로 불교를 보호하는 성격을 띠었고 국가와 결부되며 육성되고 전파되었다. 따라서 불교사찰은 왕실 중심의 도시 불교사찰이 중심을 이루다가 점차 속세와는 분리되어 별도로 산속에 위치하게 되었다. 동북아인은 현실적인 특성이 강했던 만큼, 동북아의 불교사상 역시 이러한 영향을 받아 실재론적 태도를 견지하는 특성을 보인다. '존재론적 맥락에서 동북아 불교의 두드러진 특징은 그 현실적 경향에 있으며 실재론적 태도를 견지해왔고 세계를 마야=환(幻)으로 보는 인도 사유가 동북아로 건너왔다. 이 때, 동북아 사상에서 존재론에서의 뉘앙스 변화는 불가피했다'라는 의견에서 동북아 불교가 여래장 사상(특히 대승기신론)의 연장선상에서 성립한 것은 자연스러운 것이었으며 그 결과 불성 개념을 그 핵심으로 삼게 된 것 역시 어떤 면에서는 필연적이며 마음이 핵심이다.'[20]라고 주장한다. 이러한 경향으로 인해 결과적으로 동북아의 종교와 학문체계는 '마음에 대한 인식론'과 이를 '전체 세계의 통치체계로 녹여내는 것 혹은 확장시키는 것'이 이후 철학사에 중요한 주제로 작용하게 되었다. 송 대 이후에는 '마음 수양의 정치철학'의 관심 주제가 주자학과 심학(心學)이 중심이 되는 학문의 흐름을 만들어냈다. 또 '유와 무를 동시에 긍정 및 부정하려는 입장을 보았거니와, 체와 용 사이의 거리를 최소화하는 즉, 존재론적 두께를 최소화하는 현미무간은 동북아 사유의 일반적 입장으로 자리 잡게 된다.'[21]라는 의견과 같이, 동북아에서는 세계에 대한 인식이 '체, 용' 사이의 '이기론'이라는 세련된 형이상학적 논쟁으로 발전하게 된다.

인도는 서양문명과 동양문명의 접점에 위치하여 서양과 동양의 특성이 공존하는 문명이다. 언어에 있어서는 서구의 자기장 안에 속하여 있었다. 이 때문에 인도 게르만어의 경우, 서양 언어에 강하게 영향을 받아 명사와 형용사, 동사 등이 엄격하게 구분되고 주어 목적어 술어 역시 그러하다. 인도에서 치밀한 언어 논리학의 발전과 논쟁이 지속된 데에는 그러한 측면이 강하게 영향을 끼쳤기 때문이다. 특히 나가르주나의 중관불교에서 논리적 전개방식은 서양철학으로부터 영향을 받은 것으로 알려져 있다. 그러나 중국어의 경우, 단음절의 고립된 언어들로 구성되며 단어 자체에서 형용사나 동사의 변화 등이 발생하지 않는다. 따라서 이것을 해결하기 위해 다양한 억양(평성平聲, 상성上聲, 거성去聲, 입성入聲)을 부여하면서 다른 의미를 붙이며 변화를 주게 된다. 이 때문에 치밀한 논리학보다는 연상과 상징성이 강조되는 특성을 보이게 된다. 이러한 특성으로 인해 중국어에는 서양 서적의 번역의 문제와 철학적 차이가 어쩔 수 없이 발생할 수밖에 없다. 불교의 경우, 인도에서 볼 수 없는 독특한 형식의 선불교가 발생한 것은 언어학적 영향도 무시하지 못할 정도의 중요한 부분이라고 할

20) 이정우, 세계철학사2, 아시아 세계의 철학, 도서출판 길, 2017, p668

21) 이정우, 상게서, p668, 원리인 체와 물질의 구성방식인 용은 그 자체로 긴밀하게 결합되게 하여 거리감이 존재하지 않을 듯이 유와 무의 경계가 모호한 지경에 이르는 방식을 선호했다. 현미무간은 현상계와 본체계가 떨어지지 않음을 의미한다.

수 있다. 철학이라는 학문은 언어 자체의 한계를 극복하며 진리에 다가가기 위한 방법론이라고 할 수 있기 때문이다. 언어와 문법 구조로 곧 잘 비유되는 건축의 경우에도 논리적 가람을 구성하면서 '이상적인 불국토(佛國土)의 실현' 이라는 작은 세계(불교 단지건축)를 만들고자 했다. 동북아에서는 인도불교의 논리적 가람의 건축 구성방법론과 직관적이고 유연한 동북아 건축과 문화의 만남으로 새로운 건축문화를 실현해나갔다. 이러한 특성들은 사상과 종교의 발전과 공명(共鳴)하면서 구체화 되었다.

0108 중국 도교와 경쟁과 융합(격의불교)

격의 불교(隔意佛教)는 간단하게 말하면 '인도 불교의 중국 토착화' 혹은 '불교의 중국화' 라고 표현할 수 있다. 불교 전파 초기에 생소한 불교의 교리나 개념을 쉽게 번역하고 전파하기 위해 중국인은 자연스럽게 기존의 개념 혹은 이미지를 차용할 수밖에 없었다. 우선 중국인들은 반야(般若) 및 공(空) 사상을 도교의 무(無)의 개념으로 대체하던가 하는 방식으로 이해하기 시작했다. 또는 중국의 기존 고전을 대비하여 이해시키기도 했다. 당시는 노장사상의 발전된 버전인 현학(玄學)이 유행하던 시기여서 노자, 장자 등의 고전을 인용하곤 했다. 자연스럽게 중국인들은 노장사상과 불교를 함께 병립시켜 이해하는 것이 편한 상황이었다. 동북아에서 초기 불교는 도교적인 세계관으로 이해하고 정립한 불교라고 해야 할 것이다. 이러한 점은 초기에 불교를 전파하기 위해 어쩔 수 없이 선택할 수밖에 없는 상황이었지만 자연스럽게 인도 불교는 본토의 불교와는 차이가 발생할 수밖에 없었고, 일정부분 폐해로 나타나기도 했다. 그러나 과도기를 거쳐 점차 전문 연구자와 종교인들이 등장함에 따라 이러한 상황은 일정부분 극복될 수 있었다. 이 시점에서 노장사상(老莊思想)으로 통칭되는 노자(老子)와 장자(莊子)의 사상의 특성을 살펴보면서 도교와 불교의 공통분모를 살펴보기로 하자.

–노자(노자: B.C?~B.C?)의 철학

도교의 사상적 측면에서 대표적인 철학은 노자와 장자의 철학이다. 이들의 철학은 인위적인 것을 거부하고 자연적인 것을 중시한다는 측면에서 유교와 대립적인 측면에 서있다. 노자는 도교의 사상에 있어서 가장 핵심적인 위치를 차지하고 있다. 노자는 실존한 인물인지가 명확하지 않은 인물이며 노자의 사상을 만든 사상적 집단이라는 설도 있다. '무위자연(無爲自然)' 의 개념은 자연(自然)으로, 스스로 그러한 것, 혹은 저절로 그러한 것, 혹은 아무런 꾸밈이 없는 것을 의미한다. 이처럼 어떤 면에서 도교는 순수한 어린아이와 같은 것이며 그것이 곧 도(道)를 의미한다. 노자 도덕경에서 도는 형이상학적이며 무형의 세상이 운행되는 법칙이다. "도(道)를 도라고 말로 표현하면, 그 도는 항구 불변한 본연의 도가 아니고, 이름지어 부를 수 있는 이름은 참다운 실재의 이름이 아니다.(道可道 非常道, 名可名 非常名)"라고 하는 '도가도 비상도' 라는 구절이 매우 유명하다. 이러한 점에서 유교는 도리로서의 특성이 있다. 도는 도라고 말할 수 있으면 그것은 도가 아니라는 것이다. 형이상학적으로 말로 표현할 수 없는 도를 무언가의 명사로 표현코자 하는 것은 이미 도를 표현할 수 없다는 것이다. 이미 언어를 초월한 진리(도)를 언어로 표현할 수 없다는 것이다.

노자는 자연(自然)이란 스스로 그러한 것인데, 사람들이 자꾸 인위적으로 위장(꾸미려)하려 한다고 본다. 그러므로 도교에서는 인위적으로 꾸미지 않은 자연스러운 '무위(無爲)' 를 중시한다. 달리 이야기하면 그것은 인위적 사회(제도)에 의해서 사람들의 일상 생활에 자꾸 가식적인 것들이 생겨나므로 이것을 경계하자는 것이다. 그것은 상당 부분 무정부주의(anarchism)와 유사한 측면이 있다. 그렇다면 어떻게 무위자연을 행할 수 있을 것인가? 그 해결책은 물과 같이 행하는 것이다. 그래서 노자 사상에서는 '부드러움이 강함을 이긴다.' 라는 '부쟁(不爭)' 의 개념이 매우 중요하며 이를 위해 겸허의 덕은 결국 '물' 의 속성과 같은 것이라고 강조한다. 도교에서는 비유를 자주 들고 중요시하는 대상이 물이다. 대표적인 개념으로

'상선약수(上善若水)' 를 들 수 있으며 이러한 경지가 중요하다고 생각한다. '최고의 선(善)은 물과 같다' 라는 것이다. 세상의 모든 일은 물과 같이 순리대로 행하여 흐르는 것이 가장 좋다는 의미이다. 노자는 인위적이지 않고 자연의 순리대로 행하고 조화를 이루는 것이 가장 바람직하다고 강조한다.

공자의 사유는 정치철학이자 동시에 인위적으로 권장하는 것과 금지하는 것들이 공존하는 윤리학적, 율법적 성격이 강한 사유이다. 이와는 반대로 노자와 장자의 사유는 인위적인 것을 배격하는 자연주의 '무위(無爲)' 의 사유이다. 따라서 이들의 사유를 오늘날로 생각하면 서양의 기계론적 사유와 상반되는 동양의 유기체적 자연관의 사유와 비교하여 생각해볼 수 있다. 일반적으로 서양의 사유와 의학적 실행방식은 문제가 생긴 곳에 바로 직접적으로 메스를 가해 수술을 가함으로써 직접적인 치료를 한다. 다시말해 합리적 사유가 바탕이 되는 기계론적 의학방식이 중심이 되고 있다고 말할 수 있다. 그러나 동양의학의 경우, 인간의 신체와 장기가 하나의 유기체로 관계를 맺으면서 서로 연결되어 있음을 중시한다. 동양의학은 직접적으로 아픈 곳을 치료하는 것이 아니라, 아픈 곳의 주변을 강화시키고 보양하고 혈액을 원활하게 순환하게 함으로써, 다른 장기나 기관의 아픈 곳을 간접적으로 치료하는 경향의 치료법이 발달했다. 특히, 침술이 그러하다. 침술은 아픈 곳에 직접적인 치료보다는 간접적 치료, 즉 그 주변의 혈액의 순환을 도와주고 기의 흐름(혈액의 순환)을 원활하게 만들어서 아픈 곳을 자연의 순리에 맞추어 간접적으로 치유하도록 도와주는 방법을 사용한다. 노장사상은 후자의 사유에 가까운 물리적 해결방식과 사유 방식을 추구했으며 그러한 방식이 동양의학의 치료술에 적용된 것이라고 할 수 있다. 그러나 우리가 조심해야 할 것은 우리(동북아)의 사유와 방식이 무조건 우수하고 옳은 것이라는 믿음이다. 수학적, 과학적 자연관과 실험이 객관적으로 적합하고 성과가 있는 방식임을 우리는 인정하여야 하지만 그러한 방식이 간과하고 도달할 수 없는 영역의 경험과학을 함께 포용하여 발전시킬 수 있는 방안을 생각하는 것이 바람직하다. 어떤 방식의 사유이든 극단으로 치닫게 되면 폐해가 발생할 가능성이 높아진다.

노자의 사유는 만물의 법칙이 자연스럽게 모든 사물에 공통적으로 내재하므로 도(道)의 순리에 따라서 살아야 하는 무위를 주장하지만, 이것은 전체가 하나가 되어야 한다는 제국적 논리의 매우 보수적인 사유로 변질될 우려가 있다. 실제로 황로지학과 당 제국 시기에 노장사상과 그로부터 일정부분 영향을 받은 불교 화엄 사상이 당 제국의 사상적 배경으로 작용했으며 일본의 제국주의 시대에도 그러한 영향이 강하게 작용했다. 다른 한편, 노장사상은 아르카디아와 같이 이상향을 꿈꾸는 피지배계급의 공동체 혹은 혁명 세력에게 도피처 혹은 대안의 사상으로서 작용했다. 이러한 경향은 혁명 혹은 대안의 종교적 토대로서 어려운 시기마다 노장사상에 영향을 받아 다른 형태의 전복 세력의 운동으로 활발히 타오르기도 했다. 이처럼 『노자』 사상은 무위의 이상을 설파하는 생성의 존재론이며 자연주의를 표방하는 철학이라고 하지만 단순히 '반국가 철학' 이 아니라 오히려 매우 적극적인 '제국의 정치철학' 으로 강하게 드러날 수 있는 불순한 휘발성이 있는 철학이기도 하다. '길' 의 의미를 가진 '도(道)' 라는 것이 '길을 만들고자 하는 것' 과 '많은 사람이 걸어가며 만드는 길' 이라는 상반되는 방식이 존재하는 만큼, 바라보는 방향에 따라서 사유는 정반대의 태도와 실행력으로 등장할 수 있기 때문이다. 또한 노자의 무위자연의 특성과 주역, 음양오행 등의 거대한 동양적 세계관이 합쳐지는 부분에 있어서 노자의 사상은 불교의 공 사상과 함께 관계의 변화에 따라서 끊임없이 변화하는 부분을 사유하며, 내재적인 특성의 신적 속성을 가지고 있는 등 공통분모를 가지며 나타나고 있다.

–장자(莊子: BC 369년 ~ BC 289년경)의 철학

장자(莊子)는 이름은 주(周)이며 생존 연대는 불분명하다. 송(宋)나라에서 태어나 맹자와 동시대를 살았고 노자의 사상의 연장선상에서 자신의 사상을 발전시켰다. 노자의 사상에는 직접적으로 느낄 수는 없으나 실재하고 있는 '도(道)' 의 개념이 있다. 그러나 장자의 경우, 도의 개념과 인식론적 가치판단은 불가능하고 무의미하다고 생각했다. 산길을 예를 들으면 노자의 길(道)은 이미 선행하여 존재하는 것이지만 장자의 길(道)은 앞서 언급한 바대로 '각 개체가 걸어다녔기 때문에 길이나 있다' 라는 관점이었다. 이것은 근본적으로 다른 생각이다. '어떠한 현상을 개체들의 관계와 소통으로 인해 만들어진다' 라고 바라보는 것이다. 따라서 노자의 사유는 탑다운(Top-Down)의 제국주의적 사유에, 장자는 보톰업(Bottom-Up)의 풀뿌리 민주주의 사유와 유사한 측면이 있다. 장자의 사유에는 무지(無知)만이 올바른 것이라고 하는 태도가 전반에 흐르고 있다. 비판적으로 보는 시각에서 그러한 장자의 사유는 가난하고 척박한 삶에서 경험하게 되는 근심과 고난으로부터 관념론으로 초월하고자 한 인생론이라고 평가되기도 한다. 그러나 그의 사상은 단순히 현실을 도피하고자 하는 것에만 초점이 맞추어진 것이 아니라, 그것을 초월하여 다른 차원의 방식으로 세계를 바라보았을 때 새로운 가능성이 생성될 수 있음을 긍정하기도 한다는 측면에서 의미가 있다. 한 국가의 재상 자리에 대한 제안도 마다하면서 세상의 가치를 초월하려 했던 지식인이었던 장자는 자리를 얻고자 유세(遊說)하며 자신이 꿈꾸던 정치적 이상을 실현하고자 했던 공자, 맹자와는 다른 모습이었다. 맹자의 입신양명과는 다른 개인의 안심입명(安心立命)에 관심을 보였던 장자는 세상을 다른 차원의 방식으로 바라보라는 '회심(回心)의 철학' 을 주장한다. 장자는 부조리한 현실에 대한 비판과 해방의 철학, 권위주의적 이데올로기를 타파하고자 하는 세력들에게 있어서 사상적 위안과 대안의 수단으로써 애용되었다. 그래서 장자의 사고와 태도로 인해 장자는 송, 명(宋明) 이후에는 늘 '이단' 의 사상으로 취급되었다. 이처럼 장자는 비극적인 삶을 초월하는 사유이다. 그래서 역설적으로 장자의 사유는 죽음을 이야기하지만, 결과적으로 삶을 긍정하는 사유라고 할 수 있다.

장자의 세계관은 '혼돈' = '도(道)' 라는 개념의 도식으로부터 시작하는데, 세계는 '도(道)' 에 의해 운행되며 다시 도로 되돌아간다는 동양의 우주생성론이자 존재론을 보이고 있다. 여기에서 '도'는 절대 무차별의 존재로, 시간과 공간을 초월하며 스스로 근원으로서 존재하는 것으로 가정한다. 또한 이것이 음양오행을 만들어내고 있으며 생명체의 생사를 기가 뭉치고 흩어지는 것으로 간주한다는 점에서 동양의 자연주의 철학의 면모를 보인다. 따라서 장자의 세계관에서는 삶과 죽음을 동일시하기에 산다고 기뻐하고 죽는다고 슬퍼하지 않는다. 성공과 실패도 기뻐하거나 슬퍼하지 않는다. 도 가운데 있는 사람은 마치 물고기가 물속에 있는 것처럼 평온을 유지한다. 거대한 전체의 질서에서는 결국 모든 변화과정이 하나의 평형상태를 이루는 움직임이기 때문이다. 장자는 만물일체론(萬物一體論)을 주장하며 천하의 사물들이 상호 관계에 얽혀 전체를 이루고 있고 자연의 순리에 따라 결과들이 자연스럽게 일어나는 것이므로 거기에 일희일비(一喜一悲)할 필요가 없다고 주장한다. 장자의 「소요유」 편에서는 세상을 초월한 인간 정신을 높이 승화시켜 은유적인 이야기로 묘사하는 곤(鯤)과 붕(鵬)의 이야기가 등장한다. 거기에서 장자는 곤과 붕에 자기 스스로를 동일시한다. '뱁새가 황새의 뜻을 어찌 알리오' 라는 형식과 유사한 대붕의 비상(飛上)에 대한 이야기는 정신의 자유를 의미하는 초월적 세계관으로 보아야 할 것이다.

장자의 사유에 있어서 가장 많이 인용되는 부분이 바로 '나비가 나인지 내가 나비인지 알 수 없다'는 '나비의 꿈', 혹은 '장주지몽(莊主之夢, 장자의 꿈)' 일 것이다. 장자의 사유는 데카르트의 '코기토'와 같이 방법적 회의와는 완전히 반대가 되는 사유이다. 데카르트의 경우에는 절대적 인식의 주체로서의 '나'를 확립한다. 그러나 장자의 경우에는 무법제아(無法制我)와 같이 '내가 없다'는 불교의 사유와 유사한 지점을 공유하고 있다. 호접몽은 절대적인 인식을 부정하는 것이다. 또한 생태학적 관점도 있다. 이처럼 장자는 상대론적 인식론을 가지고 있었다. 그것은 무아의 불교적 사유와 일치한다. 즉, 보는 시각에 따라서 인식이 달라질 수 있다는 시각인 것이다.[22]

22) 예를 들어 아름다운 눈매를 지닌 스님을 연모하며 따르던 여인이 계속해서 스님에게 사랑을 갈구하자, 스님이 "나의 눈이 아름다운가요?" 하고 묻고는 "그러면 그 눈을 드리겠소." 라고 하면서 그 눈을 보는 자리에서 뽑아서 주었다고 한다. 그것을 보고 여인은 크게 깨닫고 출가하여 스님이 되었다는 이야기이다.

장자는 철저한 무위(無爲)의 삶을 통해 자연의 경지에 이른 사람이며, 그것은 제물의 경지이자 무차별의 경지에 이르렀음을 의미한다. 목수가 작업할 때는 목재의 쓰임새에 따라 곧은 나무와 여러 방향으로 굽은 나무를 차별하여 구분할 것이다. 차별하는 이유는 감각과 오감이 있고 기능을 생각하니까 그렇게 할 것이다. 그것은 오감의 상대성을 깨달았기 때문이다. 우리는 오감의 상대성을 깨달으면 무차별의 경지에 이를 수 있게 된다. 결국 장자의 의견대로 나를 떠나보내자는 상아(喪我)의 마음이 필요한 것이다. 이를 위해 그는 좌망(坐忘), 심제(心制)를 주장하는데, 좌망(坐忘)은 앉아서 잊어버리는 것을 의미하며 심제(心制)는 마음을 편안하게 하는 것이다.

장자는 공자의 인위적인 도덕과 예절에 비판적이다. 또 생명을 중시하여 보존하고 분수에 따라 본성을 맞추어 사는 것을 중시한다. 억지로 꾸몄을 때 불행이 찾아올 것이다. 장자의 시각에서는 각자의 바탕과 능력이 다르므로 자신에 어울리게, 또 분수에 맞게 사는 것이 중요하다. 노장사상은 수준 높은 존재론으로 사유되었지만, 한편으로 황로지학에서와 같이 기복신앙으로서의 신의 자리 혹은 초월적인 슈퍼맨과 같은 '초인(超人)'의 자리에서 숭상되기도 했다. 이 지점에서 불교는 노장사상과의 연계지점을 활용하여 교세 확장에 이용하기도 했다. 또한 민중적인 요소들과 결합하면서 조잡한 방중술 등의 내용으로 변질되기도 했다.

초기에 도교 관점으로 불교를 받아들인 것은 일정부분 논리적인 인도의 언어와 좀 더 함축적이고 축약적이어서 상상력을 요하는 중국어 사이의 번역의 어려움에 기인하는 측면이 강했다. 초기 격의불교는 이러한 방식으로 이해되었는데, 문명권이 다른 곳에서 발생한 개념이 수입되어 전파되는 과정에는 이처럼 끊임없는 창조적 오독(誤讀)이 발생하기 마련이다. 천재적인 쿠마라지바(鳩摩羅什, 344~413)에 의해 불교 경전이 중국어로 번역되어 어느 정도 이러한 창조적 번역의 갈증이 해소되기는 했지만 이것은 언어의 근본적인 차이에 의한 것으로 필연적인 것이었다. 또한 초기 격의불교 시기에 중국인들은 부처를 도교의 신선의 한 인물로 받아들여 도인(道人)과 같은 다원적인 종교의 숭상의 대상의 개념으로 받아들이기도 했다. 소쉬르와 라캉에 따르면 언어는 생성의 이유와 특성이 녹아들어가게 되고 또 사용하면서 그러한 특성이 더 강화된다고 한다. 중국어에서 한자는 그림이자 상징이자 의미를 동시에 나타낸다. 또한 다른 언어와는 달리 함축적인 단음절로 구성되는 고립어들로 이루어져 있다. 또 단음절의 단어는 그 뜻과 이미지가 동시에 주어지는 독특한 특성이 있다. 따라서 이미지와 의미가 동시에 연상되며 글을 이해하는데 있어서 상상력이 필요하게 된다. 중국어의 음절의 수는 제한적이므로 다양한 억양으로 되어 있으며 이에 따라 다른 의미를 부여한다. 주역의 괘는 '상(像)'을 상징하며 '상'은 단순한 물리적 기호가 아니라, 어떤 의미, 특정한 정황을 함축하는 '의미'를 담으면서 동시에 형상에서 유추하는 의미가 있는 '형태(figure)'이기도 하다. 이처럼 중국은 자연과 사건의 접면에서 무언가를 형상화하고 의미를 부여하는 시스템이 발달했는데, 이는 언어의 특성과 무관하지 않다. 주역, 음양오행과 도교의 영향을 받아 만들어진 동중서의 태극도설 등과 같은 동북아 세계관은 모두가 이러한 언어적 특성과 상상력이 자연현상과 결합되어 나타난 것으로 볼 수 있다.

불교는 종교적, 정치적 입지를 세워 왕권을 강화하고자 했던 왕실에 의해 적극적으로 받아들여져서 국가종교의 지위를 가지게 되었다. 왕실은 불교 승려의 세련된 인식론과 지식을 바탕으로 하여 설법하여 국민을 계도하고 그 승려들은 철저하게 왕실을 존중함으로써 자연스럽게 왕실의 권위가 세워지고 숭상될 수 있는 계기로 삼았다. 그들은 왕실의 고문 혹은 국사(國師)가 되었다. 그러나 초기의 격의불교는 도교적 색채와 주술이 결합되어 국가 지도자 옆에서 정치적 결정에 영향을 주는 등 국가에 중요한 존재였으나 실제 그들의 도술은 오늘날의 마술과 같이 정치 지도자들의 권력 옆에 기생하며 권력자를 현혹시켜 권력의 일부를 배분받기 위한 잡기에 불과한 것이었을 가능성이 크다.

도교는 반대로 불교를 만나 좀 더 세련된 방식의 종교적 체계로 발전할 수 있는 계기가 되었다. 불교가 전파되기 이전의 도교는 노장사상을 제외하면 동북아 특유의 점술 혹은 초기형태의 샤머니즘과 토테미즘의 주술적 방식의 초기형태의 종교였기 때문이다. 제자백가 시대에 고대 유교가 정립되고 다국 시대에는 도교가 유교를 껴안으며 발전했다. 이후 동북아 철학은 유, 불, 도가 융합된 주자학(성리학)으로 종합되었고 이후, 다른 버전으로 변형되고 발전되다가 외세에 의해 근대를 강제로 맞이하게 되었다. 중국에 불교가 전래되던 시기에는 도교가 우세했고 앞서 언급한대로 도교의 시각으로 불교를 해석했다. 그 과정에서 도교와 불교는 서로 경쟁하고 영향을 주며 발전했다. 논리적으로 무언가를 대립적이고 이분법적으로 구분하여 자신의 특성과 지위를 강화하는 문화와 종교는 필연적으로 대립과 갈등을 불러일으킬 수밖에 없다. 이와는 달리 유교, 불교, 도교는 경쟁과 대립을 하기는 했지만 송 대에 이르러 유, 불, 도 3교는 융합되고 상호조화를 이루며 주자학(성리학)이라는 문화적 결실을 이루며 통합되고 전파되었다. 자연스럽게 이 과정에서 불교는 인도 본토 불교와는 다르게 각 지역의 토착 문화 및 종교와 결합되면서, 일정 정도 변형과 독자적 발전(선불교)이 이루어졌다. 동북아에서는 서구의 피비린내 나는 종교전쟁이 없었으며 서로 공존하고 경쟁하며 상호 영향을 주고받았다는 측면에서 사상적 특성과 장점이 존재한다.

0109 토착적 선불교의 등장과 주자학으로의 영향

인도 불교는 동북아에 전파되고 각 지역의 사상적, 문화적 특성들과 결합하면서 지역 특유의 사상으로 종교로 변모되었다. 불교의 토착화는 달리 이야기하면 인도 불교의 도교화 혹은 인도 불교와 도교의 융합이라고 할 수 있다. 앞서 언급한대로 도교적인 공통분모를 중심으로 도입되어 도교에서 부족했던 인식론이 가미되었고 서로 경쟁, 공존하다가 융합된 것이다. 동북아에서는 선종이라는 선불교가 토착화된 불교로 생성되었다. 선(禪)은 조용히 정좌 상태로 참선(坐禪)을 하는 것이며 상당 부분 인도의 요가학파의 수행방식으로 내려오던 것이다. 선(禪)은 인도

산스크리트어 디야나(dhyana)를 음역한 것으로, '깊이 생각한다.', '내적으로 직관한다.'는 의미를 지니고 있다. 선(禪)은 문자적 깨우침과는 달리 몸으로 직접 수행하면서 깨우치는 것을 그 목적으로 한다. 부처의 말씀을 문자로 기록하여 이론의 체계를 세운 것이 교학(教學)이라고 한다면 선은 그 가르침의 실천적 깨달음의 방식(부처의 마음)이라고 할 것이다. 선불교에서 깨달음을 견성(見性)이라고 하는데, 이것은 마음의 본성(진여, 眞如)인 불성(佛性)을 본다는 뜻이다. 이것을 달리 이야기하면, 공적영지(空寂靈智)라고 한다. 이것은 고요한 곳에서 볼 수 있는 신령스러운 지혜라는 뜻인데, 고요하게 발산하고 있는 불성의 영역에 계속해서 거하고 있으면 그것이 바로 해탈의 경지라는 것이다. 인간의 어리석음과 집착으로 인하여 탐욕과 증오심 등이 연기(緣起)되어 번뇌와 고통이 피어오르고, 이로 인해 참 진리와 불성(佛性)을 보지 못하고 회복하지 못하며 해탈하지 못하게 된다. 이러한 상태에서 선(禪)을 통해 단박에 깨닫고 불성을 회복하고자 하는 것이다. 이것을 회광반조(廻光返照)라고 한다. 불성의 빛으로 다시 되돌아가 해탈해야 한다는 것이다. 그러므로 선불교는 모든 중생이 본래부터 불성(佛性)을 자신의 마음에 가지고 있다는 사실을 강조하며 이를 찾기 위해 실행토록 한다. 이에 선(禪)은 단순히 평안한 상태에서 '정신집중' 또는 마음의 수양을 위해 하는 명상하는 것과는 차이가 있다. 선에서 중요한 것은 종교적 깨우침의 경지에 이르기 위해 즉, 부처의 마음에 도달하여 깨닫기 위해 몸의 고행을 통해 수행한다는 점이다. 인도에서 요가는 '정신집중', '선정(禪定)', '삼매(三昧)'의 의미를 주로 가리킨다. 좁은 의미에서의 요가는 삼매를 뜻한다. 삼매는 의도적인 삶과의 거리두기 혹은 죽음의 두려움을 넘어서서 자발적으로 환희에 찬 죽음을 경험하는 단계를 지향한다. 이를 통해 자연과 내(나의 몸)가 하나의 합일하여 해탈의 경지에 이르게 된다는 수행법이다. 그러나 요가 사상의 삼매는 요가와 같은 수행을 통해 범아일여의 경지 즉, 세계와 참자아가 하나로 융합되어 자신의 존재를 초월하는 상태를 추구한다는 점에서 차이가 있다.

특히 돈오(頓悟)는 선불교의 핵심 사상이다. 선불교에서는 깨달음에 높고 낮음의 질이 존재하지 않는다고 보며 문자와 경전의 가르침의 단계를 거치지 않고 직관적인 깨달음에 이르는 돈오(頓悟)를 중시한다. 심지어 돈오에 이르게 되면 문자적 가르침이 중요하지 않다고 생각할 정도였다. 그래서 돈오를 일각(一覺)이라든가, 이입(理入)이라고 하는 독자적인 용어로 표현하기도 한다. 이처럼 선불교는 지나치게 교학 중심으로 흐르며 나타난 폐단을 비판하며 실천 중심의 수행을 전면에 내세우는 종파로 등장했다. 교리로 인해 문자적 경직성이 존재하는 교학과는 달리 선종은 깨달음의 방식이 다양하여 유연하다는 특징이 있다. 선불교에서 돈오(頓悟)에 대한 개념은 『금강삼매경』에서 처음 논의하는데 원효는 『금강삼매경론』으로 주석서를 저술했고 여기서 그는 유식이나 천태학, 화엄학, 계율학 등의 교학을 중심으로 각 불교 이론들을 융합(融合)하고자 했다. 그러나 선불교의 돈오는 '주관적 체험에 빠지기 쉬운 선(禪) 수행의 체험을 객관화해야 한다' 라는 주장으로 '보완의 필요성' 에 직면하게 된다. 아무리 부처의 말씀을 공부하여 이해한다고 해도 마음으로 깨달아 부처의 마음과 같이 세상을 구하기 위해 실행하지 않고서는 그것은 한갓 공허한 지식에 불과할 것이다. 이처럼 교와 선은 상호보완을 하며 의존적인 관계에 있다. 교선일치를 주장했던 의천과 지눌의 논리 역시 이러하다.

도교적 세계관은 인도의 사상과 불교와 자연적으로 하나가 되고자 하는 범아일여 혹은 자연합일의 정신과 공통분모가 있었으며 이는 선불교라고 하는 동북아 특유의 토착화된 불교의 종파를 생성시켰다. 유, 불, 도가 공존하며 서로 경쟁하고 융합하며 발전하면서 이들의 세계관과 인식론 그리고 마음의 정치 윤리학 등이 결합하여 동양의 사상체계를 거대하게 융합시키는 과정에 있어서 중요한 하나의 축으로 작용했다. 도교는 자연의 이상향(아르카디아)을 꿈꾸며 자연과 내가 합일(合一)의 경지에 이르는 것을 추구했다. 이러한 성향은 정치적으로는 진보 혹은 아나키즘의 특성과 접목되기 쉬운 주제이며, 동북아 역사에서 도교는 계속해서 어려운 정치적 시기에 민중봉기, 반란, 혁명사상에 있어서 정신적 지주가 되어 왔다. 이처럼 도교와 불교는 각자의 특성과 공통분모를 바탕으로 하여 종합되었다. 인도 불교가 초창기의 종교와 이론을 정립했다면, 동북아의 불교는 이렇게 도교적 종합을 통해 토착화되며 독특한 수행방식의 선불교를 탄생시킨 것이다. 이러한 불교의 수행방식은 격물치지(格物致知) 23)를 통해 전체 세계의 운행원리를 깨닫고 마음을 수양하여 도덕적 이상 국가를 만들고자 했던 주자학에 영향을 주어 소위 '마음의 도덕수양론' 과 '마음의 통치학' 이라고 불릴만한 동북아 사유의 종합을 이루게 되었다.

23)) 격물치지: 성리학의 주요한 인식이론으로, 사물에 대하여 깊이 연구하여(격물) 지식을 넓히는 것(치지)이다. 유학의 인식론을 이루는 기본 체계를 제공하며, 도덕적 인식의 근거가 된다. 세상운행에 있어서 한 부분에 정통하게 되면 다른 운행의 법칙에도 동일하게 정통할 수 있다는 것으로, 불교의 일즉다 다즉일의 사유와 공통분모가 있다.

한국 불교 및 도교 사상의 흐름과 영향

0110 한국 도교의 영향과 특성

서양의 외적 초월주의로 대변되는 이데아(idea)와 카피(copy)의 개념은 동양의 내적 초월주의와 극명한 차이를 보인다. 초월적인 절대 보편의 신이 각각의 개체 안에 이미 존재한다는 것이다. 인도와 동북아의 사상은 창조자(브라흐만)가 세계 전체를 만들고 만물에 들어가 개체 속에 본질(아트만)이 존재하는 것으로 생각했다. 서양의 신으로부터 그 존재가 흘러넘치는 것과는 다른 방식의 사유의 출발점을 이루고 있는 것이다. 개체 속에 신의 본질적 속성이 존재한다는 생각은 범신론적 관점과 유사한 측면이 있고 동북아의 사유에서는 도교적 세계관과 유사 지점을 공유하고 있다. 인도의 불교가 동방에서 꽃을 피운 이유도 이렇게 공유되는 측면이 강하게 작용한 바가 크다.

한국 단군신화의 천지인(天地人) 일체 사상은 이러한 도교적 자연관과 흐름을 같이 하고 있다. 세상을 다스리던 환웅이 웅녀와 결혼하여 단군을 낳은 것은 신의 속성이 인간에 내재되어 있음을 상징적으로 보여준다. 인간이지만 신의 속성이 내재해 있는 것이다. 천지인(天地人)이 일체화되는 내재성의 사유의 상징적 일화로서 기능하는 것이다. 천지인이 연결된다는 생각(天-地-人)에서 우리나라의 종교적 특성은 무교(巫敎)의 특성과 강하게 연결되어 있음을 확인할 수 있다. 무당의 '무(巫)' 라는 한자 자체가 하늘(ㄱ)과 땅(ㄴ)을 이어주며(|) 천인합일을 이루는 경지에 있는 사람(人)을 의미하기 때문에 샤머니즘의 제사장을 의미한다. 그러나 한국 무속의 특징은 서양의 일반적인 샤머니즘의 빙의 혹은 탈혼(脫魂)의 과정을 통해 자신을 비우고 수동적으로 신을 받아들이던가(접신) 하나가 되는 과정과는 다르다.

한자경은 한국의 무속은 자신이 스스로를 비우고 그 자리에서 '능동적으로 신과 하나가 되는 과정' 으로 이해한다. '무교 의식 중에는 신과 하나가 되는 과정이 있는데, 여기에서 한국의 무교는 시베리아 샤머니즘과 구분된다. 그 차이는 흔히 빙의(憑依, possession)와 탈혼(脫魂, ecstasy)의 차이로 구분된다. 탈혼은 무당의 혼이 능동적으로 신으로 나아가 신과 하나되는 것이고, 빙의는 무당의 혼이 수동적으로 신의 혼에 의해 사로잡히게 되는 과정으로 풀이된다. 개체가 능동적으로 나아가서 신과 하나가 되는 것과 개체가 자신을 비우고 그 자리에서 신과 하나 되는 것의 차이다.'[24] 신과 능동적으로 하나가 되고자 하는 것은 자연과 내가 하나가 되고자 하는 천인합일의 정신을 능동적으로 받아들이고자 하는 태도에서 나온 것이다.

또 한국의 바리데기 신화는 이승과 저승을 넘나들며 죽은 자를 인도하는 자의 역할을 보여준다. 세속 사회에서 밀려난 바리데기가 바로 죽지 않고 삶과 죽음의 영역의 중간영역 즉, 성(聖)의 영역을 능동적으로 넘나들면서 활동하는 것이 결국은 '무(巫)의 세계' 를 의미하는 것이다. 이러한 무의 세계는 보편적인 샤머니즘과는 달리 불교에서의 공적영지(空寂靈智)의 세계와 유사한 측면을 공유한다. 그것은 속(俗)의 영역과 성(聖)의 영역이 함께 공존하는 것은 삶과 죽음의 연기(緣起)를 언급하는 불교적 사유와 유사한 측면이 있다. 따라서 인도의 불교사상과 도교적 관점 혹은 한국의 무속의 관점이 공유하는 지점이 크게 작용했기 때문에 그다지 큰 저항 없이 불교사상이 접목되어 오랜 시간 한국인의 사상 저변에 영향력을 끼칠 수 있었던 것이다. 이러한 영향력은 자연스럽게 공간구조와 표현에 있어서도 도교적 세계관과 불교적 세계관에 강한 영향을 받은 '융합' 의 경향으로 나타나게 되었다. 인도에서 도입된 불교는 초기에 도교의 공통분모를 통해 중국으로 전해졌고 이후 한국에는 도교와 무교와의 공통분모를 중심으로 교세를 확장하기 시작했다. 그러나 그러한 경향은 계속해서 우리의 일상과 공간구조 및 건축문화에 직간접적인 영향을 주게 된 것은 당연할 것이다.

24) 한자경, 한국철학의 맥, 이화여대출판부, 2008, p39

0111 교선(교종, 선종) 일체 노력의 역사

중국 대승불교의 화엄사상(華嚴思想)은 통일국가와 제국의 가치에 부합하는 이론적 기반을 가지고 있어서 왕실의 전폭적 지지를 받으며 발전할 수 있었다. 이 사상의 주요한 내용은 일즉다 다즉일(一卽多, 多卽一)로서 각 개체가 인정되면서 동시에 그것이 전체와 통합되고 조화를 이루는 것을 의미한다. 앞서 언급했듯이, 최초 중국에 불교가 전파되었을 때, 불교는 도교의 여러 신선 중 하나로 생각되었다. 이를 '격의불교(格義佛敎)' 라고 하고 부처도 도교의 신중 하나로 숭배하는 방식으로 도입되어 도교와 불교의 경쟁 구도가 지속되는 가운데에도 상호보완하고 공존하며 발전할 수 있었다.

동북아 불교사에서는 율종보다는 교종과 선종이 주로 발달했다. 아무래도 엄격한 계율을 강조하며 유학의 예절 전통에 고통을 받고 있었던 일반 백성에게 도입된 불교의 율종은 크게 매력적으로 다가오지 못했을 것이다. 먼저 중국에서 교종은 크게 천태종과 화엄종으로 구분할 수 있다. 천태종은 수제국(518~619)에서 왕실의 비호를 받으면서 번성(나가르주나의 중관불교 중심)했다. 천태종의 주요 경전은 묘법연화경(즉 법화경)이 중심이 되었다. 천태종은 마치 연꽃이 더러운 진흙탕에서 하얗게 피어나는 것과 같이 희망을 추구했다. 그들은 민중의 고통과 맞물려 절망적 상황에서 민중을 구할 수 있다고 설파하며 교리와 실천을 강조한다. 즉, "모든 부처는 ... 중생이 부처가 깨달았던 것을 동일하게 깨닫고 해탈하도록 돕기 위해서 출현한 것이며, 중생이 부처의 깨달음으로 들어가기 위해 출현한 것이다."라는 내용을 설파하며 실천에 힘쓰기를 주장한다. 당시 천태종의 구도자들은 지눌보다 앞서 정혜쌍수(定慧雙修)를 역설했다. 이후 고려에서는 지눌의 영향을 받아 화엄종(교종)과 선종의 대립을 극복하고자 했다. 여기서 혜(慧)는 지적(知的)인 이해(비참한 처지의 이해, 벗어날 방법의 이해)를 의미하며 정(定)은 수행(참선)을 통해 정진하는 것이다. 각 종파는 각자의 교리나 정치적 이해관계에 따라 정, 혜를 강조하며 각자의 교리를 설파했으나 극에 치우친 한쪽만의 교리는 절름발이이며 한계가 존재했다. 따라서 지눌은 정, 혜가 고르게 함께 성취되어야 한다는 입장이었다. 예를 들어 돈오를 이루어도 점수의 꾸준한 수련과 끊임없는 실천의 의지가 함께 이루어져야 하며, 대중에 대한 대승 차원의 구제와 실천이 없다고 한다면 한쪽만의 교리라고 주장하는 것이다.

일반적으로 불교가 처음 도입될 당시에는 교종이 귀족들에게 환영받았다. 신라 중기에는 대부분의 귀족들이 교종을 받아들였고 대중들에게도 널리 전파되었다. 불교의 도입 초, 중기에는 불교가 정착하기 위해서 교리와 제례의식의 외형적 가르침이 중요하기에 교종 중심의 체계가 먼저 전파되었다. 삼국시대에 처음 불교가 전파되면서 새로운 종교 교리를 중심으로 종교지도자가 국민의 마음을 결집했다. 여기서 종교의 지도자가 왕과 귀족에게 충성을 맹세하는 방식으로 자연스럽게 위계에 따라 왕권이 강화되는 순기능이 있었다. 따라서 삼국시대에 각국에서는 공통적으로 화엄 사상이 중심이 되는 교종이 왕실의 전폭적인 지원과 함께 장려되고 숭상되며 발전되었다.

화엄사상(flower garland sutra, 華嚴思想)은 화엄경이 중심이 되어 정립된 사상으로, 인연에 의해 발생 및 소멸하며 시공간 속에서 원인과 결과가 나타나면서 하나가 되는 것을 사유하는 전체적 특성의 사유이다. 연화장세계(蓮華藏世界)는 각 현상들이 서로 대립하는 가운데 그대로 공간에 존재하면서도 동시에 서로 질서를 이루며 끊임없이 전개되는 약동의 큰 생명체로 간주된다.[25] 즉, 화엄사상은 모두가 끝없는 시간과 공간 속에서 서로가 서로의 존재 이유와 원인이 되며, 대립을 초월하여 하나로 융합하여 움직인다는 법계연기(法界緣起)[26]가 중심 골자를 이룬다. 화엄사상에서 일심(一心)은 하나의 꽃과 같이 하나의 마음이면서 그 하나가 다시 전체가 되는 것을 일컫는다. 화엄사상에서 각각의 개체는 구별되고 한정되어 있으면서 우주의 근본 실체들은 평등한 세계이며 영원불변하는 진여(眞如, 타타타tathata)이다. 이러한 실체들은 서로 긴밀하게 연계되어 있다는 것이다. 나타나는 현상 자

25) 사법계란 현상과 본체와의 상관관계를 사법계(事法界) · 이법계(理法界) · 이사무애법계(理事無碍法界) · 사사무애법계(事事無碍法界) 등 넷으로 나누어 설명하는 것을 말한다. 모든 사물이 제각기 한계를 지니면서 대립하고 있는 차별적인 현상의 세계를 사법계라 하고, 언제나 평등한 본체의 세계를 이법계라 한다.

26) 화엄사상의 철학적 구조는 법계연기(法界緣起)이다. 즉, 우주의 모든 사물은 그 어느 하나라도 홀로 있거나 일어나는 일이 없이 모두가 끝없는 시간과 공간 속에서 서로의 원인이 되며, 대립을 초월하여 하나로 융합하고 있다는 사상으로,

체는 결국 절대적인 진리의 세계라는 것이다. 화엄사상은 연계된 것들을 장엄하게 하나의 꽃과 같이 끊임없이 펼쳐지는 우주로서 파악한다.

화엄경은 전체와 부분, 부분과 전체가 다투지만 하나로 원융하게 통일되고 일체화되어 약동하는 큰 생명체를 사유하고 지향한다. 다시 말해 우주의 질서를 미적으로 표현한 것이다. 화엄의 교설은 본질적으로 개체들끼리의 현상과 현상이 서로 대립하는 모습을 그대로 인정하면서 하나의 구심점으로 모으며 통일된 세계(우주)로 나아가게 하는 특성이 있다. 이러한 부분을 중시하고 통일국가에 대한 상징성을 강조할 수 있기 때문에, 화엄사상은 왕권을 강화하고 율령 체제의 왕권을 수립하고자 하는 국가에서 선호되어 통일국가의 기틀을 마련하기 위한 방법론으로 채택되었다. 또한 우리나라의 경우, 국난(임진왜란, 병자호란 등)이 있을 때 국론과 국력을 집결하여 호국불교로서의 역할을 수행하기도 했다. 그러나 다른 한편으로 역사에서 화엄불교의 사상은 일본 제국주의 시기에 대동아 공영사상(大東亞 共榮思想)에 큰 영향을 주기도 했다. 일본은 동북아, 동남아의 모든 국가가 영화롭게 잘 사는 국가를 만들어보자는 구호를 중심으로 다른 국가들을 강제 침략 및 병합했디. 자신들이 지배하며 이득을 취한다는 것을 전제로 말이다. 그만큼 화엄사상은 전체주의적인 특성으로 쉽게 오염될 수 있는 휘발성이 있는 사유이기도 하다.

교종은 경전을 통해 교리와 가르침이 전파되었으며 이를 통한 깨달음을 중시했다. 교종인 화엄종의 경우(당시 화엄종도 교종), 글자를 통해 가르침과 깨달음을 얻는 방식으로 인해 문맹이거나 일상생활에 바쁜 일반 백성들은 접근하는 것과 수준 높게 깨달음에 이르는데 한계가 있을 수밖에 없었다. 일반 백성에게는 문자와 책이라는 진입장벽 자체가 자신들과 귀족 사이를 분리시키는 권력의 장치로 작동하게 된다. 이와는 달리 선종은 신분에 상관없이 마음을 갈고 닦아 수행하고 염불하며 깨달으면 그것이 바로 부처라고 가르친다. 당연히 일반 백성들은 선종

화엄에서 가르치는 무진연기(無盡緣起)의 법칙이다. 사법계(四法界) · 십현연기(十玄緣起) · 육상원융(六相圓融) · 상입상즉(相入相卽) 등은 이 무진연기를 설명하는 화엄사상의 골자이다.

을 환영하며 쉽게 받아들일 수 있었다. 또한 중앙에는 교종의 세력이 강하였기에 선종이 세력을 넓히기에는 한계가 있었으나 지방에서는 일반 백성들을 중심으로 하여 선종이 유행하였고 지방에 근거한 지방 호족 세력들은 자연스럽게 백성들이 선호하는 선종을 후원하면서 중앙권력에 대항하며 자신들의 현지 권력을 강화하는 정치적 입장을 취하게 되었다. 고려 중기부터는 본격적으로 선종이 유행하기 시작했으며 지눌은 선종을 중심으로 교종을 통합하고자 했던 조계종을 설립하여 오늘날에 이르고 있다. 이처럼 우리나라 불교는 처음 인도 불교와는 달리 특이하게 선종 중심의 불교로 변화하여 오늘날까지 지속되고 있다.

선종(禪宗)은 인도에서 찾아볼 수 없는 동북아의 새로운 불교 유파이다. 선종은 참선을 중시하며 실천적 경향이 강한 특성을 보인다. 초기에 선종은 인도인 달마 대사가 설립했다고 전해지며 불립문자(不立文字), 견성성불(見性成佛)을 통해 성불하고자 했다. 선종에서는 '법(法)' 이란 문자로 전해지는 것이 아니라(不立文字), 본질적으로 마음으로 상대방의 마음에 전하는 것이므로(以心傳心), 부처의 교설 외에 따로 전하는 방법이 있다(敎外別傳)고 생각했다. 따라서 수행과 참선을 통해 한꺼번에 세상의 이치와 교리를 터득하는 돈오(頓悟)와 이후 점진적인 수행인 점수(漸修)를 중요시했다. 중국에서 전파된 선종은 신라 말기에 유행했고 9산 선문이 형성된 이후 한국 불교의 주요한 종파로 발전하게 된다. 그러나 우리나라에서는 원효, 의상뿐만 아니라 의천, 지눌에 이르기까지 단순히 수행만을 강조하는 것이 아니라 정(수행), 혜(교학의 이론 중심)를 동시에 겸수(兼修)하는 것을 추구했다.

〈표2. 교종과 선종의 차이점〉

구분	교종	선종
성격	불경, 교리중시, 전통권위 강조	종교적 각성 중시, 형식과 권위 부정
분파	5교	9산
지지세력	중앙귀족	지방호족
융성기	신라 중대	신라 하대
영향	조형미술 발달, 중앙집권 강화	조형미술 쇠퇴, 한문학 발달

중국에서 선종은 두 개의 파로 나뉘어 사상과 세력에 있어서 쟁탈전을 벌이게 되었다. 그중 혜능이 부각되면서 선종의 주요한 세력의 수장으로 결정되었다. 북중국 북종선(신수와 그의 제자)과 남중국 남종선(혜능과 그의 제자 신회)에서 신회는 공개적으로 북종선을 공격하면서 이단 논쟁을 주도하게 된다. 그는 돈오를 강조하며 남종선은 선종의 정통이라 주장하였고 796년 당제국 덕종 이괄에 의해 열린 대집회에서 북종선을 이단으로 만드는데 성공하며 주도권을 잡게 된다. 이후 그는 점수(점진적인 수양)를 주장하면서 일곱 번째 스승인 7조에 오르게 된다.

일반적으로 사상과 공명하여 구축되는 건축분야를 생각했을 때, 건축형식에서도 교종의 건축적 특성은 격식과 그리드 체계가 적용되어 엄정하고 엄격한 질서의 사찰 가람 형식과 차분한 분위기를 중시하여 구축되는 경향을 보인다. 그러나 선종의 건축형식은 전체적으로 최소한의 질서를 유지하면서도 파격과 변조 등의 변화와 자연적 상황의 유연한 적용을 중시했다. 그것은 직관적인 마음 수행을 통해 깨달음의 본질에 단박에 나아가고자 하는 종파의 특성이 반영된 결과라고 할 수 있다. 또 장면의 세밀한 조정을 통해서 세계와 연계된 마음의 공간을 구축하는 것을 중시하는 선종의 미학적 특성을 만들게 되었다.

고려에 이르면 한국 불교는 화엄종의 교학과 선종이 대립하고 각 귀족 정치세력과 각 종교 세력이 결합하여 대립하고 있었다. 그러나, 고려의 의천이 교선일치를 주장하며 통합을 추구했다. 이후 지눌이 그러한 정신을 이어받아 발전시켰다. 의천이 활동하던 당시 불교는 각 귀족 세력과 연합한 화엄종과 법상종이 대립하고 있었고 선종도 자신의 세력을 바탕으로 활동하고 있었기에 교선 대립이 극심한 상황이었고 불교의 여러 가지 폐단으로 몸살을 앓고 있던 상황이었다. 의천은 화엄종의 이론을 바탕으로 하여 선종을 통합하고자 했고 각 교파를 종합 정리하여 대립을 극복하고자 했으나 선종까지 통합하는 것은 한계를 보였기에 대립을 극복할 수 있는 일불승(一佛乘)의 사상 체계로 통합하고자 하여 천태종을 창립했다.

고려 후기에 이르러, 불교는 교단의 세속적인 이익을 위해 백성을 착취하는 행태가 만연하여 여러 가지 폐단을 만들며 타락하고 있었고 제례의식 중심의 형식적인 종교로 전락한 상태였다. 지눌은 혜능(慧能)의 『육조단경(六祖壇經)』으로부터 강하게 영향을 받으면서 '마음이 곧 부처' 라는 깨달음(禪旨)을 얻었고 "자심(自心)만 찾고 사사무애를 체득하지 못하면 불과(佛果)를 이룰 수 없다"라는 말에 크게 감동했다. 다시 말해, 깨달음을 얻고 수행하지 않으면 불교적 성과(결과)를 얻을 수 없다는 의미이다. 이후, 화엄경을 통해 다시 깨달음을 얻고 이론의 학습과 동시에 중시하는 방향을 확고히 하게 된다. 지눌은 이론만으로 교리를 논하면서 수행하지 않는 것을 쓸모없는 것으로 생각했다. 지눌은 돈오가 가장 낮은 1단계의 깨달음(십신초위+信初位)이며 최종단계인 10단계(십주초위+住初位)에 이르기까지 지속적으로 실천과 수행을 계속해야 한다고 강조했다. 조선에 들어서 숭유억불 정책에 따라 세종의 통치 시기에는 불교 종파의 통폐합이 강제로 진행되어 12종파에서 7종으로 축소되었고 이어서 선종과 교종만 남게 되었다. 쇠퇴의 길을 걷던 불교는 1549년(명종 4)부터 보우(普雨)의 노력에 힘입어 확장되기 시작하였고, 1551년 선교 양과를 신설하여 선교 양종을 중심으로 한 승과 제도를 실시했다. 이때 선종은 '전등(傳燈)' 과 '염송(拈頌)' 을 중심으로 수행하였고, 교종은 주로 화엄사상에 중점을 두었다. 이것이 초기 법화경 중심에서 화엄경으로 전환한 것이다.

원효의 일심 사상으로부터 의천, 지눌에 이르기까지 한국의 불교는 이론과 실천의 통합 혹은 몸과 마음의 통합을 통해 국력을 하나로 모으고자 하는 경향이 강했다. 그만큼 양대 세력이 각자의 특성과 정파적 상황이 강했다는 것으로 생각하여 당파적 분열이 심했다고 부정적으로 볼 수도 있다. 그러나 달리 이야기하면 섞이기 힘든 요소들을 통합하고 원융무애하게 공존하면서 종합하고자 하는 긍정적인 측면이 있다. 상반된 가치의 요소들이 배제되거나 억압되지 않고 공존하며 중용의 이상적인 조절상태를 만드는 만들어내는 능력과 방향성은 동북아 사유의 중요한 특성이다. 이러한 부분은 조절 능력이라는 한국건축 특유의 특성과 연계된다.

0112 도교적 세계관과 불교사상 결합의 영향

중국에서 당나라 이후 다국화 시기에는 유, 불, 도가 공존하며 각자의 영역이 설립되며 작용했던 시기였다. 유교는 기본적인 국가의 윤리 및 정치체제로서 토대를 형성하였고 철학적으로는 도교와 불교가 인식론과 세계관을 바탕으로 하여 서로 경쟁하며 발전했다. 그러나 불교가 본격적으로 전파되기 이전에 '현학' 이 중심이 되어 도교 중심의 유교해석이 주가 되던 시기가 있었으므로, 실제로 초기 불교는 도교적 해석의 불교라고 해야 할 것이다. 도교에서 이상향적인 세계는 투쟁의 세계라기보다는 자연의 요소들이 순리를 따라 조화를 이루며 평안한 상태를 유지하는 상태이므로 각 요소가 배타적이기보다는 서로 포용적이며 약간은 '느슨한 안정을 추구하는 사유' 라고 할 수 있다. 그러나 아이러니하게도 도교의 세계관은 이상적인 안정된 상태를 추구했기 때문에 당시의 현실이 지나치게 이상향과 간극이 큰 경우(불평등이 심하거나 불안정한 시기가 지속될 경우), 이상향의 사회적 조건을 획득하기 위해 혁명적인 변화를 실행하고자 하는 세력에게 이용되었다. 때로는 혁명적 이데올로기가 도교 사상에 스며들어 혁명의 불꽃을 폭발시키는 역사를 보여왔다. 어떠한 정치적 어려움에 봉착했을 때, 일반적으로 인간은 도교와 같이 이상향을 추구하면서 예술이나 종교 예술에 심취하여 표현하거나, 혹은 어지러운 속세를 떠나 은둔하기도 한다. 그것은 소극적인 방식이다. 그러나 때로는 혁명적 이데올로기로 변혁을 꿈꾸며 적극적으로 혁명의 깃발을 드는 경우가 생길 수 있다. 도교 사상은 이러한 양면적인 특성을 보이며 후일의 세계관과 문학 혹은 예술에 지대한 영향을 끼치게 된다.

앞서 살펴본 바와 같이 인도는 초자연적인 외적 조건과 다양한 문화들이 유입되면서 자연의 요소들을 신봉하는 범신론적 측면이 강한 나라였다. 따라서 그들의 종교관 역시 절대적인 신보다는 범신론적 관점에서 세계를 바라보고 세계와 내가 하나라는 관점으로 세계와 일체화되고자 하는 정신을 중시하고 합일시키는 수행을 추구했다. 서양과 동방의 접면에 위치한 인도의 사유는 동북아의 철학과는 달리 서양의 문화와 언어체계의 영향을 받아 동양에 비해 논리적이고 사변적이며 형이상학적 측면이 강하다. 그러나 동북아 사상의 경향은 이러한 측면보다는 좀 더 상징적이고 직관적인 측면이 강하다. 따라서 문자적 논리성, 계율보다는 상징적인 일체의 수행과정의 깨달음을 중시하는 선종이 발달하게 되었다. 자연적인 것(조화)을 숭상하는 도교의 측면에서는 음양오행을 중심으로 현실을 판단하고 미래를 대비하며 현실을 긍정적으로 살아가는데 도움을 주는 방향으로 발전했다.

건축과 관련하여 자연의 흐름과 관계되는 음양오행은 기의 흐름이 굳어진 것으로 간주하는 산지 지형과 기의 흐름인 기후에 순응하여 건축하는데 도움을 주었다. 특히 풍수지리는 끊임없이 변화하는 기후에 적합한 방식으로 도시와 마을을 배치하는 경험과학이 도시적, 건축적 측면으로 발전한 경우에 해당된다. 동북아의 풍수지리는 논리적이고 형이상학적인 측면으로 지리와 도시건축 분야에 영향을 주었는데, 현지의 풍토(風土)라는 절대적인 외적 변수를 해석하고 그에 따라 최적의 방안을 마련하고자 하는 지식체계로 발전했다. 풍수지리는 인도의 사유에서 영향을 받아 상징성이 가미되어 권력화 된 이론이라고 할 수 있으며, 경험론과 합리적인 논리와 권력욕이 적절하게 혼합되어 발전하게 된 것이다.

지금까지의 동북아 사유의 특성을 정리하면 다음과 같다.

우선 서양과는 달리, 동양의 사유는 신적 속성을 외부에서 찾지 않고 내부에 존재한다고 보았다. 이른바 내재성의 사유이다. 이것이 서양과 비교했을 때 결정적으로 가장 큰 특징이자 차이가 되고, 이것이 건축에 있어서도 가장 큰 차이를 만들어내는 원인이 되고 있다. 이를 통해 나타나는 특성으로 동양의 사유는 첫째, 천인합일(天人合一)의 정신을 통해 자연에 순응하고 조화를 이루고자 하는 성향이 가장 두드러지게 나타난다. 인도의 범아일여 사고관은 이러한 경향의 중요한 부분과 연계됨을 보여준다. 두 번째로는 순환성의 사유로, 상반되는 요소들이 상호 관계에 따른 순환을 중시한다. 순환은 중앙을 중심으로 순환하므로 중심의 요소를 특히 중요하게 생각한다. 이는 이후 중도 혹은 중용의 가치를 중시하는 경향으로 나타난다. 세 번째, 이 부분은 중심의 중용과 조화를 중시한다. 또한 생명력과 생성을 중시하는 만큼 소멸성의 개념 역시 중시한다. 이렇게 평형을 이룬다는 점에서 서양의 사유와는 근본적인 차이가 있다. 순환하기 위해서는 완전히 소멸하는 가운데(겨울) 그 극에서 새로운 시작(봄의 싹)을 준비하기 때문이다. 넷째, 세상의 각종 인연에서 나오는 것들은 허망하고 무상한 것임을 깨닫고 집착과 고통에서 벗어나고자 하는 무자성(無自性)의 사유와 해탈의 사유가 중요하다. 다섯째, 감각과 가치의 통합(자연과의 감응)을 중시한다. 여섯째는 기를 중시하여 보이지 않는 기의 순환과 움직임을 중시한다. 일곱 번째로는 마음의 도덕학, 정치학이 중요한데, 그것은 인간중심, 관계 중심의 유교 윤리를 중시하고 유, 불, 도를 통합하는 것이다. 그것은 질서 및 변이의 조절을 통해서 조화를 이루게 하는 집단과 위계질서를 중시하는 것을 중요한 가치로 보기 때문이다.

인도의 베다 사상에서부터 많은 영향을 끼친 불교는 동북아에 전파되었고 동북아에 있어서 부족했던 인식론의 발전에 큰 영향을 주게 되었다. 윤리학과 정치철학인 유교와 동양적 자연관과 세계관이 반영되어 있는 도교는 서로 경쟁하거나 영향을 주고받으면서 양립할 수 있었고 각자 자신의 관점에서 타 종교(불교) 및 세력의 장단점을 취합하여 발전했다. 이러한 방향성은 인도의 철학에서 세계와 자아를 합일하고자 하는 내재적 세계관과 순환관 및 윤리관에 영향을 주었고 세계 만물의 운행이 결국은 환영에 불과하여 공하다는 사상에 영향을 주었다. 자연의 흐름은 곧 기의 흐름임을 인식하고 생기의 흐름에 순응하고 그 법칙에 맞추어 무위의 삶과 법칙을 일체화하고자 하는 것은 동북아 사상에 공통적으로 발견할 수 있는 부분이다. 이로 인해 내면의 마음을 중시하는 경향을 만들었고 동양의 유교적 통치철학과 도교적 세계관이 만나 성리학으로 종합되는데 큰 역할을 하게 되었다. 이러한 방향성은 서양의 이데아적 세계관과 일신교의 세계관, 그리고 객관적인 물리적 세계를 탐구하고자 하는 방향성과는 사뭇 다른 것이었고, 서양의 세계관과 차이를 만드는데 지대한 영향을 끼치는 것이었다. 이러한 차이와 다른 방향성은 앞으로 살펴보게 될 건축공간구조와 표현 양상에 있어서도 차이를 만드는데 많은 영향을 주게 되었다. 이제 이러한 동북아 사상의 특성과 공명하는 한국 건축을 살펴보기로 하자.

인도 및 동북아

PART II

초기 건축 담론과 한국건축

동북아 건축문화의 형성 배경

세계 각 지역에서 독특하게 발전한 지역 고유의 건축문화를 풍토건축(風土建築, vernacular architecture)이라고 지칭한다. 최우선적으로 인간은 생존하기 위해 풍토의 조건에 대응하는 피난처(shelter)를 짓게 마련이다. 가장 중요한 것은 일단 생존을 확보할 수 있는 '피난처(shelter)' 이겠지만, 이후 그 구조물을 세울 때 들어가게 되는 인간의 생각이 필연적으로 뒤따르게 된다. 그것은 선후관계를 따질 수 없는 필요충분조건이다.

건축에 절대적인 영향을 미치는 조건인 풍토(風土)의 조건은 기후와 지리(지형)로 대표되는 그 지역 고유의 특성이다. 그것은 주어진 것이기 때문에 어쩔 수 없이 인간은 그에 맞추어 순응할 수밖에 없다. 이러한 외적 변수에 순응하는 쉘터로서의 주거를 구축하는 것은 건축행위의 기본이 된다. 기본적으로 건축은 풍토(風土)의 조건을 중심으로 인간의 생각이 결합되는데, 거기에는 또 다시 정치, 경제, 문화, 종교 등의 외적 조건이 결합되면서 하나의 건축물로 구축되고 동시에 그 건축물은 그 시기의 역사적 기록물이 된다. 여기서 중요한 것은 우리가 지금 살펴보고 있는 동양의 풍토 조건 그리고 동양의 독특한 특성의 사유가 결합되면서 만들어내는 건축적 특성이다. 동양은 자연(세계)과 범아일여의 내재성의 사유가 결합된 것을 중요한 특징으로 볼 수 있다. 앞서 언급한 대로 한국건축의 특성을 살펴보기 위해서는 한국의 풍토와 거기에 영향을 준 동북아 사유의 특성을 살펴보아야 한다. 그러한 특성과 연계되는 건축적 특성은 자연 순응 및 순환성(도교, 노자 사상)의 대립성 초월 특성, 중용(중심을 통한 순환, 지나침 방지)의 특성, 업이 쌓이는 것으로, 생성과 소멸성, 무상(무자성)의 특성, '세계 속의 나' vs = '내 속의 세계' 를 상징하는 프랙탈(범아일여)의 특성, 비논리성과 논리성이 공존하는 종합의 사유, 그리고 보이지 않지만 존재하는 기(氣)의 철학(풍수의 논리) 등의 특성들이 나타나는데, 이러한 특성들이 풍토 조건들과 어떻게 결합되면서 동북아 건축으로 구축되었고 한국건축 특성이 나타나게 되었는지에 대해서 살펴보아야 한다. 이를 위해 우선 동, 서양사상과 건축문화의 차이와 특성에 대해서 살펴보기로 하자.

0113 동, 서양 사상과 건축문화의 차이와 특성

서양과 동양을 비교하여 특성을 이야기하는 것은 한편으로는 거칠고 위험한 방법일 수 있다. 미시적인 부분에 있어서 맞지 않는 부분이 있을 수 있고 성급한 일반화의 오류를 범하게 하거나 함부로 속단하게 만들 수도 있기 때문이다. 그럼에도 불구하고 서양과 동양의 사상과 건축문화의 차이를 살펴보고자 하는 것은 동, 서양 사유의 근본적인 차이에 의해서 물질문화에 많은 차이가 드러나는 것을 확인할 수 있기 때문이다. 일단 차이를 인식하는 것은 관점의 차이에 맞추어 긍정적인 잠재성을 새롭게 현실화시킬 수 있는 기회가 될 수 있으므로, 언급한 위험을 감수하고라도 살펴볼 가치가 있을 것이다.

세계와 참 자아(진여, 眞如)가 결국 하나라는 인도 범아일여(梵我一如)의 사상은 후에 동북아의 '천인합일(天人合一)의 정신에 많은 영향을 주었으며, 다른 한편 공통분모로 존재하기도 했으며 인도 및 동양사상의 주요한 특성이 되고 있다. 이것은 인간만을 공동체로 생각하는 것이 아니라 자연 자체도 인간의 주위에 존재하며 관계를 맺는 공동체의 중요한 요소로 생각하는 것이라고 볼 수 있다. 자연을 통제하거나 극복하고자 하는 대상으로 삼고자 주변의 주요 요소들을 대상화한 서양의 사유와는 이 지점에서 근본적인 차이가 있다. 신의 속성이 외재(外在)하고 그의 뜻에 따라 만물이 피조(被造)되었다는 대상화된 생각은 물질에 대한 객관적인 탐구에 있어서 유리한 측면이 있었다. 근대에는 연구하는 주체가 분리되어 있는 연구 대상(객체)을 바라보며 이성적이고 과학적으로 연구하면서 물질문명을 발전시켰다. 이른바 서구의 근대 과학의 발전에 크게 영향을 준 것이다. 그러나 동양은 내재적 사유가 중시되며 신의 속성이 사물과 세계의 운행 가운데 드러난다는 관점이고 중도적이고 순환적 사유로 차이를 보인다.

〈표3. 서양사상과 동양사상의 자연에대한 인식과 태도〉[27]

구분	서양사상	동양사상
자연에 대한 인식	본질, 실재가 외재적 이분법으로 존재하는 것 (궁극적 존재, 영원한 존재)	내재성의 신적 속성, 문화, 역사적 의미 (인간이 걸어가야 할 길)
자연에 대한 태도	이해한다면 다룰 수 있는 것 극복하고 개척해야할 대상	만물 내 신적 속성의 내재화 신보다 절대적인 것, 찬미의 대상

이런 관점에서 서양사상과 동양사상의 가장 큰 차이 중 하나는 '자연사상을 자연과학의 매커니즘으로 바라보는가 아니면 특정한 의미의 현현으로 바라보는가.' 이며, 이것으로 서로를 구분할 수 있다. 서양은 자연 이면의 본질, 혹은 실재를 찾으려고 했고 동양은 인간이 걸어야 할 길(도)에 대해서 궁구했다. 자연을 극복해야 할 대상으로 생각한 서양과는 달리 동양은 스스로 그러한 것(자연, 무위)에 자발적으로 조화되고 합일되는 것을 중시했다.

〈표4. 동서양 철학의 관점의 차이〉

	서양	동양
중요시 하는 관점	규칙중시	관계 중시
의사결정	논리 승부(법칙성, 과정중시)	경험과 권위(결론중시)
중요 관점	본성 강조(명사 중시)	상황을 더 고려(동사 중시)
사물의 관점	사물 자체 중시(본성론)	사물 전체 맥락 중시(상황론)
선악관	선악 중시	선악이 불분명, 상대적 가치
중시하는 관점	분석, 과학(지식, 논리 중시)	합리성+직관+실천 중시(동사중심)
주의(主義)	기계론	생기주의(生氣主義)
지각방식	부분적으로 환원하여 사유	전체를 직관적으로 사유
대립요소의 변화특성	변증법(대립투쟁을 통한 합일)을 통한 발전방향	음양사상_상호보완, 순환 중시
종교 및 죽음	선악에 따른 처벌과 상 중시(천당, 지옥)	중요의 덕 중시(생명, 기 중시) 기의 흩어짐

27) 레지스 드브레, 정진국역, 이미지의 삶과 죽음, 글항아리, 2011, p304 개념 표로 정리

자연 자체도 대상화하여 사유하려고 했던 서양인의 사유는 근대 이후 다양한 폐해와 환경파괴를 가져왔다. 동양의 사유는 양과 음이 서로를 인정하고 필요로 하며 서로의 움직임을 기다리는 사유이다. 따라서 생각하는 주체들과 주변 자연을 동등하게 보며 그 관계 속에서 하나로 묶어서 직관적으로 통합하여 사유하는 것을 중시한다. 주체와 대상의 관계로 파악하는 방식은 쉽게 개인주의에 빠져서 공동체 정신이 미약해지기 쉽고, 자칫 잘못하면 무정부주의적인 상태로 빠져들 수 있다. 물론 공동체주의에도 큰 단점은 존재한다. 관계와 집단의 가치를 중시하는 공동체를 강조하다 보면, 개인의 자유로운 사생활이 억압되는 측면과 자유로운 표현이 통제되는 점, 그리고 학연, 지연 등의 인맥이 중시되어 카르텔을 형성하면서 폐해가 발생한다. 그 단점은 지역 이기주의 혹은 공동체 이기주의가 팽배하여 합리적인 판단이나 결정이 힘들어질 수 있다는 점이다. 이른바 공동체주의 혹은 전체주의의 폐해이다. 세상의 사유와 운행의 법칙에는 언제 어느 곳이나 빛이 있는 곳에는 어두운 그림자가 함께 따르듯이 장, 단점이 함께 공존하게 마련이다.

동양에서는 자연이라는 말 대신 '천지(天地)'라는 개념을 많이 사용했다. 이 개념에는 하늘과 땅 사이에 사람이 존재한다. 자연속에서 공존하는 개념이다. 동양에서는 인간이 자연의 정복자나 지배자가 되는 것은 상상할 수 없는 일이다. 동양에서는 자연에 순응하고 대자연의 이치에 인간이 적응하는 것이 순리(順理)라고 보았다. 따라서 동양적 사유에서는 자연과 사람을 통합적으로 공존하는 가운데 함께 사유하고자 했다. '자연에 순응하면서 자신을 자연에 맞추어 거스름 없이 살아가자.'라는 태도는 당파적으로는 보수적인 입장의 견해일 수 있다. 이러한 시각은 '기존 사회 질서 체제에 순응하면서 살아가자.'라는 모토로 쉽게 변질될 수 있고 따라서 정치적(당파적)으로는 보수적인 입장에서 이용할 수 있을 것이다.

서양의 사유에서는 대칭적 이분법이 가장 큰 특징이다. 서양은 초월적 이분법, 배타적 이분법, 위계적 이분법이 일반화되어 있다. 이러한 상황은 역사적으로 플라톤까지 거슬러 올라갈 수 있다. 플라톤과 같은 철학자들은 현상계를 이데아의 복사물에 불과하다고 보았다. 이데아의 세계를 참된 세계로 보고 현실 세계는 이상세계의 복사물(copy)이기 때문에 불완전하게 생각했다. 이데아에서 정삼각형의 개념은 정확한 정삼각형이지만 현실 세계에서 정삼각형을 아무리 정확하게 만든다고 해도 미세한 오차가 날 수밖에 없다. 그런 상황에서 세계는 이데아의 모사품(copy)에 불과한 불완전한 세상일 뿐이다. 이런 구분법은 이미 그 자체로 평가의 가치가 내재되어 있다고 볼 수 있다. 서양과 동양이라는 구분을 통해 어떠한 분류 개념이 들어가고 개념을 분류하는 주체에 권위와 폭력을 행할 수 있는 권한을 부여하는 시스템이 형성된다.

불평등하게 한쪽에만 권한을 부여하고 고착화시키는 구조는 쉽게 폭력적인 관계, 폭력적인 상황으로 변질될 수 있다. 기독교적 신앙에서 보이는 배타성과 이분법적 세계관은 선과 악, 천국과 지옥, 영혼과 육체 등의 이분법적으로 판단하려고 하는 점과 현세를 내세를 준비하기 위한 과정으로 본다는 점에서 이 모두가 이원론적인 세계관에서 변질되어 나타난 것으로, 폭력적인 구석이 있는 것으로 보아야 할 것이다. 이러한 콘텍스트에서 데카르트의 물질과 정신의 이원론적인 사고가 나오고 목적론적 변증법이 나오게 된 것은 자연스러워 보인다. 이후 주체와 객체를 나누어 생각하는데서 1, 2차 세계대전과 유태인 대학살과 같은 폭력적 비극이 나온 것은 어떻게 보면 정해진 귀결이었다고도 할 수 있다. 또한 서양의 소유체계와 자연을 정복하려는 태도는 맞물려 함께 생태적인 파괴를 만들어낼 수 있는 위험성을 내포하고 있기도 하다.

그러나 동북아 사유에서는 자연을 인간과 함께 공존해야 하는 관계의 존재로서 귀하게 생각한다. 동북아 사상에서 핵심적인 삼교인 유교와 불교, 도교에서 자연에 대한 인식과 태도는 다음과 같다. 동북아에서 유, 불, 도 모두 자연을 유기체

〈표6. 유불도의 자연에 대한 인식과 태도의 차이점〉

구분	자연에 대한 인식	자연에 대한 태도
유교	-우주만물을 유기체로 간주 -인간의 중추적인 역할 중시	자연을 보살피고 양육해야 하는 것을 사명으로 간주.
불교	-우주만물이 윤회의 굴레 무한히 순환 -인간과 자연: 업보가 따르는 인연관계	관계속에서 선한 업을 쌓아야 함. 해탈하여 윤회의 굴레를 벗어나야 함.
도교	-자연은 본질적 존재양식을 의미 -생멸은 기의 순환 현상 간주.	인간과 자연은 다르지 않고 부여받은 생명을 소중히 가꾸어야 함.

로 보며 순환한다고 보았지만, 특히 유교에서는 자연을 보살피고 양육해야 하는 것을 사명으로 생각했고 불교에서는 윤회의 굴레에서 벗어나 해탈하는데 중점을 두었으며, 도교에서는 기의 순환을 소중히 여겨야 함을 강조하며 차이를 보이고 있다.

이처럼 유, 불, 도 모두 만물이 생멸의 순환 구도에 속한다는 관점은 동일하다. 그리고 이들 모두 자연의 구성원이자 유기체의 일원으로 하나로 조화를 이루어야 한다는 입장에도 차이가 없다. 이러한 순환관은 자연과 함께 하며 자연과 서로를 기다리고 존중하는 동양적 대도를 형성하며, 자연은 대상화하여 정복하고 이용하고자 하는 서양적인 자연관 및 시각과 주요하게 차이를 보이는 부분이다.

0114 서양 건축과 동북아 건축의 차이와 특성

서양의 사유는 외재성의 사유의 특성이 강하게 드러난다. 또한 세계의 변화에 있어서 세계의 외부에서 세계를 창조한 신의 특성을 중시하여 영원성을 추구했다. 그것은 플라톤의 이데아와 같이 완전한 세계를 의미하는 외재적 사유이며 영원성을 희구하는 사유의 방식(이후 종교성)이다. 이러한 태도는 마치 고요한 진공의 공간에서 객체(대상)를 바라보는 것이며, 이후 그러한 태도는 마치 신의 자리에서 물질 자체를 대상화시켜 심도있게 실증적으로 탐구하는 피시스(physis)의 사유 즉, 물질과 관련된 과학적 사유를 발전시켰다.

〈표7. 서방, 중방, 동방문화권의 풍토 특성〉[28]

	서방 문화권 西方 文化圈	중방 문화권 中方 文化圈	동방 문화권 東方 文化圈	한반도 韓半島
기후대(風)	해양성(준4계)	사바나성(우, 건기)	몬순성(4계)	뚜렷한 사계, 혹서 (집중호우_범람), 혹한
지형지세(土)	광활한 초원	황량한 사막	수려한 산수	70%이상 산지(노령기) 풍부한 수자원
생계수단	농+축+상	목축	농경(수도작)	농경(수도작)
집단형태	소가족집단	민족 집단	대가족 집단	대가족 집단
종교사상	계시적 유일신	계시적 단일신	자연적 범신	자연적 범신(샤먼, 토템)
사회제도	계약 집단체	민족 공동체	혈연 공동체	혈연 공동체
경제제도	상호계약제	특정(신)중심제	가족 중심제	가족 중심제
정치제도	지방분권제	일인 통치제	중앙 집권제	중앙 집권제
통치이념	법치주의	계치주의	덕치주의	덕치주의

사유의 차이와 함께 건축에 있어서 풍토(風土)는 매우 중요한 외적 변수이다. 풍토의 차이는 건축에 있어서 거의 절대적인 영향력을 끼치게 된다. 앞의 표와 같이 서방에서 중방, 그리고 동방으로 이동하면서 보여지는 각 부문에서의 차이는 풍토의 조건 및 사유의 차이만큼이나 눈에 띄게 물질적, 공간적 특성들도 드라마틱하게 변화시키고 있음을 확인할 수 있다. 동방 문화권에서 보이는 대가족의 관계를 중심으로 하고 중앙 집권제와 범신론적 특성은 사유에 있어서도 상호 연관되어 내재적 사유론, 순환적 사유, 그리고 통치를 중심으로 하는 유교적 관점이 강하게 드러남을 알 수 있게 하는 요인들이다. 앞의 표에서와 같이 동방 문화권에서는 풍토의 조건이 서방, 중방과 명백한 차이가 있으며 특히, 여기에서 한반도의 특성은 동방 문화권에서도 세부적인 차이가 있다. 한반도의 건축은 이렇게 한반도 특유의 풍토적 조건과 함께 동북아 사유의 특성과 문화가 결합되어 생성된 것이다. 가장 중요한 풍토적 조건과 사유의 특성을 함께 살펴보고 나면 한국적 건축의 유전자를 추출할 수 있을 것이다.

28) 이중우, 건축사상과 공간, 기문당, 2002, p19 요약 및 내용 추가

"유교 사상의 영향과 신학 관념의 희박성 때문에 동북아인(중국인)은 내적 정신의 영구성을 중시했고 건축물을 포함한 '몸 밖의 사물' 에 대해 상당히 현실적인 태도를 취하여 영구성을 추구하지 않았다. 반면 서양은 영원한 신성에 대한 추구에 기초하여 늘 현실적이고 눈에 비치는 영구성을 추구했고 이에 오랫동안 석재를 사용하여 건축물을 지었다."[29] 라는 의견과 같이 영원성을 추구하는 서양의 태도는 내부와 외부의 수직적인 거대함을 추구하여 그에 따른 건축적 결과물을 만들었다. 또한 서양은 물리적이고 과학을 추구하는 대상화된 사유 방식으로 인해 석재의 수직적 구축을 가능하게 만들 수 있는 물리적 구조 지식이 발전했고, 이를 바탕으로 체적이 크고 내부공간을 화려하고 높게 만들어 내부에서 영원성을 상징할 수 있는 건축문화가 발전했다. 판테온은 서양 건축의 정수로, 석재 및 벽돌의 아치 복합구조를 이용하여 내부공간을 수직적으로 높게 구축하고 거대한 돔을 올렸다. 이로써 판테온은 신성성과 영원성의 가치를 실현하여 숭고한 이상적 아름다움을 구현할 수 있었다. 또한 피라미드의 외형에서 보이듯이, 서구인들은 석재를 이용하여 동양에서는 발견하기 힘든 거대한 부피(체적)의 구축물을 만들어왔다. 그것은 내세의 중요성과 영원성을 상징하고 표현하기 위함이었다.

그러나 동양의 사유는 내재적인 사유이자 순환적인 특성이 강했다. 동양의 사유에서는 신의 속성이 세계의 운행과 사물의 이치가 함께 내재해 있는 것으로 보았으며 운행 가운데 그 법도가 드러난다고 보았다. 이 과정에서 양과 음의 요소들이 중앙을 중심으로 상호대대(相互對待)하면서(서로 기다리면서) 순환한다고 보았다. 이에 맞추어 동양의 건축은 하나의 건축물로는 의미가 없고 여러 건축물과 외부 지형 및 외적 변수의 상호 관계에서 의미가 생성된다.

특히, '군(群)은 동북아 건축의 영혼이며 '군' 의 통일을 위해 부분적으로 단일 사물들의 다양성을 희생시켰다고도 볼 수 있는 것이다.'[30]라는 의견과 같이, 역설적으로 동북아 건축은 집합의 구성을 통해 각 건축물의 외부공간과 내부공간과

29) 샤오모, 박민호 역, 건축의경, 글항아리, 2019, p37
30) 상게서, p95

의 관계가 풍부하게 만들어내는 시각적, 공감각적 특성이 강화된다. 하나의 건축물로서는 그다지 큰 의미를 부여할 수 없으나 주변 지세와 함께 어우러지는 외부 공간과 건축물의 조화, 그리고 전체 주변 산세와의 조화를 중시하며 그러한 구축 과정에서 건축의 아이덴티티가 생성된다.

이처럼 서양의 존재 중심의 구축과 동양의 시간의 과정을 중시하는 관계 중심의 건축은 주요한 부분이 외재성과 내재성의 차이에서 오는 것으로 볼 수 있다. '관계 중심의 비건축, 관계 건축, 생명 건축(氣건축)은 20세기 사상과 건축이 범해 왔던 폐해와 오류를 극복할 수 있는 방안이 될 수도 있을 것이다.'[31]라고 주장하듯, 서양 건축은 존재 중심적이기 때문에 서양 건축이 환경에서 두드러지는 오브제로 보는 경향이 강했던 것과 같이 공간을 구성하는 소조성(塑造性)의 건축이 주요하게 발전한 것이었다. 그러나 동북아 건축은 관계의 건축이고 요소들의 관계 속에 대상의 의미가 드러남을 중시했다. 그러나 존재 지향적인 서양의 경우, 자연을 지배하듯 두드러지는 오브제로서 존재하며 주위를 둘러싼 콘텍스트에서 일부 텍스트로서의 역할을 하게 된다. 서양 건축은 자기 형태가 의미를 전달하고 영속적으로 형태를 유지해야 하므로 존재 완결적 특성이 강하다.

재료적인 측면을 살펴보면, 서양에서는 돌 건축 혹은 벽돌 건축이, 동양에서는 나무 건축이 선호되었다. 왜 그러했을까. 동양에서도 돌 건축, 및 벽돌 건축의 예들이 충분히 사용되기도 했지만 대부분 건축물은 나무로 구축되었다. 서양에서는 물리적 존재로서 영속할 수 있는 존재 지향적 사고를 표현하는데 있어서 돌 건축, 벽돌 건축이 유리했다. 플라톤의 이데아와 실제 세계를 구축하는 존재론적 사고에 적합한 방식이었다는 의미이다. 동양에서 나무는 썩기 쉽고 화재에 취약하여 내구성에 명백한 한계가 존재함에도 널리 사용되었다. 그 이유에는 동북아인들이 생성과 소멸의 순환 및 과정의 특성을 중시했고 또한 현실적이고 실용적인 측면이 많았기 때문이다. 그들은 상대적으로 빠른 시간 내에 덜 노동집약적인

31) 한국건축역사학회, 한국 건축사연구 2 이론과 쟁점, 발언, 2003, p189

구축방식을 선호한 것이었다. 또한 '구축의 방식의 특성 때문에 몇 세대가 지나가면 집을 허물고 새로 짓는 것이 당연했고 새로운 건축을 구축하는 것이 새로운 세대를 상징하는 것이라는 생각이 강했다. 다시 말하면 건축이란 것을 이해할 때 돌과 집과 같이 한번 지어놓으면 그 자리에 언제까지나 지어진 모양대로 있어야만 하는 물적 상태의 고정적 존재성이 중요한 것이 아니고 변형, 이전 파손, 소멸이 당연한 것으로서 필요에 따라 갈아입을 수 있는 옷 같은 것이라는 생각이다.'[32] 라는 언급대로 세대의 변화에 따른 건축의 변화과정은 자연스러운 것이었다. '동양인은 변화의 필요성에 순응하는 삶의 방식과 기술을 선택한 것이다. 그리고 존재와 생성의 문제는 불가피하게 공간과 시간의 인식 태도를 정확하게 반영한다. 나무 건축은 공간적 지속성을 희생하되 시간적 변화성을 자신의 존재 방식으로 받아들였던 것이다.'[33]라는 의견과 같이 동양인은 상당 부분 자연의 흐름과 과정에 맞추어 소멸해야 하는 시기가 되면 과감하게 건축물을 소멸시키고 새롭게 구축하는 것을 당연시했다. 이른바 '생성과 소멸의 순환성'을 중시한 것이다. 서양 건축에서는 존재 지향적인 사고로 인해 이처럼 소멸성을 쉽게 생각하기 힘들었다. 동북아 건축은 공간구조의 경험을 통해 과정적으로 전체 건축을 3차원적으로 조합하고 통합적으로 이해할 수 있게 되어 있다. 거대한 내부공간을 한 번에 경험하는 것이 아니라 자연과 접하여 있는 반 외부공간과 건축물과의 관계와 내, 외부의 관계를 종합해야만 전체적인 건축을 경험하고 판단할 수 있는 방식의 짜임 관계를 중시했다. 유사한 유형의 건물의 요소들이 주변 자연환경과 짜이면서 만들어내는 특수한 3차원적 경험을 중시한 것이다. 거기에는 자연스럽게 이동 과정의 시간성이 포함된다. 관찰자가 직접 이동하면서 조합하고 통합하여 인식하는 경험구조가 중시되었다는 의미이다. 그런 측면에서 한 공간에서 전체적으로 인식하는 서양의 공간과는 차이가 있다. 그래서 동북아 건축은 '건축 경험 자체가 시간적이고 생성적인 것으로 인식된다. 이런 경향은 사찰에서뿐만 아니라 대문, 행랑채, 사랑채, 안채로 구성되는 주택에도 마찬가지이며 모든 건축의 구성이 시간적 경험 과정을 어떻게 디자인하는가에 관심이 집중된다. 이것은 건축과 그

32) 김성우, 건축에서의 근대적 오류와 전통적 대안, 한국인문사회과학회, 1997, p36
33) 상게서, p36

경험을 생각하는 관점이 근본적으로 달랐다는 사실을 의미한다. 건축과 건축 경험의 생성성을 당연한 사실로서 받아들인 것이다.' [34]라고 언급한 바와 같이 인식론의 차이는 건축물과 공간론에 있어서 지대한 차이를 불러일으켰다. 영속성과 오브제적 가치를 중시하는 근대건축의 특성이 동시대의 도시구조와 건축 및 건축공간을 지배하는 현 상황에서 동북아 사상의 관점과 한국건축의 특성을 다시 살펴 지속가능한 도시구조와 건축 및 공간 그리고 환경을 다시 생각해야 할 시점이다. 근대의 교환가치와 생산성을 중시하는 구조와 이성의 도구화로 인해 환경은 지속가능성 측면에서 폐해를 경험해왔다. 생성과 소멸의 순환성과 함께 하는 과정적 건축과 환경에서 시작하게 되면 우리는 새로운 관점의 사유와 건축문화가 생성시킬 수 있을 것이다.

동북아 건축에서 '단일한 사물들 사이의 강조와 대비, 정원의 흐름과 변화 공간과 실체의 허실과 조응, 실내외 공간의 융화와 넘나듦 등은 총체적으로 양적 웅장함과 형체적 풍부함을 형성했고 강렬한 분위기를 내뿜어 사람들에게 깊은 인상을 심어 준다.' [35]라고 언급한 것과 같이 동북아 건축은 하나의 건물로는 큰 의미를 획득할 수 없으나 하나의 건축물이 외부공간과 만나는 조합들이 다양하게 덧붙여지면서 중정(마당)과 함께 열리고 닫히는 다양한 반 외부공간(회색 공간) 등이 나타나며 통합적으로 하나의 영역으로 이해되게 만든다. 그것이 단일의 웅장한 건축과 거대한 내부공간이 만드는 감동과는 다른 차원의 감동을 만들어내게 되는 것이다. 그러나 동북아 건축에서 그러한 감동은 보는 순간 다가오는 것이 아니라 철저하게 대부분의 건축물과 내, 외부 공간들을 경험한 이후, 머릿속에서 전체를 조합시키고 통합하면서 느끼게 된다. 이처럼 서양과 동양은 사유의 차이만큼이나 건축에 대한 접근방식에 있어서도 명백한 차이를 보인다.

이러한 경향으로 나타나는 또 하나의 뚜렷한 특징은 다음과 같다. 서양의 건축이 시각적으로 거대한 체적의 주요한 건축물을 중심으로 하여 주위를 장악하는

34) 상게서, p3
35) 샤오모, 박민호 역, 건축의경, 글항아리, 2019, p94

것과는 달리, 동북아 건축은 개별 건축물과 반 외부공간들이 군집을 이루면서 전체적인 군집의 체적을 높이며 주위와 조화를 이루는 존재 방식을 사용했다. 이를 위해 동양에서는 기단을 주로 이용했다. 동북아 목조건축은 목조 결구 방식으로 건축물의 높이와 부피를 확장하는데 일정 정도 구조적 한계가 있으므로 목조건축의 부분은 상대적으로 2~3개 층의 저층으로 구성하고 대신 기단을 높게 쌓는 방식을 택했다. 멀리에서 보았을 때, 기단부와 상부 건축물과 함께 거대한 체적을 구축하면서 위엄이 넘치는 경관을 형성하는 방식을 사용한 것이다. 동북아 건축 대부분은 이렇게 기단을 중시하는 문화를 보여 왔다. 특히 한국건축은 궁궐뿐만 아니라 사찰, 유교 건축, 그리고 주거 건축에 있어서 지붕은 하늘의 기운을 받는 부분이며 기단은 땅의 기운을 받는 부분이고 그 사이에 사람이 거주하는 것으로 중요하게 생각했다.

동서양 건축의 차이점은 풍토의 차이, 생활양식, 특히 사상의 차이와 특성에 따라 달리 드러나는 것이라고 볼 수 있다. 풍토와 정치, 경제, 사회, 문화 전반의 다양한 외적 변수는 생각의 차이와 함께 이에 공명(共鳴)하며 동서양에서 드러나는 건축 구축적 공간체계와 구조적, 표현양상의 경관성에 있어서 차이를 보인다. 오늘날 현대건축의 양식적, 구축적 특성이 전 세계적으로 보편적으로 적용되면서도 지역적 차이를 보이는 것과는 별도로 근본적인 것을 다시 생각해보는 것은 동양적 가치의 새로운 가능성과 공간적, 경관적 해법과 아이덴티티를 찾기 위한 시작점이 될 수 있을 것이다.

0115 동북아 건축의 목재 주사용 이유와 자연합일 특성

기본적으로 서양 건축과 동양 건축의 가장 큰 차이점이라고 한다면 건축을 하는데 기본적으로 쓰이는 재료와 구법에서 차이가 있다는 점이다. 석재를 중심으로 마치 텍스트와 같이 수직적으로 쌓는 작업을 주로 했던 서양의 대규모 건축과 주거건축과는 달리, 동양 건축에서는 목재로 결구(結構)하여 건축을 구축한다는 점이 가장 큰 차이점 중 하나이다.

텍스트의 짜임과 같이 직조(織造)하며 수직적으로 쌓아나가며 구축하는 서양인의 언어체계 및 사고 특성에 발맞추어 석조건축물과 석재로 지어진 대공간의 건축이 나왔음은 지극히 자연스러운 것이었다. 재료적인 측면으로 보게 된다면 희랍 문명이 발달한 지중해 주변 국가의 경우, 덥고 건조한 기후환경과 상대적으로 척박한 풍토로 인해 나무보다는 주위에서 쉽게 찾아볼 수 있는 돌로 쌓은 후 남는 틈을 시멘트 등의 화산재를 섞은 재료로 메워주고 결합해서 내부공간을 구축하는 방법론이 발전했다. 또한 일신교의 특성과 플라톤의 '이데아'의 형이상학적 고유성을 중시하는 서구 사상의 특성으로 인해 사회의 주요 공간과 일상 공간을 구축함에 있어서 축조를 통해 시각적으로 대상화시켜 대규모의 공간을 만드는데 큰 영향을 받았다. 서양 건축은 재료에 있어서도 오랜 시간이 지나도 변하지 않는 재료로 짓는 것을 중시했다. 즉 '존재가 중심이 되는 이데아의 세계'를 현시(顯示)하는 것이 그들의 존재론의 전통에 있어서 어울리는 것이었다. 특히, 위도가 높은 유럽의 경우, 습하고 흐린 날씨와 잦은 비로 인해 실내생활이 주가 되는 가운데 습기에 강한 석재 축조 건축물이 선호되었던 이유가 되기도 했다.

그러나 인도의 경우, 북부의 기후는 열대 혹은 아열대의 기후가 넓은 영역에 분포하며 온갖 종류의 다양한 자연적 요소, 때로는 초자연적 요소들이 따뜻한 기후의 조건 속에서 창발하며 샘솟듯 피어오르는 환경에 있었다. 거의 모든 것들이 변화하며 생성되는 드라마틱한 자연의 외적 조건들 속에서 필요한 공간들은 시기에 따라 주변에 보이는 재료를 이용해 적절하게 만들어서 쓰면 그만이었다. 왜냐하면 그 재료들이 노후화되고 또 기능이 다하면, 허물고 또 다시 주변에서 풍부하게 구할 수 있는 재료로 지으면 그만이었기 때문이다. 재료는 자연의 창발만큼이나 주위에 풍부하게 널려 있었다. 건축은 주변에서 쉽게 구할 수 있는 재료로 구축되는 것이 일반적이고 그러한 재료와 구축 방법이 그 지역의 풍토에 적합한 건축문화를 형성시키게 마련이다. 아열대 지역에서는 인간이 쉘터(shelter) 혹은 건축물을 구축할 때 일반적으로 주위의 재료를 이용하여 구축하는데, 상대적으로 경량이면서 쉽게 가공하고 구축할 수 있는 구조와 외피 재료를 사용하여 건축물을 구축하는 경향을 보인다. 그 이유는 상대적으로 온화한 날씨와 주변에서 재료 취득의 용이성 때문일 것이다. 다시 말해 혹독한 온도변화에 걱정할 필요가 없고 재료의 노후화가 진행되면 손쉽게 교체가 가능하기 때문이다. '석조 건축에 비해 목조건축은 내구성이 약하다는 것이 치명적인 단점이다. 그럼에도 불구하고 동북아에서 목재를 주로 사용했던 이유를 정리하면, 석재의 축조방식에 비해 상대적으로 손쉽고 빠르게 구축하고 사용하다가 다시 보수하여 사용할 수 있는 실용적이고 현세적인 이유 때문이었을 것이다. 다시 말해, 동북아인들이 서양인들과는 달리 건물의 내구성에 대해서 중요한 의미를 부여하지 않았기 때문이다. 동북아인들은 건물 형태의 영속성보다는 계획의 원리를 더욱 중요시했다. 특히 중국인은 현세 지향적이고 실용성을 중시하는 민족이다. 중국인들은 하나의 건축물은 사람이 태어나고 늙고 죽는 기간 정도만 충분히 사용하면 된다는 생각이 강하였다.'[36] 그에 따라 축조기간이 길고 비용과 노력이 많이 소요되는 서양식의 석재 위주의 축조방식보다는 나무를 통한 결구 구조와 지붕식 구조를 선호하게 되었다는 설이 지배적이다.

한편, 서양의 축조방식은 대규모 공간 및 수직적 공간의 발전에 있어서 용이한 측면이 있었고 그것은 서양의 일신교와 이데아적인 형이상학적 개념을 공간으로 현시하는데 용이한 방식이었다. 이와는 달리, 동양은 신의 자리에 내재화된 신의 속성, 즉 자연이라는 부분이 건축에 적용되었다는 점이 중요하다. 동북아에서는 격식 있는 건축이 필요한 경우, 목조건축으로 구축하는 방식이 주류를 이루고 있었지만, 목조건축의 구조적 한계에 따라 높이가 높은 건축을 구축하거나 대규모 건축을 구축하는데에는 한계가 있었다. 그러나 목조 가구식 구조가 지닌 최대의 장점은 융통성과 적응성일 것이다. 일단 목조 가구식 구조와 지붕이 형성되면

36) 샤오모, 박민호 역, 건축의경, 글항아리, 2019, p95(확인)

내부의 공간은 마치 르 꼬르뷔지에의 돔-이노 시스템과 같이 칸 사이의 내부공간을 자유롭게 사용하는 것이 가능해진다. 동북아 건축은 유사한 유형의 건축물들이 독채형식으로 겹겹이 횡으로 배치되는 형태로 수평 확장되었다. 권위를 상징하는 왕실의 경우, 기단을 높게 세우고 그 상부에 단층 혹은 중층의 누각이나 건축물을 세우는 것으로 수직적 요소의 니즈를 만족시키는 방식을 사용했다. 이처럼 서양과 동양의 건축은 생각의 차이만큼이나 건축을 대하는 태도와 구축방식에 있어서도 확연한 차이가 있음을 확인할 수 있다.

일반적으로 동양에서 흔히 사용되는 목재 건축의 특징 중 하나는 하나의 재료(목재)로 구조 및 의장의 내용을 동시에 표현하고 구축한다는 점이다. 동양에서는 상부의 하중을 효과적으로 기둥에 전달하기 위해 기둥과 지붕 사이에는 복잡한 형태의 구조 형식(공포)이 발달했다. 서양의 경우, 일단 구조적인 부분이 석재 혹은 벽돌로 구축되고 난 이후, 다른 석재 혹은 재료로 외부의 치장을 따로 실시하는 경우가 대부분이다. 따라서 구축과 치장이 별개로 결합되어 있는 방식이다. 동북아 건축에서 하나의 구조재료로 기둥과 보와 공포가 결합되어 있는 방식은 건축물에 전체적인 일체감을 부여한다. 이러한 방식은 서양 건축의 수직과 수평이 분리되는 느낌과는 달리 함축적인 통합의 감정을 느끼게 한다.

인도의 석굴사원은 석재로 이루어진 석산에 외부로부터 차근차근 구멍을 내고 파내어 들어가면서 공간을 형성했다. 그것은 마치 석재로 일반적인 사원 공간을 구축하는 서양식 축조의 방식과 유사하지만 반대로 음각해나가는 식이다. 이것은 서양 건축에서 힘의 하중 전달을 중심으로 하는 논리적 구조역학의 지식과 함께 재료적인 측면에서는 구축과 치장이 동시에 이루어지고 있는 동양적 구축 특성이 함께 접목되어 있는 형식이다. 물론, 이러한 방식은 일차적으로는 수도승들이 여름과 겨울에 상대적으로 적은 온도와 습도의 변화를 통해 수행에 도움이 되는 건축적 니즈를 충족시켜주기 위해 나온 것이었다. 이러한 건축방식은 사원하고 조용한 석재 위주의 산지 지형에 누수 걱정이 없는 반영구적인 다목적 수행 공간을 마련하기에 적합한 것이었다. 그러나 이러한 방식은 인도가 서양과 동양의 지리적 접면에 위치하면서 서양의 논리적, 축조적 건축방식과 동양의 건축적 특성의 접면에서 절충적 방식으로 나타난 것으로 해석할 수 있다. 우리나라의 경우, 불국사의 전면에는 석축의 기단 부분을 목재 건축의 결구가 연상되는 방식으로 석재를 사용했는데, 이것은 인도의 서양식 결구 및 축조방식과 동북아의 건축적 구축방식이 접목된 형태라고 보아야 할 것이다.

–자연합일의 특성

우리 선조는 산과 계곡 및 기후로 대변되는 풍토 가운데 적응하여 살아가는 것, 즉 하늘과 땅의 기운이 맺혀 형성된 곳에 사람이 기대어 사는 것으로 생각했다. 그에 따라 선조들은 기의 흐름이 흘러 굳어진 산지 지형과 대지와의 순응 관계와 함께 사계절의 변화로 상징되는 기의 흐름(기후, 물길)에 순응하는 건축을 추구했다. 하늘과 땅과 그 사이에 사는 사람과의 관계를 논하는 천지인(天地人) 합일 사상은 순응의 원리이며 달리 말해 자연과의 조화의 논리이다. 따라서 '동북아인은 집을 지을 때 하늘에 겸손하고 땅의 기운을 받아들이면서 기에 순응하여 생기의 철학을 가지고 있었다.'[37]라는 언급에서 '하늘에 겸손하다'는 이야기는 하늘 아래 인간이 두드러지게 드러나는 것이 아니라 자연의 운행에 맞도록 자신의 분수에 맞추어 소박하게 순응하며 살아야 한다는 의미이다. 따라서 '자연의 운행에 맞추어 안빈낙도(安貧樂道)하고자 했던 조선 시대 사대부들은 인격 수양에 있어서 집 역시 같은 방식으로 구축했다. 화려하고 섬세하면서도 장중한 형태미에 비해 조선 시대의 건축물은 검소하고 담백해 군살 없이 골기만 남은 철학의 뼈대처럼 보인다.'[38]라는 의견과 같이 선조들은 자연합일을 위해 자연의 기에 순응하며 검박한 구축방식과 공간을 추구한 것이다.

천인합일 사상에서 중요한 것은 인간과 하늘과 땅과의 관계이다. 따라서 하

37) 삼성문화재단, 땅의 깨달음 한국건축, Leeum, 2015, 김원, '한국건축의 이해' 부분, p11

38) 같은책, p12

늘과는 지붕, 땅과는 기단의 관계를 중요하게 여긴다. '인간은 그 사이에 존재하여 천지인 사상이 발전한다. 한국의 건축은 하늘과 땅이라는 대자연과 공생하는 것이며 하늘과 땅 사이에 사람이 산다는 평범한 진리를 말하고 있다. 하늘을 한정하는 장치로 지붕을 만들어 햇볕과 뇌우를 가렸고 땅을 한정하는 장치로 기단을 만들어 습기를 막았다. 하늘과 지붕은 양이고 땅과 기단은 음이다. 그리고 그 사이 사람은 중성의 공간에 있다. 이 공간을 기둥이 받치고 있어서 내, 외부를 관통해 자연과 소통한다.'[39] 이른바 집 자체를 천지인의 관계로 상징화시켜 구축한 것이다. 한국의 집은 자연과 소통하기 위해 기둥만이 존재하고 얇은 벽체만이 존재할 뿐이다. 모든 칸막이 벽은 지붕의 무게를 받지 않는 가동벽이고 그 얇은 벽체인 벼락치기 창으로 불리는 창마저도 여름에는 들어 올릴 수 있어서 내외부의 경계가 극도로 모호해진다. 여기서 자연과 소통한다는 것은 자연의 기(氣), 즉 사계절의 운행을 느낄 수 있는 바람(비)과 태양의 채광의 변화를 느끼는 것이다. 이러한 자연의 기를 가장 잘 느낄 수 있는 한국건축 특유의 유형인 누각과 정자 건축은 형태는 없고 공간만 있는 형국인데, 이러한 공간 내에서는 자연과 하나가 되는 느낌을 받지만, 필요에 따라 자연과의 연계되는 반 외부 혹은 내부공간도 될 수 있다. 특히 대청은 인위적인 내부 공간으로서 일상과 분리되지 않으면서 자연과 하나가 되고 동시에 외부에 있는 것과 유사하게 자연을 즐길 수 있는 장치이다. 특히 한국건축에서 누각 건축과 정자 및 대청은 자연과 하나가 될 수 있는 인공적이면서 자연과 소통하는 중성적인 공간이다.

이처럼 동북아(한, 중, 일) 건축에 있어서 한국건축의 두드러진 특성이 잘 들어나는 것으로, 누각 및 정자 건축을 들 수 있을 것이다. 정자는 단순히 오브제나 건축물로서 드러나기 위해 건축한 것이 아니라 철저하고 온전하게 주위의 경관과의 조화를 고려하면서 건축되었고, 쓰임새 자체는 건축물 자체보다는 외부의 원림 혹은 자연경관을 즐기며 하나가 되고자 하는 유학자로서의 수행과 관련되는 것이었다. 따라서 채광과 환기를 위한 향(向)보다는 철저하게 그 장소의 자연을 바

39) 같은책, p15

라보는 방향에 따라 건물의 좌향이 결정되었다. 누각 건축과 정자 건축은 그 자체가 허와 같이 세워져 있고 비워져 있기 때문에 역설적으로 주변 자연을 충만하게 채울 수 있다. 노자 사상의 역설적인 특성이 실현되는 것이다. "성종 때 정승을 지낸 손순효는 누가 비어있으면 능히 만 가지 경관을 끌어들일 것이요, 마음이 비어있으면 능히 선함을 많이 담을 것이다. 라고 했다. 누각 건축의 핵심을 꽤뚫는 말이다. 누각과 정자는 경관을 담고 모으는 취경(聚景) 건축물이다."[40]라는 언급대로 경치(자연)와 내가 하나가 되는 경지를 추구했던 선비들에게 누각이나 정자건축은 꼭 필요한 건축물이었다. 자연의 흐름과 하나 되고자 하는 것은 자연스럽게 주역(음양오행), 노장사상 등으로부터 영향을 받았다. 이를 통해 이러한 건축유형은 풍수적으로도 응용되어 풍토 및 지형과 하나가 되며 자연의 운행을 즐길 수 있는 한국적 정원과 원림의 형성에 접목되기도 했다. 이처럼 유교 건축에서의 원림 및 누각건축과 정자 건축은 학문의 수행을 위한 추상적이고 인위적인 관념성으로 인해 나타났다.

자연과의 관계를 생각했을 때 한국건축의 군집체에서 각 채의 유형은 거의 유사하나, 동북아 건축에서 특히 한국건축이 보여주는 기본 유형의 요소들이 중첩되고 접합되면서 만들어내는 내, 외부공간과 자연과의 연계는 서양과 근본적인 차이가 있다. 이른바 관계의 건축을 추구하는 것이다. 개개의 건축물은 존재 의미가 약하지만, 개개의 건축물이 모여 군집을 이루게 되면, 짜임으로써 존재 의미가 확장되고 심화될 수 있도록 자연 및 외부 공간, 그리고 사회적 관계의 특성을 강화시키는 것이다. '서양의 오브제 역할을 하는 건축물보다는 장소의 정체성은 한 건물과 다른 건물 간의 관계로부터 시작된다. 동북아 건축에서 특이한 점은 기본 유형은 거의 유사하다는 것이다. 궁궐이나 학교, 주거, 관청의 건축물들이 유사한 기본 유형을 가지고 증식되면서 복합체를 이룬다. 여기서 주목할 점은 건물에 의미를 더하고 활용 가능성을 제고하는 것은 건물의 점유 위치와 건물간의 관계라는 사실이다. 이러한 맥락에서 건축물은 그 자체로 주인공이 아니라 일상의 집단

40) 삼성문화재단, 땅의 깨달음 한국건축, Leeum, 2015, 프라니스코 사닌, 관계의 건축, p327

문화를 구현하고 유지하는 가능성의 총체다.'[41] 이 문장은 관계를 중심으로 하는 동북아 건축에 있어서 핵심을 잘 설명하고 있다.

동북아 건축은 내부공간의 조형성에 크게 중점을 두지 않는 방식 때문에 한국건축은 각 채의 기본 요소들과 자연과의 연계, 세심한 바닥 레벨과의 조절을 통한 미세 기후 및 대지와의 관계 등이 중요한 이슈가 되었다. 여기에서 외부공간이라는 의미는 결국 건축물을 둘러싼 자연과의 관계를 의미한다. 안영배는 한국건축의 중심적인 요소가 바로 외부공간임에 착안하여 연구를 진행해왔다. 그는 사찰공간의 외부공간에서의 독특한 시각적 경험구조를 만들어내는 연구를 진행했으며 외부공간의 형태와 관계에 집중하여 연구 성과물을 냈고, 이후 한국 건축가들에게 많은 영향을 끼쳤다. 이후, 김봉렬 등 다수의 건축사학자들은 교학 및 선종과의 관계 속에서 교리에 따른 배치의 차별성에 대해서 연구를 진행했다. 그러나 한국의 불교사를 생각했을 때 조선 후기에 억불정책에 따라 모든 교단을 통합시켜 운영함으로써 삼국시대로부터 나타났던 변화와 흐름 등이 모두 통합된 상황에서 조선 시대의 모습을 오늘날의 시각으로 그대로 받아들이면 곤란한 상황이 발생한다. 즉 시간적 변화양상을 고려하지 않고 현재의 모습으로 전체를 판단하고자 했을 때 나타나는 오류를 범할 수 있는 것이다. 실제로 통도사의 경우, 신라시대 이후로부터 고려 시대를 거쳐 조선 시대에 이르기까지 교리의 중점적인 사항에 따라 확장, 이전 배치가 변화되면서 현재의 통합적 구성으로 굳어진 것이므로 오늘날의 시각으로 배치와 사상적 연계를 판단하는데 주의를 필요로 한다. 이러한 관점에서 "평지 가람에서 산지 가람으로 변화되었고, 그 이유는 선불교가 도입되어 자유분방한 형식을 취했다는 설은 80년대까지 거의 통설로 여겨져 왔다. 오히려 불교 수입기부터 산지 가람과 평지 가람은 동시에 공존한 것이 아닌가 하는 의문들이 끊임없이 제기되어 왔고, 최근에는 신라 시대 선종 사찰이 오히려 평지에 입지하고, 교종인 화엄 십찰들이 산지에 입지했다는 반론도 제기되었다."[42]는 주장과 같이, 교리의 적용과정에서 다양한 시도들이 실행되었음을 확인할

41) 삼성문화재단, 상게서, p327

42) 한국건축역사학회, 한국 건축사연구 1_분야와 시대, 발언, 2003, p67

수 있는 대목이다.

"자연을 즉자적으로 인식하는 기본적인 인식은 우리 건축에 면면히 흐르는 공통분모이지만 자연을 이용하는 방법에 있어서는 시대별로 조금씩 차이가 있다. 당연히 그 차이는 당대의 정신사를 이루는 다양한 사상사와 그 흐름을 같이 한다."[43]고 언급한 것과 같이 건축은 '자연의 운행(運行)' 과 '도(道)' 의 움직임에 순응하는 태도를 중시하는 도교 사상과 공명해왔다.

도교적인 관점을 중시한 유학자의 사례로 이언적을 들 수 있다. 조선 중기의 문신이자 영남학파 성립에 중요한 역할을 했던 회재 이언적은 주자가 은거하며 학문을 추구했던 행실을 본받아 벼슬에서 내려와 자연과 하나가 되는 학문을 추구했다. 그는 자연에 은거하며 일상생활에서 선비의 이상적인 수행을 가능하게 하는 건축물을 구축했다. 그가 지은 독락당을 살펴보면 동북아의 유불도의 특성이 종합된 것을 확인할 수 있다. 그의 학문 태도와 건축의 방향성은 도교의 영향을 받아 신선과 같이 유유자적하게 자연과 동화되는 건축인 동시에 유교의 정치적 욕망을 성취하고사 하는 미음을 동시에 공간에 투사하고 있다. '회재의 세계관은 신선과 같이 여유롭고 유, 불, 도의 세계관과 같이 넓어진 것을 뜻한다. 그리하여 주변의 뭍 봉우리들 가운데 4개를 골라 환경적 다이어그램을 만들었다. 그는 또한 계곡의 숱한 바위들 가운데 다섯 곳을 골라 이름을 붙였고 기능을 부여했다. 물고기를 바라보는 관어대, 목욕하고 노래를 부르는 영귀대, 갓끈을 풀고 땀을 식히는 탁영대, 마음을 평정하는 징심대, 그리고 잡념을 씻어버리는 세심대, 이제 회재의 눈에는 산은 산이 아니라 도학적 상징들이며, 바위는 은거를 위한 특별한 장소가 되었다.'[44]라는 의견처럼, 조선 시대 대표적인 유학자의 한 명인 이언적의 경우에도 삶과 주거에서 도교적 자연관의 영향이 강하게 투사되어 융합되어 있는 것을 확인할 수 있다.

43) 함성호, 철학으로 읽는 옛집, 열림원, 2011, p81
44) 김봉렬, 김봉렬의 한국건축 이야기2_앎과 삶의 공간, 돌베개, 2006, p104

불교 사찰건축 역시 자연과의 관계를 중시하여 구축되었다. 일반적으로 우리나라의 사찰은 대부분 산지에 위치하고 있는데, 산지 사찰의 배치에는 공통적인 공간적인 문법의 특성이 있다. 우선 개천이나 시냇물 혹은 연못을 건너면서 속세와는 구분되는 신성한 영역에 최초로 도달하게 된다. 이후, 일주문을 지나면 비로소 사찰의 영역에 진입하게 된다. 사천왕이 배치되어 있는 문을 통과하며 악귀를 쫓고 방문자는 속세의 미련과 잡념을 버리고 본격적인 종교의 영역으로 들어서게 된다. 이후 사찰영역의 누각 하부로 진입하게 되면서 종교적 감정이 최고조에 이르고 난 후, 펼쳐지는 탑 혹은 대웅전의 부처상에 이르게 되면 종교적 희열의 최고조 감정을 경험하는 구조를 보인다. 따라서 대웅전과 불탑은 이러한 공간적 시퀀스에서 후반부에 위치하고 산지 지형의 후반부인 높은 지형에 배치되게 되었다. 종교적 열정의 클라이맥스를 향해 순례하는 공간구조는 다시 최고조의 종교적 희열과 감동을 경험하게 된다. 이후 사찰은 참배객이 다시 전체의 세계가 부처의 법이자 자기의 참 자아(진여)임을 자각하고 다시 속세로 나아가 불법(佛法)을 올바르게 행하고 전도해야 함을 깨달을 수 있는 구조로 구축된다.

한국의 종교적 시퀀스의 특징에서 중요한 것은 단순하게 외부에서 하나의 주된 건축물을 중심으로 대상화하며 바라보게 되는 것이 아니라 철저하게 방문자의 경험을 중시하는 '과정의 건축' 이라는 점과 내부에서 외부를 바라보는 방향으로 축을 변화시켜 배치하는 건축이라는 점이다. 따라서 한국 사찰건축과 기타 서원건축 및 주거 건축에서의 시퀀스는 이렇게 축과 다양한 과정적인 경험구조를 발견할 수 있다. 범아일여(천인합일)의 사상적 특성이 개체의 이동에 따라 전체와 자연과의 상호감응(感應)을 하면서 전체와 일체감을 형성하고 있기 때문이다. 이처럼 한국건축은 자연과의 관계를 주요하게 고려하여 건축물들을 배치했다.

고려 시기의 산지 사찰들은 산지 지세에 맞추어 여러 차례에 걸쳐 굴곡진 지형에 순응하면서 비대칭적인 배치를 보인다. 그것은 일반적으로 권력 및 종교 공간에서 보이는 엄격한 기하학적 대칭의 기법과 질서를 따르지 않는다. 우리나라의 건축은 각각의 산지 지형의 지세와 물의 지세라는 외적 변수의 존재를 인정하여 이에 순응하고 타협하는 배치를 보이는 것이 가장 큰 특징이라고 할 수 있다. 그러한 이유에는 산지, 구릉 지역이 70% 이상을 차지하는 한국의 여건상 건축군을 배치하는데 있어서 기하학적 배치를 온전하게 성취할 수 있는 적절한 대지를 찾기 힘든 현실적인 면이 있기도 하다. 그러나 기본적으로는 기의 흐름이 응축된 결과로 드러난 것으로 보는 자연(산지)의 지세를 존중하여 이에 거스르지 않고 하나가 되고자 하는 천인합일의 자세가 중시된 점이 더 주요하게 작용했다. 선조들은 무언가를 건축하는데 있어서 자연의 기의 흐름으로 굳어진 자연 지세(지형)를 거스르거나 변형하는 것을 극도로 삼갔던 것이다.

또한 사찰에도 찾아볼 수 있는 누각 건축과 정자 건축은 동북아 건축 가운데 한국에서 가장 독특한 방식으로 발달했다. 일반적으로 누각은 변화무쌍한 지형을 한눈에 바라보는 위치에 배치된다. 이때, 이 누각의 향은 보통 남향보다는 그 영역에서 가장 뷰가 좋은 축을 향하게 되므로 전체 건축군의 기하학적 축을 벗어나거나 어긋나는 경우가 많다. 이러한 방식은 모두가 천인합일을 이루려고 하는 정신의 발로였다. 누각은 자연 지형에 거스르지 않고 살포시 놓이게 된다. 이러한 자세는 자연과 내가 하나가 되어 조화롭게 자연의 순리에 따라 사는 것을 중요한 미덕으로 생각했던 동북아의 각종 사상, 문화, 생활방식이 결합되어 나타난 것이다. 앞서 살펴본 모든 사례들은 이렇게 자연과 합일되고자 하는 태도에서 기인한 것이었다.

0116 인도의 가람배치와 생명력의 조화

인도 문화의 특성은 생성의 다양성 가운데 통일성의 논리적 질서가 존재한다는 점에 있다. 이러한 특성에 걸맞게 인도의 신전은 자연의 다양성과 창발을 상징하는 장식과 색채들이 화려하게 건축물 겉면에 적용되어 장식되며 발전했다. 특히 인도는 선사시대 때부터 연꽃을 신성하게 여기는 문화가 있었다. 여러 장식과 함께 화려한 색상으로 채색하는 것도 일반화되었다. 인도 특유의 외부 환경으로부터 영향을 받아 자연과 생명의 창조와 창발을 상징하는 다양한 표현 방법이 발전한 것이다. 그것은 상당 부분 원시 부족의 주술적 몸치장 및 제례의식 공간을 치장하는 방식에서 기원하고 그것이 발전한 것들이다. 인도의 신전은 단순히 추상적 방식으로 공간과 면을 단순하게 표현하지 않는다. '인도인들은 벽면 대부분을 그대로 놔두는 경우가 거의 없고 장식을 꽉 채우는 경향이 강하다. 오히려 꽉 채워야 건축이 완성되는 것으로 생각한 것이 아닐까 싶을 정도로 많은 장식으로 채워져 있다. 카주라호 신전을 채우고 있는 미투나 조각상들은 각종 성행위와 나체의 신상들로 채워져 있다.'[45] 이것을 오늘날의 시각으로 외설적으로 보는 것은 바람직하지 않다. 그들은 남녀의 결합과 환희는 둘의 경계를 허무는 무아지경이 해탈의 순간과 유사한 것으로 보았으며(탄트리즘) 자연의 생명과 창발의 궁극적인 모습을 찬양하며 그러한 종교적 의미의 순간을 풍부한 장식으로 표현한 것이다. 조각상의 남녀의 교합의 미소는 성(性)을 통해 자신을 잊는 무아지경 속에서 범아일여의 환희의 순간(엑스터시)을 경험하는 것을 찬미하는 것으로, 서구 문명권에서 성(性)을 터부시하는 것과는 대조적이다. 그것은 세속적인 관점에서 보아야 할 것이 아니라 인도의 여러 외적 조건(자연과 생명의 창발)에서 발현한 종교적 열정이 표현된 것으로 보아야 할 것이다. 이렇게 자연의 생명력을 숭배하는 인도 문화의 특성은 초자연적인 사건들과 끊임없는 자연의 창발이라는 외적 조건에서 나타나는 것으로, 창조의 신인 시바신의 풍요로운 생명성을 찬양하는 문명의 특성이 종교적 형태로 드러난 것이다. 이처럼 인도 건축의 중요한 특징은 건물장식을 시각언어로 강조하여 사용했다는 점에 있다. 그것은 에로티시즘이 자연의 생명력으로, 또 종교적 열정으로 승화된 것으로 볼 수 있다. 또한 탑이나 오벨리스크 등의 수직적 건축 요소들은 정치적 권위, 종교적 숭배의 의미가 있는 것으로, 문화 인류학적인 관점으로 보았을 때, 샤머니즘이나 토테미즘의 남근 숭배 사상이 좀 더 세련된 형태로 발전한 것으로 볼 수 있다. 이러한 측면에서 인도에서

45) 미투나 조각상들은 7-8세기에 성행한 인도 탄트리즘(tantrism)의 영향이다.

코끼리가 숭배되는 문화를 생각해볼 수 있는데, 코끼리의 강력한 힘과 긴 코는 인류 공통의 남근 숭배풍습이 적용된 것으로도 해석할 수 있다. 또한 동북아 사찰건축이나 궁궐건축에서 보이는 공포의 화려한 형태와 단청의 화려한 색채는 일정부분 인도 문명(북부)의 생명력과 창발성 그리고 풍요로움을 찬양하는 종교적 특성에서 영향을 받은 것으로 해석할 수 있다.

이렇게 자연의 생명력과 초자연적인 힘에 대한 찬양은 성을 터부시하는 서구의 경향과는 다른 것이며 천인합일과 순환성을 강조하는 베다의 전통과 연계되며 일맥상통하는 것이다. 인도의 가람배치는 숭배의 대상을 강조하기 위해 논리적 구성과 생명력의 찬양의 경향이 합쳐져 나타났다. 그것은 서구의 논리적 특성과 인도 특유의 생명력과 풍토의 외적 변수와 순환적 사상이 결합된 것이라고 볼 수 있다. 이러한 특성은 건축적으로 논리적인 기하학적 주랑(柱廊)과 부속건물의 배치방식으로 적용되었으며 숭배의 대상이 되는 탑은 다양한 생명력의 표현과 조각상 그리고 남근 숭배적인 탑의 형태로 다양하게 변용되면서 서구의 논리성과 동양적인 특성이 접목되는 사원의 형식과 경관을 형성하게 되었다. 이러한 경관과 색채 그리고 공간구성은 동북아로 전파되어 지점적인 구성에서 점차 지역의 특성과 동북아의 사유 및 문화의 외적 변수들이 가미되어 현지화되면서 배치 및 공간구성과 경관의 변화를 보이게 되었다.

사찰 가람의 구성과 변화의 의미

인도의 가람으로부터 중국을 거쳐 한국의 사찰에 이르기까지 특성의 변화를 살펴보는 이유는 무엇일까? 그 이유는 불교 사찰건축이 궁궐이나 사찰 등 격식이 있는 대규모의 단지 혹은 건축군을 형성하는데 있어서 도움이 되었기 때문이다. 사찰건축은 수준있는 건축문화와 기술이 동북아에 도입되고 난 이후, 현지화를 이루며 특유의 현지 건축문화를 형성하는데 많은 역할을 한 종교건축이기 때문이다. 당시 선진적인 건축문화의 기술과 형식의 변용은 지역적 풍토와 사상과의 융합을 거쳐 토착화되면서 자체적인 풍토건축의 특성을 생성하며 발전했다. 동북아에서 불교 건축은 종교 및 권력을 위한 건축의 보편적인 특성과 함께 현지화와 동북아 사유의 결합으로 인해 나타나는 고유의 특성들이 함께 적용되며 전개되었다. 따라서 그 과정에서 나타났던 토착화의 방법론을 살펴보는 것이 유익하다. 이제 초기 가람에서 이후 선불교 건축의 변화 과정을 살펴보기로 하자.

0117 초기 불교 가람과 사찰 공간구성 방법론의 전파

'가람(伽藍)' 은 인도의 범어를 음역한 '사찰' 의 단어이며 가람배치(伽藍配置)란 사찰건축의 형식화된 틀, 혹은 정형화된 공간배치를 의미한다. 아직 경전의 체계나 종교적 공간과 상징성의 체계가 제대로 설립되지 않은 상황이었던 부파불교 시대에 부처의 제자들은 입적하고 화장(火葬)한 이후, 대량으로 나온 부처의 사리를 나누어 각지에 스투파(탑파: 탑)를 세우고 안치하였다. 스투파는 부처의 사리가 안치되어 있는 까닭에 부처의 또 다른 분신(分身)으로 여겨졌다. 이윽고 스투파는 주위의 울타리와 적절한 상징성을 갖는 숭배 대상으로서 상징이 되었다. 신도들은 부처의 실질적 상징이자 무덤인 스투파(사리탑)을 경배하면서, 그 앞에서 절하고 탑돌이를 하는 방식으로 경의를 표하게 되었다. 어느새 스투파는 부처 그 자체인 것으로 숭배되었다.

'스투파 주위에서는 우측으로 스투파를 돌며 불교 의식을 치른다. 스투파 주변은 사람들이 줄지어 사리탑을 돌 수 있도록 바닥을 포장하고 난간을 설치했다. 처음에는 나무로 난간을 만들었으나 나중에는 돌을 사용하면서 표면에 여러 가지 조각을 했다. 이를 난순이라고 하는데, 그것은 신성한 장소를 구획하고 스투파를 더욱 위엄있게 보이도록 하는 장치이다.'[46] 또 이같은 대문의 형태는 불교 스투파의 대문인 토라나에 그대로 계승되었으며 후대에 가서 남부 인도의 힌두교 사원의 탑 문인 고푸라에까지 그 영향을 미친 것으로 추정된다. '불교의 토라나 형태는 동아시아에 전해져서 중국의 패루(牌樓)의 구조 형태와 한국의 홍살문 및 일본의 도리이(鳥居) 형태에도 영향을 준 것으로 생각된다.'[47] 인도 가람배치와 스투파(탑)의 영향이 동북아에 영향을 주게 된 것을 확인할 수 있는 대목이다.

이후 이것이 동북아로 넘어오게 되면 원형의 스투파가 사각형의 탑으로 변형되었고 층별로 나누어지면서 높이 솟아올라 멀리서도 부처의 상징인 탑이 보여질 수 있도록 스케일 면에서 거대화되었다. 재료도 목재, 석재, 전돌(벽돌)로 지어진 전탑에 이르기까지 다양한 종류의 탑이 구축되었다. 수행의 정도와 공력이 높음에 따라 사리가 많이 나온다는 불교의 언설대로 부처 사후, 실제로 사리가 많이 나오기는 했으나 부처의 사리 자체는 한정적이어서 이후 수없이 많이 건립된 사찰과 스투파에 사리를 제공하기가 힘들어지게 되었다. 이에 따라 각 탑에는 사리 대신에 부처의 말씀이 적힌 불경을 내부에 안치하여 봉합하고 높게 구축했다. 이로써 스투파는 또 다른 차원의 부처의 상징이 될 수 있었다. 부처의 말씀 자체가 하나의 법신(法身)으로서의 상징성이 있었기 때문이다. 이때부터 탑은 그 중요성이 점차 감소되어 이후 부처의 형상(불상)을 제작하여 중심 건축물(전각) 안에 앉히고 그 형상 자체를 경배하는 형식으로 변형되었다. 공간 구조적으로 보았을 때,

46) 박윤준, 정승진, 아시아 건축의 이해, 서울하우스, 2010, p20
47) 윤장섭, 인도의 건축, 기문당, 2002, p43

인도의 가람배치는 인도 종교 혹은 철학 혹은 논리학과 마찬가지로 기하학적인 배치와 논리적 배치 형태를 보인다. 이것 역시 인도의 언어적 특성과 함께 서양의 논리적, 합리적 사유 방식의 영향으로 볼 수 있다.

앞서 언급한 바와 같이 일반적으로 종교가 성립하는데 있어서 크게 네 가지의 근본 구조가 필요하다. 찬송과 율법, 철학, 제례 의식 등이 그것이다. 마찬가지로 종교시설의 공간 프로그램에 있어서도 숭배의 대상을 모시거나 제례 의식을 행하는 영역, 교리의 경전이 보관되고 교리의 가르침을 베푸는 곳(학습의 공간), 수행을 하는 영역, 그리고 사제 혹은 종교인이 생활하는 영역 및 부속 기능의 영역 등으로 구분되어 종교 행위가 일어나는 시설로서 종합적으로 기능하는 공간구조가 성립되었다. 일반적으로 불교 사찰에 필요한 기능으로, 탑(塔)과 그 밖의 여러 부속건물과 필요 시설들인 금당(金堂), 문(門), 회랑(回廊), 강당(講堂), 경루(經樓), 종루(鐘樓), 승방(僧房) 등의 건물들이 유기적으로 프로그램과 연계되어 나름의 규칙을 이루며 배치된다. 이와 동시에 그러한 기능들은 외곽부에 회랑으로 둘러싸 종교건축의 영역을 형성한다. 인도에서는 이러한 프로그램이 배치될 때 비교적 엄격한 기하학적 배치와 위계를 보이며 발전했는데, 그것은 매우 논리적인 구성을 보인다. 그러한 경향은 인도인에게 서양의 논리적 경향이 반영된 것으로 보아야 할 것이다. 동북아에 불교가 전파되었던 초기에는 이렇게 논리적이고 기하학적인 배치가 주를 이루게 되고 이후 현지화되었다.

삼국시대 초기에 설립된 사찰들 대부분은 교종(敎宗)을 중심으로 하며 '1탑 3금당식'의 탑이 중심이 되는 가람배치를 보인다. '외국의 앞선 문물을 도입하여 일반 귀족보다 월등한 문화 수준을 과시하고자 하는 것은 권력을 집중한 왕권의 공통된 성향이다.'[43]라고 언급한 대로 초기 사찰의 가람배치는 대부분 왕실과 가까운 도시의 평지에 위치하며 일반 백성이 접근하고 받아들이기에도 편리한 위치에 상징적으로 건립되었다. 그것은 마치 서양에서 중세시대에 광장이 상징적인

48) 김동욱, 한국 건축의 역사, 기문당, 2013, p74

교회를 중심으로 배치되고 주변에 관련 부속건물들과 행정기관 및 주거들이 배치되는 양상과 유사하다. 삼국시대에는 궁성과 그 근처에 위치하는 불교사찰의 위계와 주변의 도시조직의 형태가 이와 유사한 측면이 있었다. 왕권 강화를 위해 왕실의 전폭적인 지지를 받으며 발전한 불교는 초기에 교학이 절대적으로 우세했다. 어떠한 종교가 전파되고 그 나라에 익숙해지고 성숙되기 전까지는 문자로 기술된 경전이 중요한 역할을 하기 마련이다. 초기에 많은 사람에게 생소한 불교의 개념과 교리를 소개하고 전파하기 위해서는 권력이 중심이 되어 탑다운 식의 교리전파가 먼저 이루어져야 했을 것이다. 최초에 불교에 대한 개념전파는 글자로 보존되고 승려들과 신도들에게 전파되면서 이용되어야 했기 때문일 것이다. 통일신라는 당시 선진국이었던 당나라의 문물을 수입하면서 건축기법과 제도에 대한 부분에서도 비약적인 발전을 이루게 된다. 전당(殿堂)을 새롭게 건축할 때 목조구조의 구축 및 표현에 있어서 좀 더 세련된 방식의 기술발전이 있었다. 그 배경에는 국가 중심으로 중앙 행정제도 안에 건축을 담당하는 부서를 둠으로써 관에 필요한 시설구축을 전문적으로 담당하게 하는 건축기술자들과 행정 관료들을 안정적으로 확보할 수 있었다. 통일신라 시기에는 관급공사에 있어서 효율성을 꾀하고 기술전파가 제도권에서 안정적으로 진수될 수 있도록 했다. 이를 통해 통일신라 시기의 건축술은 분업화와 전문화가 이루어져 한층 기술의 실시와 발전 및 전파가 체계적으로 관리될 수 있었다.

교종이 중심이 되는 사찰은 주로 궁성이 배치되는 평지 지역에 위치하며 대승불교가 주된 불교의 흐름이 되기 이전의 형태에서 보이는 것과 같이 스투파(탑)가 예배의 중심이 되는 일직선상의 배치와 함께 그 주변 공간을 그리드 체계의 회랑으로 둘러싸는 엄격한 배치를 보이는 것이 일반적이다. 이러한 특징은 교종의 계율과 학문적 특성을 반영한 논리적인 건축구성을 보이는 것과 무관하지 않다. 그러나 직관적 깨달음을 중시하며 토착화된 선불교에서는 산지 사찰이 주로 구축되었고 종심의 건축적 시나리오를 반영하며 지형과 산세를 고려하여 탄력적으로 형식을 변화시키고 장면을 세밀하게 조정하는 건축적 방식이 발전한다. 이 모두는 주변의 자연의 특성을 반영한 것으로, 해당 지역에서 숭상하는 신선과 같은 영험한 지위로 포섭시키던가, 아니면 초월적인 신의 존재로 격상하는 방식으로 부처의 위상을 높이는 방식으로 발전했다. 모두가 도교의 영향과 상호반응으로 나타나는 것들이라고 볼 수 있다.

0118 탑의 배치 및 사찰 공간구조 변화의 의미

인도에서는 스투파를 중심으로 영역을 각각 설정하고 기하학적으로 기다란 회랑으로 둘러싸고 구분함으로써 종교로서 위계와 권위를 설립하고 보조하는 공간구조적 기법을 발전시켰다. 이러한 논리적, 단계적 구분과 권위의 설립을 보조하는 공간화와 건축기법은 사찰건축의 가람배치로서 동북아에 전파되었다. 동북아의 사찰건축은 탑과 금당의 관계에 따라 1탑 3금당식, 1탑 1금당식, 쌍탑식 가람배치 등으로 분류되고 있다. 그러나 이러한 구분은 중국을 거쳐 한국에 전파되었을 때 원시불교에서 탑을 중시하는 1탑식 가람배치로부터 이루어진 것이다. 시대의 변화와 함께 삼국의 사찰은 점차 다양한 불교 종파의 유입과 종파 사상 및 문화 특성의 건축적 적용이 이루어졌고 한국의 지역적 특수성에 의해 변형되며 다양한 형태로 발전되었다. 처음 불교가 전파되던 시기에는 삼국이 모두 1탑 3금당식(一塔 三金堂式)을 기본으로 하는 배치방식을 채택했다. 고구려가 최초로 불교와 사찰의 가람배치를 도입했을 것으로 추정되며, 백제는 탑을 중심으로 동서 좌우에 금당·석탑·중문이 배치되어 있는데, 이러한 형식은 이후 일본에 전파되어 아스카사(飛鳥寺) 등의 초기사찰의 금당 배치에 영향을 끼치게 된다.

통일 신라 시대에는 쌍탑식 배치가 성행하게 된다.[49] 일반적으로 1탑식 배치는 부처를 상징하는 탑이 중심이 되는 것이며 쌍탑식 배치는 양쪽의 탑을 중간에 위치하는 금당(내부의 부처상)을 더욱 중시하는 구조라고 언급되기도 한다. 그러나 일률적으로 그러한 분류가 맞는 것은 아니다. 금당(부처상)과 탑은 계속

49) 망덕사지(望德寺址), 보문사지(普文寺址)는 목탑이, 감은사지·천군동사지(千軍洞寺址)·불국사 등에서는 석탑이 배치되었다.

해서 신앙에 있어서 중요한 역할을 해왔기 때문이다. 분명한 사실은 앞서 언급한 대로 탑의 의미가 사리가 안치되어 있는 부처의 직접적 상징에서 말씀을 안치하는 가운데 상징성에서 중요도가 떨어지면서 금당의 부수적인 존재로 의미가 축소되고 변화되었다는 점에 있다.

'대승불교가 성행하면서 그 이전에는 인간으로서 드물게 깨달아 해탈한 자임을 의미하던 부처가 점차로 초월적인 신과 같은 존재로 신격화되면서 불상 조각이 종교의 예배와 기도의 대상이 되었다. 이와 같은 신격화(神格化)의 종교 개념은 후대에 가서 힌두교에 도입되어 개인의 지적 노력에 의한 깨달음과 더불어 신에 대한 믿음, 헌신과 복종을 중시하는 박티(Bhakti) 종교사상의 출현을 유도하게 되었다.' 50) 이와 같이, 소승불교 시기에는 연꽃 혹은 수레바퀴 등의 상징적인 장식 위주였고 부처의 직접적 화신이라고 할 수 있는 스투파를 중심으로 하는 예배와 공간이 주로 구성되었다면 점차 대승불교에 이르러 숭배의 요소가 강조되는 종교로 발전하게 되었다는 것이다. 이에 따라 탑(스투파) 중심의 구성에서 본존불이 안치된 대웅전을 중심으로 하는 공간구성으로 발전하게 되었다.

동북아 사찰건축과 동남아 사찰건축에서 공통으로 나타나는 부분은 가람배치와 방사형 대칭의 구조, 즉 만다라 식의 배치를 보인다는 점이다. 이것은 세상이 운행되는 법칙에 대한 불교적 관점의 공간상의 상징화, 구체화라고 할 수 있다. 자연의 운행과 불국토의 법칙, 그리고 그 공간을 체험하는 자아가 진여(眞如)를 만나면서 범아일여가 이루어지는 장소라고 할 수 있기 때문이다. 앙코르와트도 이러한 가람배치와 함께 서쪽을 향하고 있는데, 이것은 만다라의 영향이나 인도 가람의 영향과 함께 태양이 지는 사후 세계(서쪽)을 상징하는 것이기도 하다. 전형적인 형식에서 벗어나 점차 탑의 중요성이 축소되고 영역화의 중요성이나 장(field) 이론의 중요성이 강조되는 형식으로 변화하는 것은 상징성보다는 자연의 법칙과 흐름에 맞추어 토착화를 이루고 있는 방식으로 달리 이야기할 수 있을 것

50) 윤장섭, 인도의 건축, 기문당, 2002, p84

이다. 또한 도교적인 도의 특성과 우주 운행의 법칙이 접목되는 과정으로도 달리 이해할 수 있다. 그것은 각 요소의 기가 상충되며 힘의 경쟁을 통해 자기의 위치를 찾아가는 과정과 유사하며, 그것은 불교사찰 건축물의 각 채가 자신의 배치 위치를 찾아가는 과정과 유사하다. 이처럼 각 요소는 하나의 공간 안에 그 시대의 요구사항과 중요성에 따라 힘의 경쟁을 통해 분화되고 변화하며 자신의 위치를 찾아가며 최적의 상태를 만들어나가면서 토착화, 현지화되었다.

0119 도교적 현지화, 선종의 건축적 현시

통일신라 시기에 이르게 되면 통일국가로서의 기틀을 확립하기 위해 기존 영토 이외 지역의 호족 세력과 국민의 통합을 이루어야 하는 국가적 필요성이 강하게 요구되었다. 당나라에서 유학 후 귀국한 의상은 대승불교의 주요 종파인 화엄종을 중심으로 국력을 통일하는데 사상적 구심점으로서 적극적인 역할을 했다. 또한 의상은 통일된 신라의 국토에서 영험함이 깃들어 있는 전국 각지의 명산에 사찰을 건립했다. 이러한 지역들은 해당 지역 호족의 근거지이자 동시에 종교적인 측면에서 토착적인 원시 토테미즘과 샤머니즘이 강하게 위세를 떨치는 곳이 대부분이었다. 사찰이 건립된 산간 지역에서 토착적인 민간신앙은 불교에 흡수되었고 불교 역시 민간신앙을 적절하게 포용하면서 자신의 교세를 확장했다. 그곳에 불교의 사찰을 건립하는 것은 중앙 권력과 연계된 불교의 침투를 통해 사상 및 행정적으로 중앙의 권력이 세력을 형성하여 실질적인 통제가 가능하게 됨을 의미한다. 특히 의상이 강조하는 화엄종은 당 제국의 통일화를 위한 제국의 논리가 적용된 불교사상이다. 화엄의 일즉다 다즉일(一卽多 多卽一) 사상은 전체가 하나이고 하나가 전체임을 강조하며 마치 꽃과 같이 피어나듯 개별 백성들과 전체로서의 국론과 국력을 통일할 수 있는 사상으로 기능했다. 화엄종은 꽃으로 장엄하게 이 세계를 장식하는데 그 세계를 장식하는 것은 바로 각 개체(자아)가 꽃피운 불성이 전체적인 측면에서 화려하고 장엄하게 하나로 움직이는 것이다. 이런 측면에서 화엄종에서는 한 개체 자체가 하나의 '소우주'라고 생각한다.

의상과 선묘낭자의 이야기는 신라 왕족인 의상과 당나라의 귀족의 자제인 선묘 낭자와의 로맨스를 보여준다. 이와 함께 의상과 선묘가 단순히 공부만이 아니라 당시 복잡한 국제 정세속에서 스파이로서 역할을 하지 않았을까 하는 추측을 하기도 한다. 실제 두 사람이 어떻게 사랑을 키웠는지는 알 수 없으나 의상은 당나라의 신라 침공 사실을 알리고자 급히 귀국했고, 선묘낭자는 바다에 투신했다고 전해진다. 송고승전(宋高僧傳)에는 의상이 부석사의 위치를 선정하고 화엄 교학을 설파하고자 했으나 기존의 종교적 기득권인 권종이부(權宗異部)가 방해하며 저항했다고 한다. 그런데 이때 선묘낭자가 용으로 변신하여 공중에서 거대한 바위를 떨어뜨렸다고 전해진다. 불가사의한 광경을 목격한 이후, 이들이 항복했다는 전설이 전해져 온다. 이는 삼국통일 후 고구려 저항 세력의 근거지를 통합한 상징적인 의미와 함께 군사적인 요충지를 굳건하게 보호했다는 의미가 있다. 실제로 부석사의 입지는 소백산맥이 잘 보이는 군사 요충지의 주요한 지점을 차지하고 있다. 의상이 세운 전국의 주요 십찰(十刹)의 위치와 전략적 입지는 대부분이 옛 고구려와 백제의 접경지 혹은 전략적 요충지, 혹은 옛 왕조의 잔존 세력의 거점지였다. 이처럼 산지에 배치되면서 기존 정치 세력과 토착 종교의 특성이 접목되는 가운데 불교 사찰은 기존의 최소한의 형식을 갖추면서 적절하게 형식을 벗어나는 파격의 구성을 보이게 되었다. 이렇게 미세한 장면의 조정을 통해 자연과의 조화를 이루어나가는 방법론이 발전하게 된 것은 한국건축의 선종 미학의 독특한 특성이 되고 있다.

'화엄종이 널리 받아들여지면서 사찰들은 도시보다는 산에서 더욱 많이 설립되기 시작했다. 화엄종은 천지 만물이 모두 비로자나불의 화신이라고 본다. 또 신라의 국토에 부처와 보살들이 상주한다고 설교했다. 때문에 땅에 영혼이 있다고 믿는 민간의 영지 신앙을 수용할 수 있는 교리적인 포용력이 있었다.'[51]라는 의견과 같이 화엄종과 함께 선종이 유행하기 시작했던 당시의 중국불교의 경향에 맞추어 보았을 때도 번잡한 도시보다는 한적한 산속이 참선을 중심으로 하는 수

51) 박윤준, 정승진, 아시아 건축의 이해, 서울하우스, 2010, p117

행에 있어서도 적합한 곳이었을 것이다. 실제로 신라 말기에 선종이 수입되었고 산속에 위치한 사찰은 더욱 숫자가 많아지게 되었다. 자연적인 지형을 유지하면서 최대한 지형에 순응하는 배치를 실행한 이유에는 "산과 계곡이 모두 부처의 화신이고 신성함이 깃든 곳이라면 지형을 크게 훼손하는 것은 믿음에 어긋나는 행위"[52]라는 생각 때문이었다. 또한 자연의 기가 굳어진 산맥과 물의 흐름에 순응하며 거스르지 않는 배치는 한국인들에게 도교적 관점의 내재적 질서에 순응하는 너무나도 당연한 자세였다. 주어진 외적 변수를 적절하게 이용하면서도 그 당위성을 내세울 수 있는 것은 불경의 해석으로 볼 수 있다. 한국 불교사찰의 대부분은 산지 지형에서 그나마 가장 넓고 상징적인 상부의 자리에 불상과 탑을 모시기 위해 중심공간과 전각을 위치시키고 나머지 공간은 축과 향을 고려하여 지형과 주변 여건에 맞게 배치하는 경향이 강하다. 따라서 기하학적 배치를 생각했을 때 한국건축의 특성은 필연적으로 지형과 여건에 맞추어 기본 형식을 탈피하는 변칙적인 배치방식을 보인다. 실제로 부석사의 배치는 소백산의 유려한 경관을 시원하게 바라볼 수 있는 방식으로 배치되어 있다. '축의 방향이 변화하는 것은 내부에서 외부를 바라보았을 때 가장 적합한 시각적 뷰를 확보하기 위한 내부에서 외부로의 방향성이 적용된 결과이다. 석축의 각도는 안에서 밖을 보는 관점에서 결정된 것으로 역시 경험 주체의 위상의 변화를 반영한다.'[53] 이것은 범아일여의 생각이 개체로부터 전체세계로 향하는 시각을 중시한 결과이다. 한국건축에는 늘 이러한 방식으로 미세한 축의 변환이 이루어진다. 사찰뿐 아니라 살림집에서도 그렇다. '대전 동춘당의 사당은 오른쪽으로 조금 틀어져 있는데 사당에서 안산을 바라보는 풍수적 이유 때문이다. 경험 주체는 진입 시에는 마당에서 건물을 바라보지만 사당에서는 안에서 밖을 바라본다.'[54] 이처럼 한국건축은 건축물 자체의 형태와 경관보다는 주변의 자연지세와 외적 변수를 바라보면서 자신과 자연과의 관계 설정에 중점을 둔다. 이러한 특성은 동북아 건축의 특성이기도 하지만 외적 관계를 중시하는 부분은 특히, 한국건축에서 두드러지게 나타난다. 이 역시 자연과의 관계를 중시하면서 자연의 외적 변수에 탄력적으로 대응하고 세밀하

52) 박윤준, 정승진, 상게서, p118

53) 이상헌, 한국 건축의 정체성, 미메시스, 2017, p173

54) 이상헌, 상게서, p173

게 장면을 조정하며 영조(營造)해 나가는 산지 사찰의 건축적 자세와 연계된다. 안영배는 '흐름과 더함의 공간'을 저술하면서 한국건축의 본질 중 하나를 자신이 속한 공간 요소들을 자연과 하나가 될 수 있도록 계속해서 조정해나가며 조화를 이루어가는 것으로 보았다.

도교의 주역체계와 풍수지리 사상

인도의 베다(우파니샤드)와 이후 불교에서 보였던 사상적 특성들은 동북아에 전파되어 도교의 관점으로 해석되며 발전하게 되었다. 동북아에서 유, 불, 도가 서로 영향을 주고받으며 극한의 대립이 없이 공존할 수 있었던 데에는 동양의 '내재성의 사유'라는 공통분모가 존재했기 때문이다. 자연(신)과 인간을 하나로 연결하고자 하는 것과 마음속의 아트만(진여, 眞如)과 세계가 하나라는 깨달음인 범아일여(梵我一如)를 추구하는 자세는 공통적으로 각자 자신의 내재화되어 있는 신적 속성을 온전하게 깨닫고 일체화하고자 하는 동양인의 자세(윤회, 도덕 보존의 법칙, 순환)와 연결된다. 주역과 음양오행은 내재된 신의 속성인 '세계운행의 법칙'이 세계와 자신에게 공통으로 작용하며 순환하고 있다는 법칙을 상징하며 텍스트화 한 것이다. 더 나아가 도교적 세계관의 정수인 주역 및 음양오행과 그것의 환경 및 지리, 건축과 연계시켜 해석하는 '풍수지리 사상'은 동양적 관점의 세계관과 현실의 지리, 건축적 해결방안이었다는 점에서 새롭게 해석하는 것이었고 오늘날까지도 영향을 주고 있다. 동북아 사유의 특성이 이러한 순환과 운행의 체계에서 드러나기 때문이다. 주역과 풍수지리는 일부 인도의 논리적 세계관의 영향과 함께 토착화된 동북아 도교의 세계관(주역, 풍수지리 등)이 결합되어 정립된 것인 동시에 신과 연결하고자 하는 인간의 종교적 특성이 함께 결합되어 있는 방식으로 이해가능하다. 이제 변화와 움직임의 철학인 주역과 음양오행에 대해 알아보도록 하자.

0120 주역, 음양오행의 원리와 지리, 건축 부문의 적용

주역의 형성에 절대적인 영향을 끼친 세력은 음양가(陰陽家)이다. 음양가는 제자백가(諸子百家)가 활동한 춘추전국 시대 중 전국시대에 음양설(陰陽說)을 신봉하던 학파이다. 세계의 운행, 즉 사계절의 운행이나 일이 되어가는 형국의 추이(推移)를 살펴보면 자연 운행의 법칙에 대해서 이해할 수 있게 된다. 음양가는 그것을 사람의 행위나 사건 등에 적용하여 판단하고자 했으며 순리대로 중도적인 관점에서 행하면 흥하게 되고, 거스르면 해를 입게 된다는 상생(相生)과 상극(相剋)의 관점으로 세상의 이치를 이해하고 설명했다. 그들은 인체의 운행에 있어서 상생의 음식과 생활 조건을 추구한 것과 같이, 마찬가지로 일상생활에 있어서 상극의 흉한 형국을 피하고 외적 변수에서 상생의 조건들을 찾고자 했다.

－주역(周易)

주역은 '주(周)나라의 역(易)' 이란 뜻이며, 유교의 경전(經典)의 3경(三經) 중 역경(易經)을 의미한다. 주역을 다른 명칭으로 변역(變易)이라고도 하고 영어로는 'The book of changes' 즉, '변화에 관한 책' 이라는 제목으로 알려져 있는데, 그것은 천지만물과 자연의 변화원리에 대해서 오랜 시간에 걸쳐 집단 지성들의 경험과학이 축적되어 체계화된 학문체계이다. 일반적으로 주역은 점술(占卜)을 위한 책으로 오해되기도 하지만 거시적으로 보았을 때 동양적 우주관과 세계관을 사유하고 있으며 천지인(天地人)의 삼재(三才)라는 요소들이 모여 조화로운 세계를 이루는 평형의 중도적인 세계를 추구하는 사상서이다. 천지는 말 그대로 세계(우주)이다. 사람이 세계와의 관계에서 하나의 평형(조화)를 이룬다는 것은 그 자체가 범아일여의 일체화를 중시하는 인도의 내재성의 사유와 일맥상통함을 알 수 있다. 하늘과 땅과 그 사이의 인간이 관계를 맺는 천(天)-인(人)-지(地)의 관계와 세계 내의 외적 변수의 연계성은 동북아에서는 무척 중요한 개념이며, 서양에서는 하이데거의 '세계-내-존재' 개념을 통해 세계의 외적 변수에 대응하는 현존재의 존재 의미와 유사하다.[55]

세상의 끊임없는 변화를 사유하는 주역에서, '역(易)' 은 본래 주위의 상황에

55) 서양 근대철학과 같이 생각하는 주체를 절대화하여 객체를 대상화하고 진공과 같은 고요한 상태에서 판단하고자 하는 것에는 여러 가지 폐해가 따르게 마련이다. 자신의 의지와는 상관없이 세계에 던져진 인간은 각종 외적 변수와 위험에 노출되어 있는 존재자이며, 죽음의 불안을 안고 경쟁하며 초극해야하는 '세계-내-존재'이다. 주체는 단순히 진공과 같은 관념속에서만 생각하는 것이 아니라, 인간이라면 누구나 죽음으로 향해가는 불안한 감정가운데, 변화무쌍한 날씨와 외적변수에 적응하고 투쟁해야 하는 세계-내-존재이다.

따라 색깔이 수시로 바꾸는 도마뱀을 상징하는 상형문자이며, '변화' 라는 의미를 도출시킬 수 있다. 역이라는 한자(도마뱀:易)에서 일(日)은 도마뱀의 머리 부분이고 아래쪽 물(勿)은 도마뱀의 발과 꼬리를 상징한다. 혹은 해와 달의 끊임없는 순환과 이행을 상징하는 일월(日月)로 보기도 한다. 도마뱀은 하루에도 12번이나 몸의 빛깔을 변화시키고 해와 달은 끊임없이 낮과 밤을 순환하며 변화된다는 의미를 가지고 있다. 또 변화하는 가운데 '순환' 하는 것은 '대대(對待) 관계' 에 있는 모든 개념의 쌍을 상징한다. 다시 말해, 양과 음은 대칭의 자리에서 서로를 기다리는 관계이며 순환하는 관계라는 것이다. 그것은 상대가 있어야 온전해질 수 있고 의미가 있다. 서로가 서로를 기다리는 관계인 것이다. 그것은 빛과 그림자와 같이 뗄래야 뗄 수 없고 서로 공존하면서 상호보충하는 관계이다. 주역에서 변화는 생명의 창조 과정이며 그 가운데 생명은 최고선이고 절대적인 가치를 지닌 것으로 본다. 주역에서는 변화해 나가는 세계의 운동의 법칙이 있다는 것, 그 자체만이 변하지 않으며 이를 '도(道)' 로 규정한다. '도(道)' 는 자연계의 변화 근본 법칙이며 규범 원리를 의미한다.

거칠고 무자비한 자연에 자신의 뜻과 상관없이 내던져지듯 태어난 각 주체는 '그를 둘러싼 외부로부터 끊임없이 다가오는 자연적, 인위적 외적 변수의 도전에 대응해야만 한다. 이에 각 주체는 이러한 도전에 어떻게 대응할 것인가' 라는 근원적인 문제에 직면하게 마련이다. 또 인간은 불가사의한 자연계의 변화 현상의 패턴을 설명할 수 있기를 계속해서 바래왔다. 이에 인간은 세계의 운행에 대한 상징체계를 구축하였으며 미래를 예측함에 있어서 합리적인 근거를 가진 우주론을 갖기를 원했다. 이러한 니즈에 맞추어 주역은 계속해서 발전하여 송 대에 이르러 더욱 체계화되었고 이 시기에 나온 의리역은 구체적인 현실 속에서 실천의 측면에서 사람이 외적 변수에 의해 자신이 상황을 대처하거나 나아가야 할 방향을 가늠하는데 있어서 실천적 지침이 되었다.

이와 유사하게 불교의 주요 개념 중 하나인 삼법인(三法印)은 근본적인 명제인 '제행무상(諸行無常)' 으로 대표된다. 여기에서 '제행' 은 나의 생각이나 이를 제외한 전체 사물을 모두 포함하는 개념이며, '무상(無常)' 하다는 것은 항상성을 유지하는 동일한 것은 없다는 것, 즉 고유한 실재성을 부정하여 끊임없이 '변화' 한다는 것이다. 결국 '제행무상' 의 개념은 '모든 존재는 변화한다.' , '변화하며 고정되는 것이 없고 무상하니 집착하지 말라' 는 것을 다른 방식으로 표현한 것이다.

동북아에서 자연을 대하는 태도는 이처럼 '자연과 세계의 접면(interface)에서 외적 변수에 자신의 대응 태도를 어떻게 해석하고 맞추느냐' 에 집중되었다. 그러나 서양인의 태도는 이와는 다른 방향성을 보였다. 고대 그리스인들 역시 자연은 끊임없이 변화하는 것이며 덧없는 것이라는 '무상함' 을 느꼈다. 이에 인간이 대응하는 태도는 두 가지로 나눌 수 있는데 첫 번째는 영원한 삶을 얻으려는 종교에 집중하는 것이며, 두 번째는 변화하지 않는 근원적인 것을 추구하면서 그러한 변화를 만들어내는 작용 요소의 로고스(logos)를 탐구하는 것이다. 그것은 불변하는 실체이자 자연과학인 '피시스(physis)' 의 탐구와 발전을 일으키는 원동력이 되었다. 바로 이것이 동양에서 관계와 순환의 변화를 중시하는 태도와 차별화되는 지점이다. 이러한 방향성은 플라톤의 이데아와 아리스토텔레스의 자연과학적 탐구와는 차이가 있다. 아리스토텔레스는 존재 자체와 존재하게 만드는 것을 명확히 구분한다. 그의 논리는 양자택일적 이분법인데, 이에 대한 문제점은 존재와 존재의 본질을 이분법적으로 나눈다는 것이다.[56] 이러한 서양 사상의 특성은 이후 대상화하여 객관적으로 탐구하는 합리적 사유, 과학적 사유에 지대한 영향을 끼쳤고 이에 따라 서양의 기술문명이 비약적으로 발전하는데 영향을 끼쳤다. 그러나 이와는 달리 동양은 대대적 사유와 함께 중심을 잡고 순환하는 사유(中道)가 중시되어 서양의 발전성의 사유와는 근본적인 차이가 있다.

56) 고정불변의 이상적인 관념론을 사유했던 플라톤과 물질과 자연과학적 특성을 사유했던 아리스토텔레스의 성향은 오늘날 서양의 관념론과 자연과학의 발전에 큰 영향을 주었다.

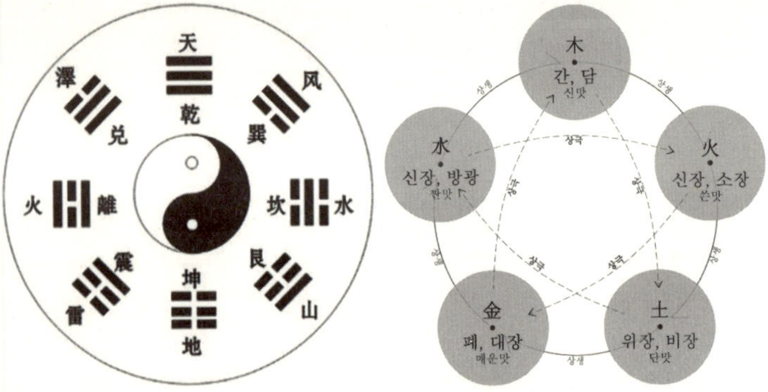

1

주역은 모든 것을 양과 음의 관계에서 나타나는 상황으로 해석한다. 하늘은 양(陽), 땅은 음(陰), 해는 양, 달은 음, 강(양), 약(음), 높은 것(양), 낮은 것(음) 등 대립적인 현상들과 사물을 양과 음으로 나누고 공존하는 가운데 서로의 관계에서 끊임없이 변화한다는 것이 주역의 원리이다. 변역은 음양과 주야의 유행(流行)을 이야기한다. 모든 것이 변화하는데 주역에서는 이러한 변화가 한 번씩 번갈아 이루어지고 변화된다고 생각하는 것이 중요한 특징이다. 동양의 대표적 게임인 바둑에서는 양과 음을 상징하는 흑돌과 백돌이 한 번씩 놓여지고 상대방의 대응을 기다리면서 형세와 변화를 이끌게 되는데, 그것이 이러한 측면과 유사하다. '계사전' 에서 한 번은 음의 방향으로, 한 번은 양의 방향으로 운동하는 것이 '도(道)' 라고 했고 그것이 세계의 보편적인 운동 법칙이자 당위의 규범이라는 것이다. 그것은 대립적인 요소들이 '상호 순차적으로 상대방을 대대(對待)함' 을 이르는 것이다.

이처럼 음양은 본래 음과 양의 '대대(對待)' 관념이다. '대대(對待)' 는 서로의 존재 자체와 상대성을 인정하며 기다린다는 것이다. '주역' 의 논리는 대칭적 논

1 주역의 요소와 음양오행

리이며 세상만사를 음양의 대대 관계로 자연과 인간세계를 해석하고자 한다. '대대(對待)' 의 개념은 서로 마주하며 기다린다는 의미이며, 이와 함께 '—' 양과 '- -' 음이라고 하는 기호로 구성되는데, 이것이 만들어내는 조합이 괘(卦)를 구성하는 기본 요소인 양효(陽爻)와 음효(陰爻)이다. 서로의 존재를 인정하고 서로를 기다린다는 '대대(對待)' 의 개념에서 양과 음은 자체 내에 상대적인 속성이 공존하며 내재하고 있음을 전제한다. 각 요소는 자신의 존재성을 확보하기 위해 필수적인 전제로서 자체 내에 대립적인 특성이 공존해야 함을 요구한다. 다시 말해 양에는 음이 있고, 또 음에는 양이 전제된다는 점에서 서로가 서로를 필요로 하는 관계임을 알 수 있다.

"강유상추이생변화(剛柔相推而生變化)"라 했으니, 여기에서의 '추(推)' 가 곧 '마(摩)' 와 통한다. '강(剛)' 과 '유(柔)' 가 서로 밀어서 변화를 낳고, 또 서로 비벼서 팔괘가 ' 상탕 '하도록 한다는 이 생각은 역의 세계가 그리는 존재론 전체의 이미지를 압축적으로 드러내고 있다. 강(剛)과 유(柔), 음과 양이라는 대립자가 서로 밀고 비비면서, 그러나 단순히 배척 및 대립하기보다는 또한 서로 교감하면서 생성하는 모습을 그리고 있다."[57] 라고 인급힌 비와 같이, 양과 음은 서로가 존재함을 전제하지 않으면 아예 성립할 수 없다. 상대방의 부정은 곧 자신에 대한 부정이기 때문이다. 이렇게 상대적인 것은 상호 모순적 관계가 추동력의 근거이며, 이를 통해 서로가 시너지를 이루면서 완성되는 것으로 생각한다. 건축에 있어서 빛은 그림자와 대립적인 요소이며 새로운 차원의 빛의 존재성을 강조할 수 있는 물리적 구조물과 공간을 부여하여 그림자가 빛의 공간을 강조시켜주는 다른 차원의 하나가 될 수 있는 관계가 될 수 있다. 이처럼 음양 사상에는 양과 음의 대립이 만들어내는 상대적인 측면과 서로 관계를 기다리며 유지하는 통합의 논리가 함축되어 있다.

서양, 동양을 막론하고 모든 사유와 사물의 운행, 그리고 당파적 측면에는 양

57) 이정우, 세계 철학사2, 길, 2018, p94

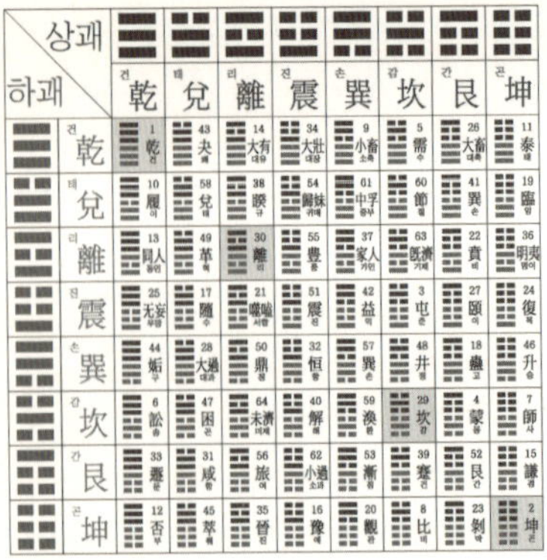

2

과 음의 대립적인 요소들의 상호작용이 있게 마련이다. 세상의 변화는 이러한 대립적인 요소들의 관계와 조화, 상생, 혹은 대립에 의해 변화하게 된다. 이처럼 주역은 끊임없이 변화하는 세계의 배후에 변하지 않는 어떤 실체의 본질이 있음을 전제하는 사고이며, 자연계의 순환적 변화원리와 이에 따르는 규범을 만든 것이다.

'주역'은 8괘(八卦)와 64괘, 그리고 괘사(卦辭), 효사(爻辭), 십익(十翼)으로 구성되어 있다. 주역을 이용해 점을 보기 위해서는 우선 점괘를 얻어야 한다. 점괘를 구성하는 방식은 다음과 같다. 역에서는 음과 양을 기호로 표시한다. 이것을 음효, 양효라고 부른다. 음효와 양효를 세 번 반복하여 8개의 경우의 수 중 하나의 괘를 얻는다. 2의 3승은 8이므로 경우의 수가 8가지가 될 것이다. 8괘가 두 개씩 조합되는 경우의 수를 하게 되면 8의 2승인 64개의 괘를 만들어낸다. 8괘만으로는 천지자연의 현상을 다 표현할 수 없기 때문에 8괘를 두 개로 하여 조합함으로써 64괘를 만들고 거기에 괘사와 효사를 붙여 텍스트로 만든 것이 바로 주역의 경문(經文)이다. 이처럼 주역의 기호는 세계 운행의 의미를 간이화(簡易化), 직관화, 형상화했다. 간단히 말해 주역은 세계의 변화에 대한 감성적 직관을 상징화시켜 인식하게 하는 체계이다. 주역의 우뢰, 산, 불, 물, 연못, 바람 등의 상징에서 볼 수 있듯이 이러한 요소들은 지구상에 존재하면서 끊임없이 변화하는 요소들이다. 기호는 항상 다른 기호와의 연관 아래에서만 의미가 결정되며 그 매개체가 기호들과의 관계로 구성된다. 음효는 양효를 만났을 때만이 일종의 기초적인 의미(코드)를 갖고 기능하며 그것은 타자와의 관계성을 기호로써 표상한다. 기초적인 코드들을 조합하게 되면 텍스트가 형성되며 의미가 생성된다. 변화의 학문인 주역은

2 주역 상하괘 도해

이렇게 주변 요소들이 만들어내는 변화를 예측하고 이러한 외적 변수의 변화로 만들어지는 것에 인간이 심적으로 대응할 수 있도록 만든다.

인간은 의미가 없이 끊이지 않고 흘러가고 변화하는 세계속에서 느끼는 허망함, 자연의 재해 앞에서 무력한 존재, 특별한 사건에서 우왕자왕할 수밖에 없는 나약한 존재임을 깨닫는 순간이 발생한다. 무언가 인생 행로에서 벌어지는 사건에 대한 의미를 부여하고 어떻게 받아들이고 행동해야 할 것인가가 중요하고 필요하게 되는 것이다. 기호적으로 보면 세계의 운행은 수없이 많은 기호들로 꽉 차 있는 상태이다. 운행하면서 변화하며 나타나는 모든 것이 기호로 표현될 수 있다. 거기에서 기호들이 조직화(codification)를 이루면서 코드(code)가 된다. 그래서 코드는 최초로 어떠한 방향성과 지향성을 가지게 되는데, 이것이 좀 더 조직되면 텍스트가 되어 의미를 만들게 된다. '기호→코드→텍스트' 라는 '의미화의 과정' 은 주역에서 '양과 음' 의 '기호' 에서 '효' 의 '코드' 로 그리고 '괘사' 의 '텍스트' 로 연결되면서 사건에 대한 점술의 '의미화' 와 연결된다. 각각의 기호들의 상징들과 그것들의 상관관계에서 만들어지는 어떠한 방향성, 그리고 그것들이 모여 하나의 의미를 만드는 것은 불확실한 세계에서 내가 그 사건에 의미를 부여하고 확신을 가지고 행동할 수 있게 하는 원동력이 될 수 있다. 그것이 점술의 긍정적인 효과이다.

'주역의 괘는 그림 기호인 음양을 재료로 삼고, 효의 전개 가운데 시간적으로 은환유적인 스토리를 담아낸다. 그리고 이 기호의 세계는 마지막 제 6효에서 그 흐름이 정지된 채 사진이 찍히며 의미를 던져낸다. 각 효들은 각각 유추와 유비의 은유적 치환으로 의미를 만들어낸다. 여섯 개의 효가 전개되면서, 각 효는 그 위치에 따라서 또는 연접한 각 효들을 지나며, 그리고 효들 사이의 상호 조응 속에서 시간의 전이와 함께 환유적으로 맥락화하며 의미를 구성하고, 사건을 총체적으로 표상한다.' 58) 라는 의견과 같이 기호→코드→텍스트의 의미화의 과정은 자

58) 오태석, 노장선역, 동아시아 근원사유, 역락, 2017, p82

연 앞에 무력한 인간에게 '예측가능성' 이라는 자신감을 부여하는 장점이 있다.

–단순한 '점술' 이상의 의미를 지닌 주역

'주역' 에는 두 가지 상반된 측면이 존재하는데, 미신적인 느낌의 점술과 합리적 철학의 측면이 공존하는 것이 그것이다. 그것은 묘하게도 미신적 사유와 과학적 사유와 대립되면서도 둘이 아니라 공존하면서 하나의 시스템이 되고 있다. 주역은 세계의 변화에 대한 합리적 판단과 변화무쌍한 세계의 변화의 두려움을 극복하기 위한 미신적 요소가 함께 결합되어 있는 체계이다. 과학과 미신의 병립, 즉 양립 불가능할 것 같은 요소들이 엄연히 공존하며 병립하는 것이 주역의 가장 큰 특징이라고 할 수 있다. 고대로부터 무당(巫)과 사관(史官)들은 점을 통해 미래를 예측했고 이러한 경험을 통해 역사자료, 지혜를 정교화한 기록물로 업데이트했다. 인간의 지식 및 과학이 발전하지 않았던 고대에는 기후 변화와 초자연적인 지진, 일식 현상과 역병, 전쟁, 국가의 멸망 등의 큰 변화에 있어서 한 개인은 취약할 수 밖에 없는 나약한 존재였을 것이다. 사람들이 점을 보는 이유는 초자연적인 현상 및 불확실한 외적 변수들 가운데 두려움이 컸기 때문이다. 이에 인간은 주역을 통해 미래에 발생할 사태를 예측하고 그에 가장 적합한 행동 양식을 규정하고 마음의 안정을 유지하며 이를 따르는 예측행위들이 발전한 것이다. 예측가능성(predictability)을 추구한다는 것은 인류사에 있어서 매우 중요한 발전의 증거이다. 다시 말해 점을 치는 목적은 불확실한 미래에 대해 인간의 의심과 두려움을 해소하고 특정 순간에 믿음을 가지고 결단하여 행동할 수 있도록 하는 것에 있다. 그래서 부정적인 점술 이외에 주역은 '우주 운행의 변화' 를 예측하는 시스템을 만들었다는데 의의가 있으며 우주론적인 체계를 구성하여 한대(漢代)의 상수역학(象數易學)을 설립하는데 주요한 역할을 했다.

한(漢) 대에는 주역이 한 단계 더 발전하여 주요한 통치의 순간에 결정을 위한 도구로 쓰였다. 상수역학(象數易學)은 괘상(卦象)의 배열과 음양오행, 12간지(干支) 등과 결합하여 세계의 운행을 이해하는 방법과 자연의 변화와 재해 등을 예측하도록 했다. 고대 중국에서는 국가의 통치 방식과 관련된 문제를 점을 통해 왕의 결정에 있어서 민심과 천심이 일치하는지를 살피는 도구로 사용되었다. 그것은 결과적으로 왕이 왕권을 함부로 휘두르지 못하게 작용했으며, 견제의 수단으로서 역할을 했다. 천지의 운행과 관련하여 동양인은 변화의 질서를 추출하는 것을 달력이라는 시스템으로 만들어 사용했다. 예를 들어 입춘, 입동 등 24절기는 추워지고 더워지는 자연의 변화 과정을 예측할 수 있도록 했다. 파종이나 수확 등 그 절기에 해야 할 농경의 지표는 자연의 질서를 추출하는 방향성을 알려주었다. 한때 상수역학은 지리하고 복잡한 체계를 이루면서 삶의 역사 속에서 의미와 기능을 상실했지만 왕필은 "삶의 의미를 파악했다면 괘가 나타내는 상징은 잊어버리라(得意忘象)."라는 말로 주역을 새롭게 독해함으로써 주역의 순기능을 적절하게 드러냈다.

주역의 특성은 이간(易簡), 변역(變易), 불역(不易) 등의 세 가지로 표현할 수 있다. 첫째, 이간은 '천지의 자연현상의 이법(理法)은 끊임없이 변하지만, 그 원리는 간단하고 알기 쉽고 따르기 쉽다'는 것을 의미한다. 둘째, 변역은 '천지만물은 멈추어 있는 것 같으나 항상 변하고 바뀜'을 의미한다. 셋째, 불역은 '항구불변(恒久不變)의 법칙 그 자체는 영원히 변하지 않음'을 의미한다. 이러한 방식은 주역에서 결코 변하지 않는 줄기이다.

과학의 이름으로 주역의 한계를 언급하고 일방적으로 주역이 과학에 앞선다는 선입견과 편견이 존재한다. 그럼에도 불구하고 주역이 여전히 오늘날에도 살아남아 영향력을 끼치고 있는 것은 주역에는 철학, 정치, 사회, 문화, 과학 등 다양한 방면과 연계하여 해석할 수 있는 부분이 산재하여 있기 때문이다. 주역에는 '미래의 예측'과 그에 맞는 적절한 '행동규범' 측면과, 자연계에서 존재가 가지는 구조적 설명 체계라는 두 측면이 있는데 괘와 효의 변화의 원리를 통해 세계의 변화에 대응하여 마음을 다스리고 실제 올바른 행동을 위한 실천철학으로 그 중요성이 강조되었다. 이처럼 주역은 점역(占易)에서 학역(學易)으로 발전했다.

음양오행에서 흙(토)이 중앙에 위치하면서 사계절을 상징하는 각 요소는 상호 관계를 맺으며 순환하는 것과 같이, 주역의 괘사는 점을 치는 주체의 현재 상황을 한 발짝 떨어져서 보게 하면서 동시에 중심을 잡게 하는 '중용' 의 순기능을 가지고 있다. 점을 친다는 것은 무언가 삶의 과정에서 중요한 변화의 순간에 마음의 결정을 하고 행동해야 하는 순간일 것이다. 그 순간은 대부분 인생에 있어서 너무 어렵고 위축되는 시기, 혹은 지나치게 잘 되는 시기일 것이다. 64괘의 각 괘사는 괘에 대한 해석이 곁들어져 있다. 괘사는 그 괘의 상징(像)과 함께 상징이 의미하는 내용을 펼치고 있는데 이 내용이 대부분 알쏭달쏭한 문장으로 되어 있는 경우가 많다. 그 이유는 '코에 걸면 코걸이, 귀에 걸면 귀걸이' 식으로 해석하는 주체의 상황에 따라 다양하게 해석이 가능하며 상황에 따라서는 정반대의 해석도 가능하여 해석의 풍부함과 유연함을 만들기 때문이다. 주역의 64괘 중 각 괘는 항상 두 가지의 상반된 해석을 내릴 수 있도록 되어 있다. 그것을 상황에 따라서 잘 해석하고 적용해야 한다. 그런 이유로 인해서 주역은 무척이나 난해하다. 중요한 것은 '중용의 덕' 을 중시하는 것에서 이러한 특성들이 나온 것이라는 점이다. 동양철학은 이렇게 상보적, 경험적, 직관적, 다의미를 가진 이유로 인해 통합적 사유를 추구하는 체계이다.

예를 들어 리(履) 괘의 괘사(卦辭), 설명을 살펴보자. 리(履) 괘는 '호랑이 꼬리를 밟아도 사람을 물지 않는 형국이니, 겁내지 말고 어떤 일을 하더라도 만사형통하다' 는 괘사(卦辭)가 붙어 있으며 각 효에 대한 설명(효사)은 대부분 좋은 내용이어서 만약 어려운 상황에 처한 사람이 이 괘를 만나게 되면 과감하게 추진력을 가지고 실행하라는 의미로 받아들이면 좋을 것이다. 그러나 3번째 문단의 설명을 보면 정반대의 내용(효사)도 나오게 된다. '육삼은 사팔뜨기라도 능히 볼 수 있고,

절름발이라도 능히 걸을 수 있으나, 호랑이 꼬리를 밟으면 사람을 무니 흉하다. 무인이라면 대군에게 직접 해를 당한다' 라는 설명이 있다. 이처럼 주역의 각 괘사는 전체적으로 유사한 내용이지만 꼭 정반대의 내용이 하나씩 껴 있고, 이 괘에서는 과감하게 행동하지만 동시에 신중함을 잃지 말라고 경고한다. 이와 같이 주역의 설명은 상황에 따라서 정반대의 해석이 가능하도록 만들어져 있다. 잘 되는 것과 동시에 몰락할 수 있다는 것은 상반된 내용이다. 그럼에도 불구하고 괘의 효사를 보면 일이 잘 안 풀려서 긍정적인 에너지가 순환되지 않는 누군가에게는 희망과 새로 시작할 용기를 부여하는 괘이고, 동시에 일이 너무 잘 되는 사람에게는 계속해서 추진력을 가지고 행동하되 매사에 신중하여 넘어지지 않도록 조심하거나 자신을 다시 되돌아보게 한다. 이를 통해 지나치게 행동하거나 일을 그르칠 정도로 너무 과하게 추진하지 않도록 평형을 이루게 하며 자중하게 하는 역할을 한다. 다시 말해 '중용의 덕' 을 수행하도록 하는 것이다. 지나치게 위축되지 않도록 새로운 원동력을 만들어내고, 또 대단히 활동적인 상황이어서 도에 지나칠 수 있으면 한 박자 쉬어갈 수 있도록 하는 역할을 하는 것이다. 점을 치는 순간은 개인이나 단체 혹은 국가에 있어서 쉽사리 무언가를 결정하기 어렵거나 중요한 순간일 것이다. 그 운명의 순간에 새롭게 힘을 얻어 무언가를 활기 넘치게 시작하거나 또는 자중하여 한 박자 쉬어가게 하는 결정은 주체의 상황에 따라서 달리 해석되며 실행되어야 할 것이다. 이렇게 주역은 단순히 점술이 아니라 세계의 운행원리에 맞도록 그 주체와 주위 상황을 판단하여 중도적인 입장에서 전체적인 조화를 이루어나갈 수 있도록 하는 긍정적인 의미가 있다. 이처럼 음양론에 기초한 유기체적 자연관은 당시 동양인의 의식에 혁명적 전환을 가져왔다. 주역은 음양가와 도가의 영향으로 괘사 및 효사를 새롭게 해석하는 것이다. 괘사와 효사에 내재된 음양의 관념은 후에 '음양론' 으로 발전했으며 주역에서는 괘사와 효사에 대한 해석이 윤리적인 측면에서 이루어지게 되었고 결국 '중용의 가치' 를 중시하는 도덕적인 수양서로 발전하게 되었다.

중국에서는 예로부터 숫자로 세계를 표현하고 이해하거나 생활의 가치를 설명하는데 응용하여 사용하는 문화가 있었다. 이것은 상징적인 숫자나 기호로 세상의 이치와 원리를 설명하는 다이어그램적 특성으로 나타난다. 주역에서 수를 다루는 상수학은 하늘을 1, 땅을 2, 사람을 3이라 상징한다. 이후 하늘과 땅 그리고 사람을 입체적으로 추상하여 (≡)으로 제시하고 이것을 토대로 하여 자연과 인간의 모든 생성과 소멸의 변화 관계를 설명한다. 중국철학에서 수의 상징은 수많은 현실과 그것을 구분하기 위한 기호들을 지배하지만 상대적으로 상징하는 숫자들은 여러가지 서로 상이한 숫자와 연결된다. 낙서의 배열도 하도와 마찬가지로 생수와 성수 그리고 천수와 지수의 상징은 동일하며 또한 음양오행의 생성원리도 같다. 그것을 어떠한 기준에서 보느냐에 따라서 정반대의 의미가 되기도 하고 조화가 되기도 한다.

여기에서 의문이 생길 수 있다. 주역의 '비논리적인 체계를 왜 따라야 하는가' 의 문제이다. 동북아 사유에서 정해진 위치와 상황이 왜 그렇게 상징화되는가에 대해서 답은 '이유가 없다' 는 것이다. 다시 말해, 절대적이다. 구성의 존재 자체는 그냥 그대로 인정하고 서로의 상관관계에 주목한다. 존재 자체를 의문시하기보다는 존재가 있는 것은 있다고 인정하고 존재들 간의 상호 관계가 어떻게 이루어지며 변화를 만들고 있는지에 관심을 집중한다. 어찌 보면 대단히 현세적이고 실용적인 태도이다. 세계 자체가 지극히 성실하게 운행하고 있다는 점을 보면 그렇게 하는 것을 이해할 수 있다. 그래서 주역과 중용의 자연과 세계에 대한 이해방식은 목적론적이라고 할 수 있다.

동북아 건축의 목조 가구식 건축은 몇 가지 특징이 있다. 지반 위에 건물을 세우기 위해 먼저 높은 기단을 쌓고 그 위에 기둥이 올라설 자리에 주춧돌을 놓는다. 기둥은 건물의 모든 하중을 받아 주춧돌을 통해 지면에 전달한다.[59] 이처럼 중국인에게 건축은 하늘과 땅과의 관계를 세우는 것이었다. 이러한 하늘과 땅의

59) 박윤준, 정승진, 아시아 건축의 이해, 서울하우스, 2010, p63

개념은 중국의 건충궁과 곤녕궁의 명칭이 주역의 괘에서 따온 것과 같이, 하늘과 땅을 의미한다. 궁궐 역시 사합원의 형식을 갖추면서 전체적으로 하늘과 땅과의 관계를 연결하여 사람을 보호하는 관계의 건축으로 바라본다. 이처럼 끊임없이 변화하는 자연과 세계의 흐름과 하늘과 땅의 관계에서 거스르지 않는 삶을 영위하기 위한 건축의 조건을 생각하는 방식은 동북아 사유와 건축의 중요한 특징이 되고 있다.

–음양오행의 경험과학과 지리, 건축 부문의 적용

동북아 사상에서 각 요소들의 관계성을 연구하는 음양오행설은 음양과 오행이라는 기호를 통해 조화와 통일을 강조하는 학설이다. 음양설과 오행설은 대략 기원전 4세기 초인 전국시대(戰國時代)에 결합되었고 성리학의 유교 교리에 있어서 중요한 영향을 끼쳤다. 오행에서 목, 화, 토, 금, 수의 요소는 자연의 상(像)을 담은 개념이다. 동북아인들에게 있어서 사물의 보이는 면에만 집착하지 않고 그 속에 담긴 의미를 누가 더 정확히 파악할 수 있는가가 중요한 문제였다. 근본적인 원인을 볼 수 있다면 해결책도 나올 수 있기 때문이다. 겉의 모습에 현혹되지 않고 그 근본을 헤아려 대처하는 것이 바람직하다. 세계의 운행과 순환의 과정을 명확히 볼 수 있다면 존재 원리와 사물 변화의 해결책을 예측하고 대응할 수 있을 것이다. 동북아의 고대인들은 앞서 주역에서 자세하게 다루었던 음 · 양 두 원리의 조합과 대립 투쟁을 통한 변화로 간주하는 음양설과, 이 영향을 받아 만물을 형성하는 요소들인 목(木), 화(火), 토(土), 금(金), 수(水)의 관계와 상생(相生), 상극(相剋) 개념에서 상호관계 및 그 생성(生成)의 변화가 이루어지는 양상을 분석했다. 이를 통해 음양오행은 세계의 운행과 인간 생활의 모든 현상과 생성소멸을 해석하는 사상이 되었다. 한대(漢代)가 되면서 음양과 오행의 두 관점이 하나의 정합적인 이론으로 통합된 것은 확실하다. 음양설과 오행설이 결합되고 난 이후에 이론은 오행 상호관계에 대한 추상적, 철학적 성찰을 거듭하면서 단순한 원소적 의미에서 더 발전하여 요소 사이의 관계를 통해 전체 운행의 원리를 밝히는 철학적 단계로 발전하게 되

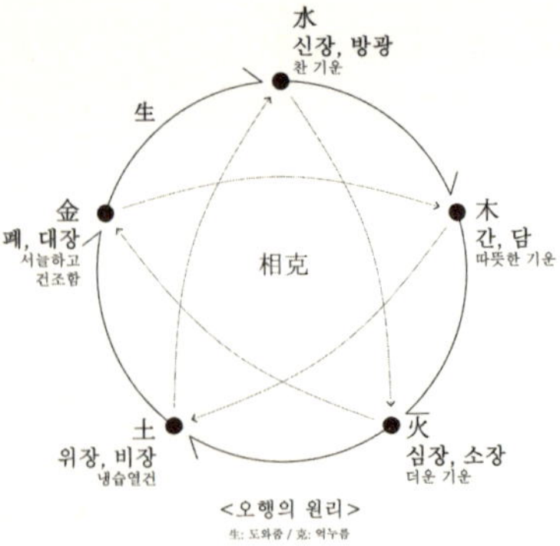

3

었다. 음양오행설은 동양인들에게 주요한 생활철학의 원리였다. 음양오행에서 오행은 음양을 좀 더 세분화한 것에 지나지 않는다.

동북아인들은 자연현상을 그리고 인간의 복잡한 마음을 오행으로 설명할 수 있다는 것을 깨닫고 이를 일컬어 상(象)이라고 불렀다. 상이란 무형의 잠재적인 것이 유형의 무언가로 되어가는 중간단계로 볼 수 있다. 다른 말로 기미(機微)나 징조(徵兆)라고 할 수 있다. 그것은 무형의 기(氣)가 뭉쳐져서 분위기와 더 나아가 물질로 굳어지면서 구체화된다고 보는 관점이다. 오행에 관하여 그 첫째는 수(水)이고, 둘째는 화(火), 셋째는 목(木), 넷째는 금(金), 다섯째는 토(土)이다. 오행의 속성을 살펴보면, 우선 수(水)의 성질은 차갑고 서늘한 특성이 있고 아래로 흐르며 젖게 하고 아래로 스며드는 특성이 있다. 자연현상에서 아래로 향하는 것은 대부분 물의 기질에 속하는 것으로 파악한다. 수(水)가 사주에서 많으면 고집이 세지만 남에게 베푸는 일을 잘하게 된다고 보았다. 만물의 생존에 가장 중요한 필수요소는 물이다. 이처럼 물은 생명력과 원동력을 상징하며 인간에게 적용했을 때 사주에 물이 적으면 독단적인 성격으로 파악하며 즉흥적이고 무계획적인 것으로 간주한다. 목(木)의 성질은 식물이나 나무처럼 위로 생장하는 성질이 있다. 나무덩굴처럼 휘면서도 뻗어나가고 자라는 것이 목(木)의 기질에 속한다. 이처럼 목(木)은 솟구치고 뻗어나가려는 성질이 있으며 생명이 시작되는 특성을 지닌다. 사주에서 목(木)이 많으면 고집이 세고 강한 출세욕을 상징한다. 화(火)의 성질은 물체를 태우는 특성이 있다. 화(火)는 자연계의 모든 형상 중에서 물질을 재로 변화시키고 따뜻하게 솟아오르는 작용을 상징한다. 인간의 대응되는 성격은 급하고 활발함과 솔직함이다. 금(金)의 성질은 한

3 오행의 원리

랭하며 싸늘한 속성이다. 또 흙의 주형(鑄型)에 따르는 성질이 있다. 자연계의 사물 중 쇠 소리를 내는 특성이 있는 것은 모두 금(金)에 속한다. 성격은 칼날처럼 결단력이 있으며 두려움이 없음을 상징한다. 토(土)의 성질은 모든 것을 중재, 중화시키는 도량역할을 한다. 흙은 생물을 자라게 하고 자기 몸을 헌신하며 죽어서도 땅속으로 묻히게 되는 대자연의 순환을 의미한다. 이처럼 오행의 개념은 다섯 종류의 기본적 물질 사이에서 작용이기도 하지만 다섯 가지의 기본 요소들이 만들어내는 상호 관계와 연계 과정을 보여주고 있으며, 영원히 순환 운동을 하고 있는 다섯 개의 강력한 힘을 상징한다.

오행의 요소들의 이러한 속성들과 함께 사마천이 기술한 추연이라는 인물은 음양오행에서 '...→토→목→금→화→수→토→...'의 패턴을 발견하였다. 그는 "흙에서 나무가 자라므로 나무는 흙을 이기고, 날카로운 쇠도끼가 나무를 자르므로 쇠는 나무를 이기고 불은 쇠를 녹여서 이기고, 물을 부으면 불이 꺼지므로 물이 불을 이기고, 땅을 쌓으면 물을 가둘 수 있으므로 흙은 물을 이기게 된다."라고 주장한다. 이른바 상극(相克)의 논리이다. 이렇게 순환하면서 서로 이겨나가는 패턴이 진행되고 필연적인 흐름이 생기게 된다. 이러한 자연의 순리와 흐름은 권력

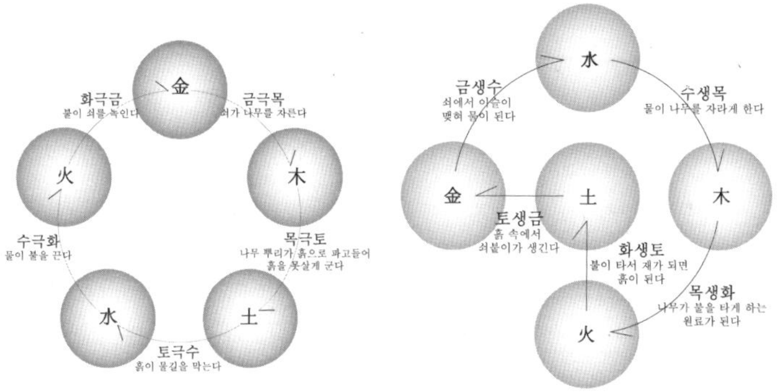

<상극의 관계> <상생의 관계>

4

4 음양오행의 상극과 상생의 관계

을 쥔 군주도 막을 수 없는 것이다. 상극이 되는 것을 막고자 했던 것은 혼란했던 제자백가가 활동했던 춘추전국 시기에 주로 언급되었다. 이길 극(克)에서 보이는 것과 같이 어지러운 상황을 극복하고 통일해야 하는 상황이었던 것이다. 그러나 통일제국인 한나라 시기에는 오행을 '상극' 이 아닌 '상생' 의 방식으로 변화되어 통치하는데 사용되었다. 거기에는 부정적인 것보다는 상생을 통해 긍정적인 방향으로 이끌어서 제국의 민심을 하나로 통합하여 통치하고자 하는 의도가 숨어있다.

나무는 불을 더 불타오르게 도와주고, 타고난 불에서는 재가 나와 흙을 만드는 방향으로 도와주고, 흙에서 철이 나오므로 흙은 철을 만들도록 도와주고, 철로 그릇을 만들면 아침 이슬이 맺혀서 물을 만들도록 도와주고 물은 다시 나무를 생장하게 도와준다는 순환구조를 만드는 것이다. 이렇게 되면 '....→목→화→토→금→수→목→....' 의 패턴이 생기게 된다. 이것은 갈등보다는 '조화와 상생' 을 상징하는 것이다. 당시 이러한 상생을 원하는 한나라는 통일제국의 논리에 맞는 철학을 정립했다. 이제 오행은 상극(相克)이라는 갈등 상황을 벗어나 상생(相生)할 수 있는 조화의 기준을 세우게 되었다.

같은 것을 이렇게 다르게 바라볼 수 있기 때문에, 다음과 같은 오행의 상생상극표라는 다이어그램이 만들어질 수 있게 된다. 그러나 이렇게 다이어그램을 잘 살펴보면 이 구조가 밖으로 열려 있는 것이 아니라 중앙을 중심으로 순환하며 내부로 닫혀 있는 가운데 순환하는 것을 알 수 있다. 내적 순환과 중심의 중용을 중시했기 때문이다.

동중서는 오행을 계절과 연결하여 흙을 중심에 두는 오행을 제시함으로써 새로운 오행의 관계도를 완성했다. 나무가 있어서 불이 생기고, 불이 있어서 흙이 생기고 흙이 있어서 쇠가 생기고 쇠가 있어서 물이 생기는 것을 상징한다. 나무는 동쪽에 자리하여 봄의 기운을 주관하고 불은 남쪽에 자리하여 여름의 뜨거움을 주관하고 쇠는 서쪽에 자리하여 가을의 기를 상징하고 물은 북쪽에 자리하여 겨울의 기를 상징한다. 흙은 가운데 자리하여 하늘의 혜택이며 네 계절을 포괄한다. 흙이 없으면 이 네 요소는 중심을 잃고 존재할 수 없게 된다. 이처럼 음양론을 유기체론으로 바꾼 인물은 동중서이다. 내부의 중심에는 흙(土)을 배치하고 모든 요소가 순환하며 기준을 잡게 된다. 그래서 동북아의 사유는 중앙의 중심을 두고 각 요소가 관계에 따라 내부를 바라보며 순환하는 구조를 보이며 서양과 같이 '외부에서 특정한 목적의 방향성' 을 지향하는 사유가 아니라 중용의 가치를 중시하며 순환하는 사유로 발전할 수 있었다.

오행을 상징하는 숫자로는 물(水)은 1과 6번, 나무(木)는 3과 8번, 불(火)은 2와 7번, 흙(土)은 5과 10번, 쇠(金)는 4와 9번이다.

〈표8. 오행의 특성〉 60)

오행	나무(木)	불(火)	흙(土)	쇠(金)	물(水)
계절	봄(春)	여름(夏)	-	가을(秋)	겨울(冬)
방위	동(東)	남(南)	중앙(中)	서(西)	북(北)
맛	신맛(酸)	쓴맛(苦)	단맛(甘)	매운맛(辛)	짠밋(鹹)
냄새	누린내	매운내(집)	향내(香)	비린내(腥)	썩은내(朽)
소리	각(角)	치(치)	궁(宮)	상(商)	우(羽)
별자리	창룡(蒼龍)	주작(朱雀)	황룡(黃龍)	백호(白虎)	현무(玄武)
색깔	푸른색(靑)	붉은색(赤)	노란색(黃)	흰색(白)	검은색(黑)
기후	바람(風)	더위(署)	천둥(雷)	추위(寒)	비(雨)
제후국	제(劑)나라	초(楚)나라	주(周)나라	진(秦)나라	연(燕)나라
인간의 감정	화냄(怒)	즐거움(樂)	기쁨(喜)	슬픔(哀)	두려움(懼)
신체의 부분	근육	혈관	살	피부, 머리카락	뼈
인간의 내장	지라(脾)	폐	심장	신장	간
숫자	8	7	5	9	6
정부부처	농업(司農)	전쟁(司馬)	수도(首府)	법률(司徒)	작업(司空)
곡식	보리	콩	피	삼 혹은 마	기장
희생물	양	닭	황소	개	돼지
동물종	비늘(어류)	날개(조류)	알몸(인류)	털(포유류)	껍질(무척추동물)

60) 강신주, 철학vs철학, 오월의봄, 2016, p785

오행의 흐름, 다시 말해 기(氣)의 흐름은 유기체적 세계관을 상징한다. 그것은 요소들 사이의 관계론으로, 오행의 요소들은 각각 상생, 상극, 순환의 관계를 이루고 있다. 동양의학은 이렇게 관계를 중심으로 해결책을 만들어낸다. 예를 들어 불이 나면 물로 끈다. → 물난리가 나면 흙을 퍼다 막는다. → 흙이 무너져 내리면 나무로 기둥(방책)을 세워 막는다. → 나무는 도끼와 쇠로 잘라내면 된다. → 쇠는 불로 녹여낼 수 있다. 라는 식으로 순환한다. 순환의 내부관계는 상극관계이다.

이러한 방식의 사유는 인간의 오장육부에 비유되며 동양의 유기체적인 사유를 대변한다. 최초에 오행은 인체의 각 기관이 연결되어 유기적으로 운행되는 '인간의 장기(臟器)' 를 기반으로 바라보며 연구되었을 것이라고 여겨지고 있다. 이러한 방향성은 각 기관과의 역학관계를 유추하는 것에서 시작되었을 가능성이 크다. 그것은 상당 부분 범아일여(梵我一如)의 사유에서 영향을 받은 것으로 볼 수 있다. 세계와 참 자아(아트만)가 동일하며, 세계와 개체의 운행의 원리가 동일하기 때문이라는 등식이 성립하기 때문이다. 모든 요소가 연결되어 있어서 전체와 부분은 함께 움직이고 변화하며 상호영향과 관계가 존재한다. 또한 자연현상과 육체에 있어서 유비되어 동일하게 움직이는 매커니즘을 상정했기 때문이다.

이에 따라 동양의학과 관련된 음양오행설은 다음과 같이 설명이 가능하다. 동양의학의 자연관(自然觀)과 인체의 생리(生理), 병리(病理) 이론은 음양오행으로 연계된다. 인간의 다섯 가지의 장(臟)은 음에 속하고 6부(腑)는 양에 속한다. 인체의 생리 기능상 혈압상승, 분비액의 증가 등은 동적인 양적(陽的) 현상이며, 혈압강하 · 분비액의 저하 등은 음적(陰的) 현상이다.

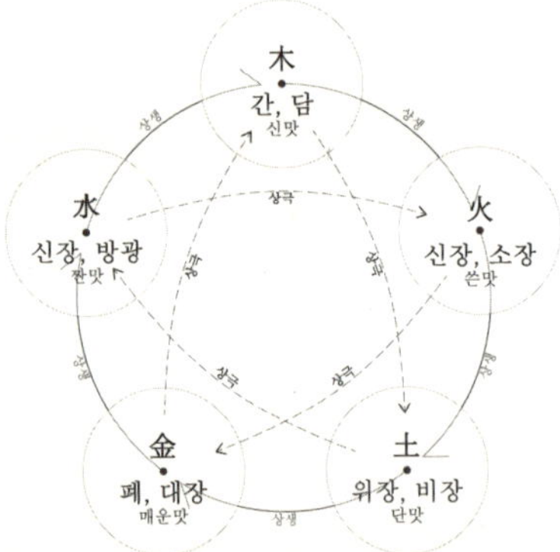

5

5 음양오행과 오장의 상생과 상극관계

동양의학은 과다(過多)와 부족을 조화시켜 깨어진 음양의 균형을 되찾도록 해주는 치료학이다. 그것은 인체의 각 부위간(部位間) 상호연관 관계에서 상생, 상극의 원리를 이용하여 상극적 요소를 피하고 상생되는 요소를 통해 북돋우는 방법을 사용한다. 인체는 크게 오장(五臟)과 육부(六腑)의 기관과 외관을 이루는 오체(五體)로 이루어져 있다.[61] 또한 인체에 영향을 주는 계절이라는 변수와 오기(五氣:風 · 暑 · 寒 · 濕 · 燥), 오색(五色:靑 · 赤 · 黃 · 白 · 黑), 오미(五味:酸 · 苦 · 甘 · 辛 · 鹹) 등이 인체를 관리하는데 있어서 고려대상이 된다. 오장은 각각의 오행의 요소들과 대응 배속하여 상생과 상극의 관계를 분석하여 그에 따라 건강 이상의 해결책을 제시할 수 있다. 계절에 따른 몸의 보양책과 함께 피해야 하는 것도 선제적으로 예측할 수 있고, 동양의학에서는 '장기 사이의 평형 현상' (중용)을 중시하며 또 장부의 병리변화(病理變化)를 추정하고 해석한다. 처음에는 자연 운행의 원리에 따른 것을 각 장기에 대응해보고 실험하여 쌓인 경험적 데이터가 점차 학문적인 자리에까지 이르게 되어 '관계에 따른 치료술' 로 발전한 것이다.

전체세계를 상징하는 만다라의 상은 내부의 인체와 마찬가지로 세계의 일부로 세계 그 자체와 동일한 소우주라고 생각한다. 만다라의 작동원리 역시 이러한 음양오행의 원리와 연계된다. '외적 만다라는 '제존상의 집합도' 로서 일반적으로 만다라라 하면 이 양식의 만다라를 가리키게 된다. 한편 내적 만다라는 우리들의 개별적 인간 존재의 복잡성에 대하여 전체적 소우주를 하나의 통일체인 '만다라' 라고 생각함에서 비롯된다. 이 신체적 만다라는 우리들의 신체 안에 지, 수, 화, 풍, 공이라는 5대 존재 요소를 범자(梵字)에 의하여 다섯 부분에 배치하는 5자엄신관을 토대로 한다. 그리하여 다섯 가지 형상에 의한 오륜석탑에 대한 신앙 등이 있으며 또한 신체 안의 신비적 맥관을 통하여 생명 에네르기의 상승, 강하를 관상하는 고대 인도의 탄트리즘 행법도 일종의 신체 만다라라 할 수 있다.'[62] 이처럼 오행은 유기체적 세계관이며 관계론이다. 음양의 이론이란 천지 만물이 순환하면서 돌고 도는 것이다. 이러한 양상은 마치 수레바퀴가 돌아가고, 기어가 맞

61) 오장(五臟): 간(肝) · 심(心) · 비(脾) · 폐(肺) · 신(腎)
육부(六腑): 담(膽) · 위(胃) · 소장 · 대장 · 방광 · 삼초(三焦)
오체(五體): 피모(皮毛) · 기육(肌肉) · 혈맥 · 근(筋) · 골수(骨髓), 오관(五官, 눈, 코, 귀, 입, 혀)

62) 홍윤식, 만다라, 대원사, 1992, p15

물려 한 치의 오차도 없이 돌아가듯이 톱니바퀴처럼 돌아가는 세계의 법칙(도)을 상징한다.

그러나 여기에서 주목해야 할 것은 주역과 음양오행의 지식이 한 번에 완성된 것이 아니라 계속해서 보완 발전되었다는 점에 있다. 앞서 살펴본 바와 같이 음양오행설은 정치적, 사회적 변화와 함께 지속해서 변화되면서 발전해왔다. 우리가 살펴볼 풍수지리설 역시 음양오행론이 시대에 맞추어 발전한 것과 같이, 한 번에 완성된 것이 아니기에 완전하지 않고 계속해서 경험과학이 축적되며 발전되기도 했고 미신적 요소로 인해 오용되기도 했다. 이것이 동시대에도 새롭게 발전시켜 나가야 하는 이유가 되기도 할 것이다.

음양오행설이 우리나라에 전래된 것은 삼국시대부터이다. 우리는 각종 유구에서 음양오행의 역사적 증거들을 볼 수 있다. 도시 및 건축과 관련하여 통일신라 말기에는 참위설과 풍수지리설의 한국적 수용과 전개가 이루어졌는데, 이 과정 역시 음양오행설과 밀접하게 연계되어 있다. 이 시기에 참위설과 풍수지리설이 결합된 도참설(圖讖說)이 크게 유행했다. 특이한 것은 쇠락하는 곳(衰處)과 역처(逆處)에는 인위적으로 비보(裨補)를 하여 보완한다는 개념이 발전했는데, 이러한 개념은 여타 동북아 풍수와는 다른 점이다. 이것은 특히 산지 지형이 많아 일률적인 해석 및 적용이 어렵거나 척박한 환경을 적극적으로 개척하거나 보완할 필요가 있을 때 필요한 방식이라고 할 수 있을 것이다. 이황(李滉)과 기대승(奇大升)의 사단칠정(四端七情) 논쟁, 이이(李珥)와 성혼(成渾)의 사단칠정 논쟁 및 서경덕(徐敬德)과 조식(曺植) 등의 철학적 주장은 모두 음양오행설로부터 영향을 받은 성리학의 '리'와 '기'의 논쟁이었다. 그것은 세계의 운행원리에 대한 철학을 정치적, 사회적 질서에 적용하여 정당성을 부여해 주는 것으로 음양오행론의 이론과 유교의 정치철학을 결부시키며 발전된 것이었다.

0121 풍수지리 사상과 한국화 과정

건축에 절대적으로 영향력을 끼치는 풍토(風土)의 조건은 기후와 지형(지리)적 특성과 외적 변수에 순응하는 쉘터로서의 주거구축에 있어서 입지와 배치 및 실내건축에 많은 영향을 끼치게 마련이다. 무언가 구축한다는 것은 풍토(風土)라는 외적 변수에 인간의 사유를 더해 정치, 경제, 문화, 종교, 법제도 등의 외적 조건이 결합되면서 빚어지게 마련이다. 여기에 동양의 범아일여 및 천인합일의 내재성의 사유가 결합되면서 서양과는 특히 큰 차이를 만들었다. 앞서 살펴본 동북아 문화권의 특성에서 더 나아가 한국의 풍토적인 조건과 외적 조건은 좀 더 특수한 부분이 존재한다. 한국의 풍토 조건에 따른 입지(立地)를 살펴보자. 풍수지리에서 풍(風=기후氣候)의 조건은 항상 사계절이 뚜렷한 가운데 한겨울의 혹한(북풍)과 한여름의 혹서의 기후가 뚜렷하다는 특징이 있다. 이러한 혹한, 혹서에 대응하는 건축의 조건이 좀 더 중요하다. 다시 말해, 여름의 원활한 통풍, 겨울의 엄혹한 북서풍을 막는 미세기후 조건에 적합한 입지선정 및 공간구조가 매우 중요한 생존의 조건이자 고려사항이 되었던 것이다. 또한 한국에서는 여름철 집중호우와 30년 주기로 발생하는 대규모 범람의 외적 조건으로 인해 마을 및 건축물의 입지가 범람선 이상의 높이에 배치되어야 하는 조건이 중요했다. 풍토에서 토(土, 지리地理)와 관련된 부분에서 한국은 전 국토의 70% 이상이 산지 지형으로 이루어져 있고 대부분 노령기의 산지로 인해 지진이 드문 조건을 가지고 있다. 또 한국은 완만한 구릉 지형이 많기 때문에 범람, 홍수를 피해 완만한 구릉지에 마을이 입지하는 특성을 보인다. 산지 구릉에 입지한다고 해도 가장 중요한 생활용수 확보에 있어서 한국은 우물이나 샘물, 시내 등의 풍부한 수량으로 인해 어렵지 않게 식수를 확보할 수 있었기 때문이다. 이러한 배경에는 당시 양반, 노비 사회적 구조가 구릉중턱에 생활이 가능하게 만들었다. 이러한 특성에 따라 한국의 마을과 건축은 이러한 외적 조건에 가장 적합한 입지 및 공간구조가 발전해왔다.

자연과 환경을 해석함에 있어서, 동양에서는 서양과는 달리 풍수지리를 발전시켜 경험과학의 영역을 환경에 적용하는 기술이 발전해왔다. 풍수지리는 인도에서 시작되어 중국으로 이어지고 한국에 전파된 이후, 도선에 의해 우리나라 지리에 적합하게 변형, 발전, 체계화를 이루게 되었다. 풍수지리를 긍정적으로 생각하면 환경에 대해서 경험적 측면을 토대로 하여 인간 정주 환경을 최적화시키는 방법론이며, 길흉화복을 긍정적인 방향으로 이끌고자 했던 경험과학의 '빅 데이터' 로 볼 수 있다. 세대를 거쳐 축적된 입지, 향, 배치 및 주택구축과 경관, 조경의 종합적 지식을 객관화하고, 그 지역에 가장 적합한 솔루션을 제공하여 건강과 재산을 지키고 나아가 좀 더 나은 생활과 인생을 만들고자 하는 것이다. 그러나 여기에서 가장 중요한 것은 이러한 선택을 하는데 있어서 자연의 기의 흐름에 순응하는 것을 가장 중요한 가치로 삼았다는 점이다. 풍수지리의 근본 취지는 풍토라는 외적 변수로부터 주어진 환경(지리)에 대해 옛 선조로부터 쌓여있는 지리적 데이터에 근거한 경험 과학적 정주 환경의 해결책을 제공하는 것이다. 그것은 일정부분 논리적이고 합리적인 서양의 과학적 태도에 근거한 것이었다. 그러나 또 다른 한편으로 이러한 지식은 마치 인도의 엘리트 사제계급이 자신들의 지위와 지식을 독점적으로 전파하는 것과 유사한 단점과 폐해가 있었다. 풍수를 담당하는 지관(地官)으로부터 제자들에게 지식이 전수되는 가운데 일정부분 주술적 요소도 가미되어 미신적인 요소의 권력화가 이루어진다는 점이 문제였다. 또한 역사적으로 풍수지리는 나라의 수도를 결정해야 할 때, 그리고 정치적 입지 결정과 나라가 어지러울 때 은밀하게 정치적 여론을 형성하는데 의도적으로 이용되기도 했다. 인도에서 시작된 풍수지리 방식은 중국으로 넘어와 도교의 음양오행과 주역 등의 내용과 결합하여 상극적인 부분을 배제하고 상생의 요소들을 배치하여 긍정적인 정주환경과 묘지 환경이 될 수 있도록 마을과 주택과 조경, 혹은 실내 가구 등을 조성하고 배치하는 방향으로 발전하게 된다. 조선 시대에 이르러 도선은 지리, 풍토적 단점을 배제하고 장점을 취하는 소극적인 방식에서 더 나아가 '비보사찰설' 을 정립했다. 그는 지리적으로 불리한 부분을 다른 요소로 보완함으로써 풍수적으로 보완할 수 있는 선제적 방안까지 제시하여 좀 더 세련된 방식의 풍수지리설을 발전시켰다. 그러나 그 또한 상당 부분 자신의 정치적 욕망이 투사된 것도 부인할 수 없는 사실이다.

건축학자 코야마는 다음과 같이 풍수지리에 대해서 언급한다. '이상적인 주택, 즉 자기의 생(生)과 대지의 기(氣)가 합일하는 명당을 앉힐 지형을 나타낸 명당도는 완만한 언덕으로 몇 겹으로 둘러싸이고 남으로 열리며 중심에서 조금 높은 언덕과 용솟음치는 샘을 가진 지형을 나타내고 있다. 이것은 바로 '방'의 이상적인 모델, 즉 중심이 물과 언덕으로 확정되고, 그것이 여러 차례 둘러싸여 닫히고, 남쪽의 태양을 향해 열려 입구가 되며, 마주하는 바깥의 산과 이어지는 형태라고 할 수 있다.' 63)라고 언급하면서 한국 풍수지리의 이상적 명당의 특성과 조건을 요약하고 있다. 안온하게 위요된 혈좌(穴座)를 찾는 체계를 방의 이상적 모델로 간주한 것이다. 명당도의 혈좌는 확실히 가장 안온한 공간인 어머니의 자궁을 상징하고 연상케 한다.

풍수지리는 음양오행, 주역의 사상적(도교) 특성이 반영된 지리, 도시, 건축의 체계이다. 결국 풍수지리는 좋은 입지의 위요감 있는 안온한 지형인 혈좌(穴座)를 찾는 것이 가장 중요하다. 우선 한국의 건축은 입지가 가장 중요하기 때문에

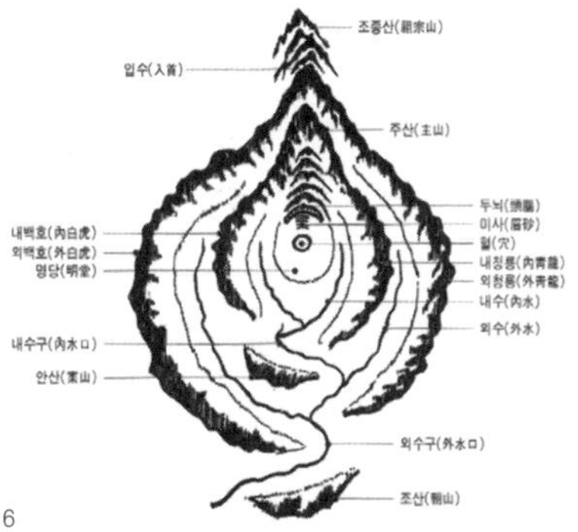

6

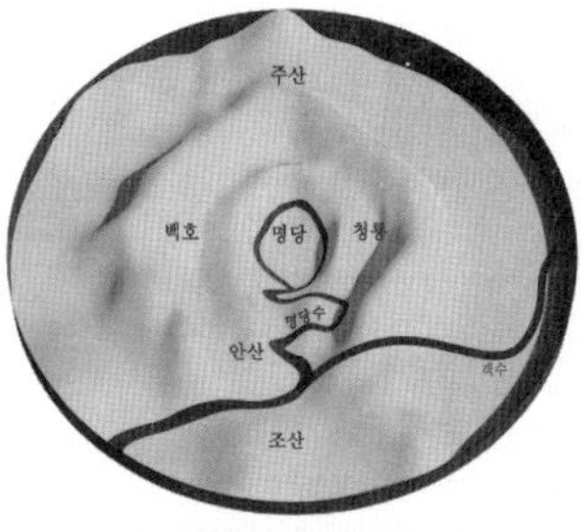

<풍수지리(風水地理)>

6 명당도와 풍수지리 체계

63) 히사오 코야마, 건축의장 12강, 김광현 역, 도서출판 국제, 2008, p158

산맥의 기의 흐름을 보는 체계가 발달했다. 주산(主山)에서 혈(穴)은 산맥의 흐름을 땅의 기운이 흐르다 굳어진 것으로 보고 생룡(용맥)으로 보았다. 이처럼 산맥의 흐르는 기운을 용의 움직임으로 간주하고 이를 간룡(看龍) 체계로 보았다. 다른 한편, 한국 풍수지리에서는 주산이 부모이며 혈은 자식 즉, 태(胎)를 의미한다. 선조들은 주산에 신당(神堂)을 배치하고, 들판과 낮은 구릉이 만나는 그 선의 윗부분에 마을과 주요한 시설을 배치하며, 주변의 야산에 종속되는 마을을 배치하는 도시적 구조를 형성해왔다. 달리 말해 그 지역에서 가장 좋은 혈좌를 찾아 주거를 배치하며 자연을 신격화하며 자연의 흐름과 하나가 되기 위해 자연을 섬기는 것을 중요하게 생각한 것이다.

옛 선조들은 멀리 보이는 산맥을 기가 굳어져 살아있는 기의 흐름이라고 간주했으며, 뒷 산에는 한울님이 안주한다고 생각하여 숭배하는 가운데 구릉 기슭에 신당을 배치하고 산들판 위로 마을을 입지시켰다. 들판을 둘러싸는 구릉에 마을을 입지하게 하고 마을 어귀(대문)에 산신당(산신제) 모심으로써 땅의 기(자연의 기)를 존중하며 위계에 어울리는 마을과 건축의 입지와 배치를 정교화하는 이론체계를 정립했다. 이른바 도시 및 건축 분야에 있어서도 범아일여가 될 수 있는 체계가 발전된 것이다. 한국의 노령화 산지에서는 지진이 적고 산사태도 적기 때문에 구릉의 산지에 마을과 건축이 입지하게 되었고 30년 주기로 여름철 폭우로 인한 범람에 대응하며 배산임수(장풍득수 유리)의 입지를 선택하게 되었다. 지진이 많은 일본은 산에서 낙석피해의 위험으로 인해 일반적으로 구릉에 주거가 배치되지 않고 평지에 배치된다. 한국은 산지 구릉에 입지 하더라도 각 주택은 주변의 풍부한 수량의 수원(水原)으로 인해 샘물, 개천, 우물 등에서 생활용수를 쉽게 얻을 수 있었다. 이러한 점이 한국에서 산지 구릉에 마을과 집들이 위치하게 된 이유이다. 이 모두가 풍토적 조건에 대응하여 최적의 입지를 찾아서 주거를 배치하는 선조의 지혜와 경험이 쌓인 지식체계이다.

'이론적으로 풍수에서 중시하는 것은 간룡, 장풍, 득수, 정혈, 좌향, 형국 같은 것들이다. 산을 용에 견주어 산맥의 흐름이나 형세를 보는 것이 간룡(看龍)이며, 산이 둘러싸이고 주변에 물이 흐르는 형세를 보아 바람을 막고 물을 얻는 장풍(藏風)과 득수(得水)가 결정된다. 소위 좌청룡, 우백호, 전(前) 주작, 후(後) 현무라고 하여 사방에 산이 둘러싸는 형세를 이상으로 치고 그 안에 생기가 집중되는 자리를 혈이라고 한다. 혈의 위치에서 본 방위가 좌향을 결정한다. 이를 종합적으로 판단하는 방법으로 산세를 인물이나 짐승의 형상에 견주어 닭이 알을 품고 있다는 금계포란형이니 연꽃이 물 위에 떠 있다는 연화부수형이니 하는 유형으로 분류한 것이 형국론이다.' 64) 이 문장은 풍수지리의 핵심을 잘 설명하고 있다.

풍수지리 3요소를 찾는 것은 달리 말해 지역에서 훌륭한 혈좌(穴座)를 찾는 체계를 의미한다. 첫 번째 형국론은 산의 형태와 모양새, 형상을 비유하면서 예를 들어 소가 누워있는 듯한 형상의 와우(蝸牛)나 닭이 알을 품고 있는 듯한 금계포란형 등의 형상으로 입지의 주변 조건을 찾는 체계이다. 두 번째로 형세론은 형(形)과 세(勢)를 논하는 체계로 입지 중 좌(座), 즉, 건물의 배치를 찾는 체계이다. 세 번째는 방위론으로 건물의 향(向)을 정하는 논리를 의미한다. 풍수지리에서 혈좌(穴座)를 찾는 정혈법에서는 양기와 음기가 만나는 공간으로 양과 음의 시너지가 이루어질 수 있는 곳을 찾는다. 범아일여의 주거가 되어야 하는 조건과 방법론인 것이다. 이를 위해 양택삼요(陽宅三要)의 개념이 발전하는데, 풍수지리의 3요소와 함께 양의 기운을 잘 취할 수 있도록 대문, 안방, 부엌의 위치와 고려사항이 정교하게 발전했다. 실제로 대문, 안방, 부엌은 인간의 주거에 있어서 가장 중요한 요소라고 할 수 있다. 또한 지세(地勢)에 어울리게 건축을 구축할 수 있도록 '득생기(得生氣)'가 중시되었는데, 이것은 건축의 기능이나 공간이 땅속에서 올라오는 좋은 양기(자연의 생기)에 잘 올라타 시너지를 이루는 주거를 추구하면서 나온 것이다.

이처럼 한국건축을 이해하는데 있어서 가장 중요한 측면은 '건축물이 놓여 있는 땅(입지)과 주변 환경에 대한 관계를 어떻게 바라보고 배치했느냐' 이다. 그것은

64) 김동욱, 한국 건축의 역사, 기문당, 2013, p118

건축행위의 출발점이자 가장 중요한 건축의 고려요소이다. 이것은 풍수지리에 있어서 형국(形局)으로 해석된다. 어떤 형국에 마을 혹은 집이 위치해 있느냐가 중요한 것이다. 그것은 '단순히 자연환경과의 관계를 넘어서 자연생명의 에너지의 흐름(땅의 기운)과 어떻게 순응하고 유기적인 관계를 가질 것인가'의 문제와 연결된다. 최초 입지선정이라는 터잡기가 진행된 이후에는 건물을 어떤 방향으로 앉힐 것인가 하는 배치계획이 진행된다. 이 관계에서는 기의 흐름으로 보는 자연의 산지 지형(땅)에 인위적 건축물을 어떻게 놓음으로써 자연의 기의 흐름과 유기적인 조화의 관계를 가질 것인가가 중요해진다. 채광, 환기, 동선의 흐름을 위해 마당을 중심으로 각 채의 놓임과 얽힘을 구성하는 방식이 달라지는 배경이 여기에서 나온 것이다.

풍수지리에서 풍수(風水)는 '바람'과 '물'이다. 풍은 기후를 의미하고 수는 물과 관련된 지리분야의 생명 활동의 모든 조건을 의미한다. 기후와 물을 연상하면 알아챌 수 있듯이, 풍수는 끊임없이 움직이면서 잡을 수 없고 사라지기 쉬우나 실체가 있는 것이다. 이와 같이, 주역과 음양오행으로부터 영향을 받은 풍수지리는 세상의 모든 것들을 기의 운행으로 보는 경향이 강하다. 풍수지리에서는 주변 산세(산수의 형세)와 방위 등의 환경적 요인과 함께 땅속의 '기'가 우리 몸속의 피처럼 일정한 통로를 따라 움직인다고 생각한다. 도성(都城), 사찰(寺刹), 주거(住居), 분묘(墳墓) 등 스케일은 도시로부터 공공건축, 주거(조경, 분묘) 등의 소규모 인테리어까지 정주와 우리를 둘러싼 환경에 대한 종합적인 판단 근거가 되기도 한다. 풍수지리는 인간의 몸뿐만 아니라 땅에도 마치 생명체와 같이 지기(地氣)와 정기가 모여 있다고 믿고 좋은 지기가 있는 곳에 생활의 터와 조상의 묘를 잡으면 후손들이 길하고 복을 받는다고 생각했다. 반대로 그렇지 못한 곳에 터를 잡으면 화(禍)와 흉(凶)한 것이 찾아올 수 있다는 것이다. 결국, 풍수지리는 산세(山勢), 지세(地勢), 수세(水勢) 등을 분석하여 집이나 묘자리의 터 잡음을 통해 길흉화복을 예측하고 분석하는 설이다. 그래서 풍수지리는 지리학, 정주학에 대한 경험과학의 측면과 길흉화복에 대한 주술적 예언의 사이에서 줄타기하고 있다.

이처럼 풍수의 원리는 기(氣)와 밀접한 연관성을 갖는데, 인간이 자연의 기와 순응하는 효과적인 방식이 정교화된 것이 풍수지리이며, 특히 장풍과 득수의 관계를 중시한다. '장풍(藏風)이란 바람을 감추거나 막는다' 라는 뜻이고 득수(得水)란 물을 얻는다는 뜻이다. 이 말은 사람이 사는 땅 즉 자연이 생명체라는 인식을 기본으로 한다는 것으로, 인간뿐만 아니라 주변의 우주 만물이 모두 기의 영향을 받는다는 인식체계에서 시작된다.[65]

풍수지리에 따르면, 기는 생기가 바람에 흩어지고 물에 닿으면 머문다는 성질을 갖고 있기에 배산임수를 통해 적절하게 기가 생동하며 머무를 수 있는 입지를 선정한다. 우리나라 풍수지리에서는 사람이 사는 양택 풍수와 죽은 자를 위치시키는 음택 풍수가 존재하는데 생기가 흩어지지 않는 곳에 시신을 모셨다는 말로 장풍득수(藏風得水)할 수 있는 곳에 묘자리를 썼다는 음택 풍수의 원리를 논하고 있다. 이것은 일반적으로 기의 적절한 균형 상태를 이룰 수 있는 입지선정을 이상적으로 생각하고 실행한 것이다.

따라서 한국건축에 있어서 가장 중요한 것은 그 집이 위치할 땅을 고르는 일이었다. 이른바 입지가 주거에 있어서 많은 부분을 차지하는 것이다. 이런 상황에서 우리나라의 지도가 표현하는 산세와 하천은 산맥과 물줄기의 생기의 흐름을 표현하였기에 강약의 표현(기와 흐름)이 이루어지고 있으며 하천과 산은 음양을 표현하고 있다. 한국인은 이러한 자연의 흐름이 굳어진 지형을 크게 변형하거나 지맥을 끊는 일을 철저하게 금지하는 입장이었고 자연스럽게 자연의 순리와 지형의 흐름 따라 건축행위를 하는 것을 중요시했다. 인간이 자연에 부여하는 의미

7

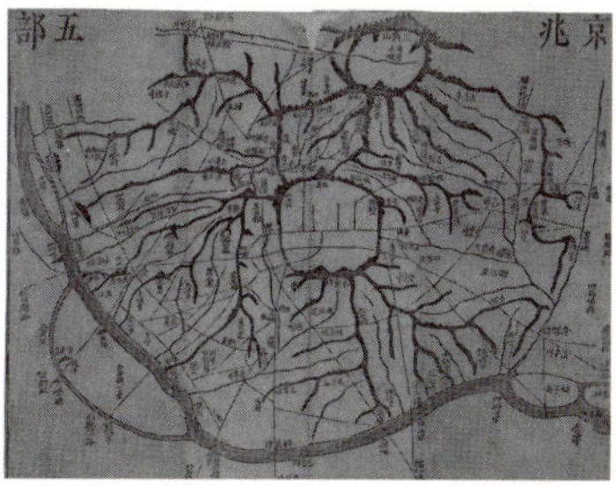

7 지도 생기의 흐름_지형의 흐름표현

65) 한국건축역사학회, 한국 건축사연구 2_이론과 쟁점, 발언, 2003, p53

와 관계, 그리고 기억이 반영된 쌍방향 소통의 결과로 풍수지리는 탄생한 것이다.

이처럼 풍수지리는 자연의 산세 지형(contour)과 물의 흐름 그리고 인간과의 관계를 어떻게 해석하느냐의 문제와 직접적으로 연계된다. 동양인의 관점에서 지형은 거대한 지구의 기(氣, 마그마)가 흐르면서 응축된 것으로 생각했고, 기의 흐름을 반영하고 그 기의 흐름에 맞추어 정주 환경을 조화롭게 구성해야 하여야 하며 기의 흐름을 거스르는 것은 '불경(不敬)한 것' 으로 보았다. 여기에는 주변 지세의 훌륭한 경관을 어떻게 끌어들이고 감상하느냐의 문제도 포함된다. 보는 사람(소우주)이 주변 하늘과 자연(대우주)과 하나가 되기 위해서이다. 그것보다 풍수지리는 주로 정주 환경을 결정해야 하는 상황에서 주변의 산과 물의 흐름에 좀 더 좋은 상황의 정주 환경이 어느 곳에 배치되는 것이 바람직한가에 대한 경험과학이 축적되어 정교화되었다. 그러나 그 과정에서 일정부분 미신의 요소와 권력의지 역시 섞여들어가기도 했다. 우리나라에서 풍수지리는 주변 지세가 일정하지 않고 장소에 따라 드라마틱하게 변화하는 상태를 고려하여 '변화에 적응하는 주거와 권력의 건축 혹은 종교건축을 어떻게 배치해야 할 것인가?' 의 문제와 '자연과 정주의 관계와 정주 네트워크를 어떠한 논리에 의해 배치할 것인가?' 가 매우 중요한 문제였고 이에 대한 해답을 적절하게 제시해왔다.

풍수지리는 선조들이 축적한 데이터를 통해 지리적 단점을 피하고 장점이 모여 있는 곳에 인간의 정주 환경을 구축하고자 하는 경험 과학적 측면의 생태 도시 지리학과 같은 면모를 지니고 있다. 음양과 오행이 서로 작용하여 땅에 좋은 기를 탄생시킨다고 보고, 좋은 기가 많이 모이는 곳을 명당으로 파악하여 명당에 도성, 도읍, 공공건축, 마을, 분묘 등을 배치해야 한다는 것이다. 풍수지리는 자연에 대한 조화능력 혹은 균형감각(비보사찰설)이 발전된 것이다. 그러나 그것이 지관(地官)이라고 하는 특수 전문가 집단에 의해 독점되자 그것은 주역의 점술 혹은 길흉화복에 대한 예언적 요소가 가미되어 마치 인도의 사제에 의한 폐해가 발생했던 것과 같은 불합리한 일들이 발생하기도 했다. 그것은 합리적인 논리에 의한 것이라기보다는 지관의 의견과 권력에 의해 길흉화복의 언설을 그대로 받아들이게 만드는 측면이 있다. 이를 통해 금전적 댓가를 받는 행위는 점을 보고 복채를 받은 행위와 유사하며 이 가운데 불합리한 권력관계가 형성된다. 그것은 마치 한나라 시기에 도사들이 존재하지도 않는 선약(仙藥)을 먹으면 불로장생한다고 속이며 권력관계를 형성했듯이, 풍수지리라는 수단을 사용하여 한몫 챙기는 사도(邪道)로서의 도교의 폐단과 유사한 면모를 지닌다. 이러한 폐단을 겪기도 했지만, 풍수지리는 합리성(경험과학)을 바탕으로 하는 도시지리학, 건축 분야에 샤머니즘, 토테미즘의 민간신앙과 주술적 요소가 함께 개입된 형태의 학문 분야라고 할 수 있다.

–도참(圖讖)사상과 비보사탑설(裨補寺塔)

한국적 풍수지리설의 확립에 결정적인 역할을 한 것은 신라 말 승려이며 풍수설의 대가인 도선국사(道詵國師, 827~898)이다. 일설에 의하면 "도선은 당나라로 유학을 떠나 당시 유행했던 밀교의 승려인 일행(一行)으로부터 풍수설을 배워왔다"라는 설도 있다. 아마도 그의 풍수지리설이 주술적 요소가 공존하기 때문으로 풀이된다. 그는 신라 말 송악을 지나가다가 "지금부터 2년 뒤에 반드시 고귀한 사람이 태어날 것이다"라고 예언을 했는데, 실제로 이후 태조가 고려를 건국했다. 태조 왕건은 그의 예언적 언사와 풍수지리설을 신봉했으며 훈요십조를 통해 자신의 후대 왕들에게 그의 예언적 풍수지리설을 따를 것을 문서화 했고 실제 후대 왕들이 그의 의견을 따랐을 정도로 존경하고 영향력이 지대했다.

풍수지리설은 신라 말기 유입되었고 도선의 도참사상과 결합되어 지방 중심의 국토 재편성을 주장하는 사상으로서 활발하게 논쟁이 이루어졌다. 중앙귀족 중심의 교학과는 달리 선종은 복잡한 이론보다 참선 등의 수행을 중심으로 일반 대중들이 좀 더 다가가기 쉬운 종파였다. 이를 중심으로 하여 지방 호족들이 자신들의 세력을 결집하며 권력을 강화하게 되면서 왕권이 약화되는 결과를 가져왔다. 이때 선종의 승려들은 도참사상을 중심으로 하여 지방호족과 연합하여 지방권력을 강화하고자 하는 방향으로 여론을 형성하기 위해 도참사상을 이용하기도 했다.

도시 건축적으로 살펴보았을 때, 도참이라는 단어에서 도(圖)는 도서(圖書) 및 도화(圖畵)를 의미하는 것으로서 오늘날로 이야기하면 주거와 건축에 있어서 미래 예측을 위한 다이어그램이라고 할 수 있다. 그만큼 도참 다이어그램은 추상적이고 함축적인 상징적 내용을 표시하고 있다. 이어서 참(讖)은 은밀한 말과 문자로서 표시되는 것으로, 인간의 길흉화복을 예언하는 것을 의미한다. 그래서 도와 참은 거의 유사한 단어라고 할 수 있다. 길흉화복을 예언하는 만큼, 예로부터 내려온 음양오행으로부터 기원한 점술과 뗄 수 없는 관련성이 있다. 다만, 도화(圖畵)라는 단어가 들어간 바와 같이 풍수지리에서 풍토와 기(氣)의 특성이 지리와 마을의 배치 및 장소에 어떠한 영향을 끼치는가에 대한 경험과학과 함께 음양오행의 점술의 요소가 함께 융합되어 있는 것이다. 전체와 개체가 따지고 보면 하나라고 하는 범아일여의 인도 사상은 동북아에도 공통분모가 있다. 동양의 사유의 중요한 특성 중 하나는 주체와 대상을 분리시켜 사유하지 않고 개체와 전체가 결국은 하나라는 내재적 사유가 공통으로 흐르고 있다. 그리고 주체의 마음을 중심으로 하여 단편적으로 인지하지 않고 전체를 통합적으로 인지하고자 하는 특성이 있다. 건축에 있어서도 동북아에서는 서양과는 달리 조경이나 풍경, 그리고 유교 건축과 불교 건축에서도 이러한 특성이 적용되어 안쪽에서 바깥을 바라보는 방식으로 주체(소우주)와 객체(대우주)가 일체화된 관찰법(지각의 통합)이 통합적 건축군에 적용되는 구축방식이 전개되었다.

풍수지리설에서는 모든 것이 기의 흐름이라고 설명하며 "기는 바람을 타면 흩어지고 물을 만나면 멎게 된다."라는 방향으로 지형과 집의 터를 분석한다. 세계란 나무, 불, 흙, 쇠, 물과 같은 오행, 공간적인 방향성들, 별들의 움직임, 땅의 구조와 흐름, 시간의 흐름과 분절, 인체의 구조와 생성 등등 모든 것이 상응하는 거대한 체계이다. 그리고 이런 숱한 형태의 상응 및 조응이 가능한 것은 이 모두가 궁극적으로는 기의 흐름과 분절, 순환과 다름없기 때문이다.[66]

풍수지리는 주어진 외적 변수에 따른 환경 결정론적 입장이 강하다. 그러한 부분은 당파적으로 보수적인 입장의 논리이다. 고려 시대 이후에는 도선국사가 환경결정론의 보수적 입장에서 더 나아가 쇠지(衰地)와 역지(逆地)의 경우 기의 측면에서 불합리하고 부족한 부분을 비보(裨補:도와서 더하다)하여 길흉화복 중 화흉(禍凶)을 극복하고 길복(吉福)의 지리와 양택으로 바꾸어주는 적극적인 방식의 풍수지리설이 제시되었다. 이것은 왕실의 보수적인 담론과 사회 분위기에서 진보적 가치관을 가지고 새로운 세상을 꿈꾸거나 중앙집권의 왕권을 약화시켜 지방호족의 세력을 강화하려는 의도를 가지고 제시된 진보적 측면이 있었다. 실제로 풍수지리는 통일신라 말기에서 고려 초기의 시기와 고려 말기의 시기에 조선 초기에 지방호족들의 권력 강화에 기여했다. 풍수지리의 비기(秘記)로서 전해지는 『도선비기(道詵秘記)』 등은 그 전체를 도선이 지은 것인지는 분명치 않지만, 그의 사상으로부터 크게 영향을 받아 기술된 것만큼은 분명해 보인다. 비보사탑설(裨補寺塔說)은 중앙집권적인 의도에 의해 도시 위주로 왕권을 섬기는 사찰이 늘어가는 것에 대응하여 지방 권력의 상승을 도모하고 백성들의 지지를 획득하기 위해서 사찰을 많이 세우기 위한 방책으로 전파되었던 측면이 강하다.[67] 비보사찰설은 물이 전부 중앙으로 모여들어 수덕(水德)이 순조롭지 못함을 주장하며 비보하기 위하여 많은 사탑(寺塔)을 세워야 한다는 논리를 세워 이를 관철시켰다. 이를 바탕으로 중앙집권의 권력을 약화시키는 결과를 가져왔다. 도선이 특히 강조한 것은 특히 한반도의 형세를 배와 저울에 비유하여 배가 균형을 잡아야 안전하고 저울이 수평을 이루어야 하듯이 한반도도 지역적으로 균형을 이루어야 할 것을 주장하였다.[68]

조선 시대에도 민심이 흉흉해지고 국론이 분열되는 시기에 비기(秘記)인 『정감록(鄭鑑錄)』을 믿고 계룡산이 서울이 된다는 등의 소문들과 함께 새로운 수도의 설

66) 이정우, 세계 철학사 2, 길, 2018, p143

67) 비보사탑설(裨補寺塔說)은 지세가 약하고 쓸모없는 땅에 절이나 탑을 세워 땅을 사람들에게 이로운 곳으로 바꾸어준다는 비보설은 지방 각지에 새로 절이나 탑을 세우는 이론적 방편이 되었다.

68) 김동욱, 한국 건축의 역사, 기문당, 2013, p118

립이 풍수지리설과 함께 유포되고 백성들이 믿고 따르는 등의 영향을 미치게 되는 것도 그러한 경향에 의한 것이었다. 도참사상은 정권의 명운에 따라 새로운 정권을 수립하는데 민심 획득과 여론 형성에 있어서 이론적 토대를 만들었다. 풍수지리설의 전문가들이 하나의 이론적 첨병 역할을 하게 된 것이다. 따라서 이 이론은 백성들 대다수에 자세한 지식이 전파되기보다는 오히려 비기(秘記)로 전수되어야 파급력이 큰 영역이었다.

고려 및 조선 시대에 풍수지리는 집과 마찬가지로 '왕조의 궁성 지역과 위치를 어떻게 배치하느냐'의 관계에 따라서 왕조의 홍망성쇠를 예언하기도 했기 때문에 정치문제로 비화되기도 했다. 또한 풍수지리라는 경험과학이 실제로 후손들의 안위와 복락에 영향을 준다고 지관이 강력하게 이야기(예언)한다는 것 자체가 지관과 피이용인들의 권력관계가 작용하게 되는 것이다. 이처럼 도참에는 기후, 지리, 음양오행과 일부 주술 등이 연결되는 도교적 요소들과 불교적 요소까지 통합되어 사용되었다.

도교의 학문적, 종교적 경향은 양면적이어서 권력의 주류에서 벗어난 은둔형 선비나 공동체의 사상이 되기도 하고 다른 한편으로는 아미타불(정토사상)을 믿는 사상과 유사하게 이상사회를 꿈꾸는 혁명 세력들이 부조리한 현실을 타파하고 새로운 세상을 만들고자 하는 혁명의 기본 사상으로 불길처럼 민심을 자극하는 역할로 비화하기도 했다. 정감록 현상 역시 조선 말의 변혁기와 혼란기에 번성했던 현상이었다. 이 책은 도피와 보신책으로서 작용하기도 했지만, 민중 운동적인 결사 행동 조직을 형성하여 들불처럼 불타오르기도 했던 것이다.

앞서 살펴본 도선의 비보사탑 방법론의 도시, 건축적 세부 방법론은 다음과 같다. 도선은 지형의 형국을 분석하여 길흉화복을 예측하는데 풍수적으로 불리한 지형에 부도 혹은 탑을 설치하거나 더 적극적으로는 사찰을 설립함으로써 불리한 지형을 보완하여 좋은 형국의 지형을 만들 수 있다고 보았다. 그것은 마치 병자의 상황을 적절한 치료(약과 수술)를 통해 건강한 상태로 만드는 것과 같은 이치이다. 이 시기의 풍수지리는 밀교 사상이 접목된 것인데 밀교에서는 한 나라의 전 국토를 하나의 만다라(曼荼羅) 도량으로 보고, 택지법(擇地法)에 따라 사찰 및 탑과 부도를 세우면서 숭상하는 부처에게 빌면 복을 얻을 수 있다는 내용이 접목되었다. 세계의 법과 도시 및 공간과 일체화된다는 개념 자체가 범아일여의 도시적, 건축적 방식이라고 달리 이야기할 수 있을 것이다. 그러나 한편으로, 비보사탑설은 도참사상과 함께 사회의 혼란한 상황에서 중앙정부의 권위를 약화시키고 지방호족의 권력이나 세력을 강화하기 위한 사상으로 작용하기도 했다. 도선의 비보사탑설은 그 당시 중앙정부의 비호를 받는 지역에 주로 세워졌던 사찰들과 기득권에 대항하여 그 외 지역에 사찰을 세우는 논리가 되었다. 비보사탑설의 성행과 비보사원의 수적 확대는 고려 말 불교계 폐단의 한 원인이 되기도 했다. 중앙귀족들의 기득권을 강화하는 불교 세력에 대항한다는 논리로 호족들의 영향력이 강한 지역에 사찰을 세우는 행위 자체가 오히려 그러한 폐단을 더욱 강화시키는 역설적인 결과를 가져온 것이다. 혼란한 신라 말기에 도선은 경주의 기운이 쇠했다고 주장하며 풍수지리설을 강조했다. 그러한 주장은 호족의 지방 권력이 강해지고 중앙 권력이 약해지는 결과를 가져오며 새로운 시대를 예견하도록 만들었다. 이러한 움직임으로 나타난 사찰의 설립에는 교종과 선종의 대립으로 인한 측면도 있었다. 교리를 중심으로 하는 보수적 경향의 교종은 주로 중앙귀족들이 지지했다. 이와는 대조적으로, 누구나 참선을 통해 해탈할 수 있는 평등의 가치를 중시하는 선종은 평민 혹은 독립적인 권력을 추구하는 지방호족들이 지지하는 불교 종파였다. 혼란한 통일신라 말기의 상황에서 새로운 나라가 탄생하기를 기원하는 세력들에게 선종의 가르침과 비보사탑설의 풍수지리설이 널리 퍼진 것은 이러한 시대 상황과 사상의 특성이 결합한 때문이었다. 실제로 조선 시대 초기 태조 이성계가 한양을 도성으로 정하여 궁성을 배치하는데 있어서 도선 대사와 정도전의 힘겨루기 속에서 오늘날의 모습으로 정해졌는데, 그것은 결국 도선대사의 의견이 반영된 것이다. 그것은 도교(풍수지리)적 불교 관점과 유교적 관점이 충돌한 지점이었다. '비보설에 의하면 높은 산을 양(陽)으로 보아 이런 곳에는 집을 높게 지어 양과 양이 서로 충돌하는 것을 크게 꺼리고 산이 있는 곳에는 집을 낮게 지어 양과 음이 조화를 이루는 것을 중시했다. 이것은 한반도와 같이 산이 많은 곳에서 건물을 자연 속에 높이 드러나지 않게 하는데 큰 영향을 주었다.'[69] 이러한 의견과 같이 도선은 불교의 승려였지만 실제로는 도교적 관점(주역, 음양오행)에서 세계의 운행을 바라보고 보완할 부분을 찾아내어 건축적 해결방식을 제시하고자 했다. 그 과정에서 정치적 목적을 성취하고자 하는 욕망이 투사되기는 했지만, 지형지세의 기운을 해석하고 그에 맞는 인간의 정주환경과 건축행위를 실행하고자 하는데 도교적 세계관과 정치적 특성을 접목시켜 발전시켰다는 점에서 동중서의 행위와 유사한 지점을 공유하고 있다.[70]

0122 한국 불교 건축의 도교적 특성

인도 베다의 범아일여 사상과 동북아의 도교 사상에는 범아일여(천인합일), 순환과 연기의 특성이라는 공통분모가 발견된다. 이러한 특성은 인도에서 영향을 받은 부분도 존재하지만, 동북아인들의 사상의 근간의 공통분모로서 합이 잘 맞았기에 원활하게 불교사상이 흡수된 측면도 있다. 거기에는 일정부분 지역의 토테미즘, 샤머니즘의 요소들의 힘겨루기, 현지화 및 토착화를 통해 새롭게 정립된 요소들이 생성되기도 했다. 한국 불교의 정토신앙은 이러한 측면이 함께 수용된 것으로 볼 수 있으며 범신론적인 자연적 수용과 변형이 함께 이루어지고 있다.

특정 지역의 토지를 다스리는 신령에 대한 신앙은 세계 대부분의 나라에서 공통적으로 발견된다. 한국에서는 고대로부터 무속문화가 지속되어 왔으며, 풍류도, 범신론 등의 샤머니즘과 토테미즘이 오랜 기간 한국인의 정신과 문화를 지배해왔다. 이러한 형태의 믿음과 문화는 오늘날 불교, 천주교, 기독교가 한국의 주류 종교로 자리하고 있는 가운데에도 민간에서 점술과 굿(무당) 등의 형태로 여전히

69) 김동욱, 한국 건축의 역사, 기문당, 2013, p119

70) 동중서는 유교를 중국의 국교이자 정치 철학의 토대를 만든 철학자로, 유교철학과 음양철학(陰陽哲學)을 통합했다. 그는 '천인감응설'을 통해 우주의 운행을 해석함에 있어서 정치권력이 세계의 운행법칙에 따라 적절하게 통제하는 역할을 수행했다.

존속하고 있다. 그러나 한국 무속에서 신의 개념은 서양의 외재적 신 혹은 외부로부터의 신에 들린 것과 같이 수동적인 개념이 아니다. 한국의 신의 개념은 자연신과 내가 능동적이고 자발적으로 하나가 되는 경지를 추구한다는 점에서 근본적인 차이가 있다. 이른바 자연 합일의 정신을 능동적으로 받아들이는 것이다. 이러한 점은 면면히 이어져 동학사상에서도 신과 능동적인 하나 됨의 시천주(侍天主) 개념으로 계승되고 있다. 일본은 신도문화(神道文化)를 통해 대자연의 정령(精靈)이 있음을 믿었으며 민간을 중심으로 하는 중국의 도교 역시 이러한 특성이 매우 강한 종교이자 생활태도 그 자체였다. 이처럼 도교의 천인합일 사상은 동북아인들이 자연의 일부로서 조화를 이루며 살아가기를 희망하는 다른 형태의 사고방식으로 볼 수도 있다. 그러나 공통적으로 발견할 수 있는 것은, 동북아에서는 이러한 삶의 조건이 맞지 않는다면 혁명 세력의 불꽃으로 화려하게 꽃피우게 되는 경우도 발생했다는 점이다.

일반적으로 종교는 구원과 재림의 신앙이 절대적인 필요 요소 중 하나이다. 영향력을 끼친 신적 존재가 다시 오는 것과 죄를 사하고 구원해줄 것이라는 믿음은 종교의 본질적 요소다. 이미 왔다가 신의 세계로 가버리는 신, 그러나 구원하려고 다시 오실 신, 혹은 다시 와서 백성들을 구원하실 구원자에 대한 신앙은 주로 핍박받거나 어려운 시기에 일반 백성들에게 적극적으로 받아들여지는 경향이 있다. 불교에 있어서도 이처럼 일반적인 종교의 특성인 재림과 구원의 신앙은 '미륵신앙' 으로 나타나곤 했다. 삼국시대, 고려 시대 혹은 조선 시대의 말기에 국가의 말기적 현상으로 백성이 도탄에 빠지거나 전란에 휩싸였을 때, 이렇게 미륵신앙이 유행하였다. 현실의 어려움을 극복하고자 하는 기복신앙이 간절한 염원으로 표출되는 경우에는 불교의 부처 중 '아미타불' 을 믿게 된다. 아미타불은 대승불교에서 서방정토(西方淨土) 극락세계에 머물면서 법(法)을 설한다는 부처이다. 아미타불은 중생들에게 염불(念佛)을 통해 극락에 갈 수 있다는 정토왕생의 길을 제시한 점에서 구원의 부처로 간주된다.

천주교가 토착적인 종교적 관습을 일정 정도 허용하며 포교의 세를 확장해왔던 바와 같이 당시의 불교도 토착 신앙과 호족의 세력을 포용하는 정책을 사용했다. 오늘날 대부분 사찰에 배치되어 있는 산신각(山神閣)에는 호랑이의 등에 올라탄 신선이나 영물(靈物) 등, 그 지역에서 모시는 영험한 존재들을 모시고 있다. 때로는 수없이 많은 신선상을 배치한 산신각도 있다. 모두가 이러한 토착 세력과 신앙대상을 종교적 관점에서 포용했기 때문이다. 부석사의 경우에도 선묘 낭자의 설화와 산신각과 함께 부석사의 부석(浮石)에 대한 일화가 내려온다. 중국에서 선묘 낭자가 자신의 집에 의상이 잠시 거한 인연으로 사모하게 되었고, 의상이 떠나가자 몸을 바다에 던져 용이 되었다. 그 용은 의상이 탄 배를 보호하여 무사히 귀국하도록 했고 이후 부석사를 창건하는데 위협이 되는 도적의 무리를 쫓아내기까지 했다는 설화이다. 실제로 부석사 무량수전(無量壽殿) 뒤에는 부석(浮石)이라는 바위가 떠 있듯이 위치해 있다. 설화나 신화가 그렇듯, 도적의 무리는 통일된 신라의 중앙집권의 확장 의지에 저항하던 세력이었을 것이다. 의상은 각 지역에서 옛 백제, 고구려 시대의 전략적 요충지이거나 거점이었던 지역에서 교세를 확장하기 위해 여러 어려움을 극복해 나갔고, 호족들에게 대한 당근과 채찍을 사용하며 부석사를 창건했을 것이다. 이 설화는 화엄 사상과 불교의 각 지역의 전파와 진출과 함께 중앙집권화의 길을 열었음을 상징한다. 왕자였던 의상이 당나라 유학을 마치고 귀국하고 난 후, 지방 사찰을 설립하며 중앙보다는 외지에 머무르는 시간이 많았던 것은 도시사찰의 불교 세력들과 왕족 세력들의 견제 때문이라는 설도 있다. 그러한 이유에는 당시 기득권 세력에게 새로운 사상으로 무장한 '의상' 이라는 상징적인 인물이 들어온 것에 대한 환영과 동시에 정치적 부담감도 작용했을 것이다. 고대 로마의 카이사르는 여건이 성숙할 때까지 해외에서 계속되는 전쟁을 수행하면서 권력의 중심으로 나아가려고 했다. 의상의 경우, 왕실의 후손이지만 한편으로 귀국 후 견제를 받는 입장에서 권력의 외부에서 활동하며 종교사상계의 차원에서 국력을 통합하고자 하며 권력의지를 종교적 차원으로 승화시킨 인물이라고 볼 수 있다.

불교가 도입되면서 문화 전반과 건축 분야에 있어서 많은 변화와 발전이 있었다. 불교사찰의 가람배치 형식에서부터 공포를 구성하는 부재 구축 및 세부 처리까지 광범위하게 발전되었다. 이러한 변화는 신라에 국한된 것이 아니고 일본에서도 유사하게 나타났다. 통일 직후 경주 주변에서는 금당 앞에 탑이 두 개 좌우로 나란히 배열되는 새로운 형식의 사찰이 연속해서 지어졌다. 이러한 배치 형식은 중국 당나라에서 유행하던 것인데 신라를 비롯하여 같은 시기 일본에서도 수용되었다. 삼국시대에 정토신앙은 미륵사로 대표된다. 김동욱은 백제의 미륵사지를 가리켜 '이러한 가람배치는 삼국시대 다른 어느 곳에서도 비슷한 예를 전혀 찾아볼 수 없는 독특한 것으로, 삼원식의 가람 구성은 창건 설화에 나오는 미륵 삼존불을 각기 모시고자 한 결과로 추측되기도 한다.'[71]라고 언급했다. 미륵사지는 1탑 3금당식이 유행했던 고구려 및 백제와 일부 쌍탑식 배치를 사용했던 신라와는 전혀 다른 독특한 3탑식의 구성을 보이게 되는데, 그것은 과거, 현재, 미래불을 상징하는 것으로 다시 오실 미륵을 염원하는 미래불의 시간성과 염원이 담겨 있는 것이기도 하고 국경의 접경지대에 배치하여 군사적인 의미에서 호국 불교적 성격도 띠고 있는 것으로 알려져 있다. 이처럼 도입기로부터 한국 불교는 토착적인 도교적 특성이 가미되어 융합되었다.

도교적 관점과 불교적 관점에서 보았을 때 세상의 모든 것은 연기에 의해 일정 순간에만 존재할 뿐 실체가 존재하지 않는 허망한 변화로 본다. 따라서 우리 선조들은 고정불변의 대상으로서의 건축보다는 최소한의 구조물이 있고 자연에서 그 기능과 역할이 필요에 따라 시간에 따라 유연하게 쓰여지면 그뿐인 무심하고 무성격한 상태에서 자연의 일부로 작용하는 구조물의 건축물을 선호했다. 한국 불교의 도교적 특성이 융합된 결과이다. 부석사 안양루의 경우, 전망을 위한 공간인 듯, 아닌 듯, 그 자체로는 아무런 건축적 존재감을 드러내지 않으면서 자연의 일부로 자연의 지형 위에 살며시 얹혀있는 모습이다. 서양에서 대상화되어 주위의 오브제로서 강력한 존재감을 가진 건축물을 설계하는 방식과는 매우 다른 접

71) 김동욱, 한국 건축의 역사, 기문당, 2013, p63

근방식이다. 이른바 무존재(non-being)로서의 건축 개념은 물리적으로는 큰 쓰임새가 없거나 존재감이 없는 듯 하지만, 심리적인 측면과 유연한 쓰임새가 마치 살아있는 생명체와 같이 생명력이 있는 공간 혹은 존재로서 작용하고 있음의 차이를 보여준다.

이처럼 서로의 처지와 상황이 역설적으로 뒤바뀔 수 있는 것이 세상의 오묘한 법칙이다. 노자의 사유는 이러한 자연의 법칙에 대해서 깊이 사유한다. "자연은 남는 것을 줄여서 부족한 것을 보충하며 자연은 최소의 수단으로 최대의 목적을 지향한다."라는 노자 77장의 문장은 자연 상태에서는 득과 실이 항상 균형을 맞추려고 한다는 것(엔트로피의 법칙)을 말한다. 노자에 의하면 공간 안에서 사라지는 것은 거리가 증가한다는 것을 의미하는데, 부족함으로부터 그것을 보충하는 성장과정은 물리적 형태에 내재적인 운동을 유도한다. 매스는 공간(void)를 위한 것이고 그 반대가 아니라는 것을 알게 되면 "매스"의 고형체성을 줄이는 것이 공간의 잠재적인 다양성을 풍부하게 한다는 것을 깨닫게 될 것이다.[72]라고 주장한다. '사물의 존재는 유익성이 있고 무-존재는 실용성이 있다.'라는 문장을 건축과 관련하여 생각해보자. 도면을 그릴 때 벽의 선을 긋지만 실제로 사용하고자 하는 것은 하얀 공간을 사용하고자 한다는 측면에서 흰색의 공간은 무-존재를 의미하고 실용성이 있다는 것을 의미한다. 자연의 모든 운행에는 이러한 오묘한 특성이 존재하며 양속에 음이, 음속에 양이 함께 존재하는 것을 강조하는 것이다. 한국건축은 이처럼 무존재로서의 역설적인 건축과 공간 및 쓰임새를 고려하는 무자성(無自性)의 건축, 유연한 건축을 추구했다. 이러한 부분들이 바로 도교의 역설적인 개념과 불교의 무자성의 개념이 공유되는 지점일 것이다.

72) Amos Ih Tiao Chang, 건축공간과 노자사상, 윤장섭 역, 기문당, 1984, p37

대지와의 관계와 순환의 건축적 적용

0123 대지와의 관계와 건축계획에서의 적용

하늘(우주)과 대지(땅)와의 관계를 해석하면서 그 사이에 인간을 위치시키고 다른 요소들(사회 환경)과 건축과의 사회적 생산적 관계를 설정하는 것이 동양적인 대지 해석의 방식이다. 그러한 관계를 설정하는 것은 건축적 배치와 공간, 경관을 통해 사회와 상호작용을 하는 과정으로 생각한다. 여기서 과정은 구축하는 가운데 하늘과 땅의 기운과 소통하고 그 집의 사람과 자연이 소통하며 주변 사회의 환경과 소통하는 집을 지어나가고 경영한다는 의미를 함께 내포한다. '전통 건축에서 택지의 선정은 대지와 인간의 관계를 보완하고 상응하기 위해 전체를 파악할 수 있는 한 부분을 선택하여 일체의 대상을 자신의 것으로 명백하게 하며, 전체와 연관짓게 하여 리(理)를 체득함으로 나아갔다. 광활함이 적당하고 오묘함이 적합하도록 자연을 극내화하기 위해 경영한 철학과 방법인 것이다.'[73] 라는 의견과 같이 우리 선조들은 대지와의 관계 속에서 자연의 순리대로 건축하고 주거영역을 경영하는 것(영조, 營造)을 중시한 것이다.

'현존하는 대다수 한국 전통 건축물들은 산속에 자리 잡고 있는데, 그러한 건축물들은 건물이 들어선 위치만으로도 극적인 장면을 연출한다. 이는 산의 능선과 조화를 이루는 건축물의 형태에서 비롯한 것이다. 다시 말해 건축물을 더함으로써 산자락에 새로운 의미를 부여한다. 이러한 일련의 행위는 대단히 흥미로운 긴장 관계를 자아낸다. 즉 터에 강력한 힘을 부여하는 대신 그 터를 점유하는 건축 자체에는 힘을 빼는 방식으로 두 요소 간의 관계를 설정한 것이다.'[74] 라는 언급대로, 우리 선조들은 주변 자연환경에 건축을 위치시킴으로써 상호 소통하면서

73) 김개천, 명묵의 건축, 컬처그라퍼, 2011, p42

74) 삼성문화재단, 땅의 깨달음 한국건축, Leeum, 프라니스코 사닌, , '관계의 건축' 부분, 2015, p324

두 관계가 더욱 시너지를 일으켜 주변 환경에 있어서 필수 불가결한 관계가 되게 하고, 극적인 긴장의 장면을 만들어냈다. 산지 지형에서 건축하기 위해 다듬은 여러 레벨의 바닥은 가장 오래 지속되는 요소이다. 바닥의 세심한 레벨 변화와 경관의 세심한 변화는 그러한 조화와 긴장에 있어서 극적인 리듬과 효과를 배가시킨다. 이처럼 자연의 기의 흐름에 맞추어 굳어진 지형에 가볍게 건축물을 앉혔지만, 그 건축물로 인해 주변 자연과의 관계에서 시너지를 일으켜 더욱 조화로운 지세를 형성하고 환경을 더욱 강화하는 명백한 이미지를 만들어낸다. 이렇게 긴장감을 만든다는 뜻은 조화로운 장면으로 인해 오히려 건축물이 없었을 때보다 더욱 극적인 장면을 만들어낸다는 의미이다.

쿠마 켄고는 "한국의 건축은 마치 대지와 하나인 듯한 인상을 주어 감히 흐트러뜨릴 수 없을 것만 같다. 이렇듯 단순히 건물이 아니라 대지 자체가 명확한 기하학과 색채로 환원된 것이 바로 한국건축이다. 대지 자체가 자연스럽게 솟아올라 형성된 듯한 건축이 주변의 기운에까지 긴장감을 더해 주위 공기까지 경직되게 만드는 듯하다."라고 했으며 또 "한국건축에서 풍기는 긴장감은 눈에 보이는 것이 아니라 몸으로 느껴지는 요소다."[75] 라고 언급하고 있다. 대지와의 관계 설정과 하나가 되고자 하는 노력에 대해서 높이 평가하고 있는 것이다.

또 그는 다음과 같이 언급한다. "한국인은 대지와 건축을 별개로 생각하지 않고 대지와 같은 건축을 만들고자 노력해왔다. 오늘날의 세계가 필요로 하는 것도 대지를 닮은 건축이다. 대지가 점점 우리와 유리되어가고 급속도로 존재감을 잃고 있기 때문이다. 우리는 대지를 되찾아야 한다. 그것이 바로 건축가들이 해야 할 일이다."[76] 그의 언급과 같이 21세기의 건축에서 필요한 부분은 투명성을 추구하는 것이 아니라 건축에 자연을 되찾아 주는 것이라고 그는 주장한다. 그 역시 대지 자체를 건축으로 형상화한 한국 건축에 영감을 많이 받고 있음을 고백한 것이다.

75) 삼성문화재단, 땅의 깨달음 한국건축, Leeum, 쿠마 겐고, '대지를 닮은 건축' 부분, 2015, p320
76) 상게서, p321

—자연적 수용과 변형

동북아에서 자연의 기를 중시하는 건축적 방식은 자연을 대상화하거나 지배하거나 대규모 토목공사를 하지 않고 자연에 가볍게 올려놓는 건축의 방식으로 나타났다. 한국건축에서는 특히 앞을 닫으면서 동시에 여는 역할을 하는 누각이 가장 특징적인 부분이다. 그것은 자연의 흐름과 기의 흐름을 거스르지 않고자 하는 배려이다. 특히, 한국은 자연과 감응(통감각)하는 건축을 추구했는데, 이는 자연에 순응하면서 동시에 타협하여 조화롭게 인간과 건축물 자연이 공생하고자 하는 방식으로 나타났다. 자연에 맞추는 건축을 한다는 것은 전세계적으로 공통되는 것으로 생각할 수도 있지만, 특히 한국건축이 다른 부분은 동북아의 내재적인 사유와 공명하며 내 안에서 자연을 바라보고 자연과 일체가 되고자 하는 태도를 건축적으로 발전시킨 점이다. 이러한 태도는 단순히 건축을 시각적 대상으로 보는 것이 아니라 나의 시선과 함께 나와 하나의 몸으로 간주하는 관점이다.

그러한 방식은 경험이 합일되면서 내부에서 외부를 바라보는 관점을 중시하는 동북아 회화의 '칠관법'의 표현과 유사한 방식으로 발전되었다. 칠관법으로 표현된 책가도는 한 그림 안에 사물을 바라보는 시각이 다양함을 확인할 수 있다. 이것은 오늘날 우리가 익숙한 투시도적 관점을 여지없이 무너뜨리는 시각으로, 한국의 통합적인 시각의 사물의 관법을 보여주는 사례이다. 평면과 입면이 동시

8

8 칠관법과 책가도

에 그려지면서 다양한 시점의 그림을 그리는 한국화 역시 이러한 칠관법의 특성이 반영된 것이다. 칠관법은 서양인의 시각으로 보면 매우 괴상한 방식으로 인식될 것이다. 주체 중심으로 바라보는 하나의 시각이 아닌 다양한 시각이 교차되며 회화의 구도가 배치되는 방식이기 때문이다. 이를 통해 드러나는 시각적 대상의 모습은 마치 메두사의 머리와 같이 다양한 시각과 면모가 분출하는 상황으로 느껴지기에 충분할 것이다. 그러나 그것은 '내 안의 세계, 세계 안의 나' 라는 부분과 대응하는 것이다. 누각은 그러한 점에 있어서 내재성의 사유와 내부에서 외부로 향하는 시각과 대응되는 한국의 특색있는 건축유형이다.

한국 건축의 가장 큰 특징 중 하나는 무엇보다도 자연의 '기의 흐름과의 조화' 에 있다. 세계의 건축은 대부분 자연과의 조화를 고려하여 구축되어 왔지만, 특히 한국건축은 자연 그대로의 조화를 가장 우선으로 고려하며, 구축해왔음에 틀림이 없다. 풍수적인 측면으로 보면, 자연에 순응하여 배치하고 기교를 최대한 자제하고 자연의 재료를 꾸밈없이 사용하여 표현하고 구축한다. 이러한 방식은 특히 동북아 건축에서 두드러지게 나타난다. 이를 통해 주변 경관과 건축물은 마치 그 자리에 오랜 시간 같이 있어온 것처럼 조화를 이루게 된다. 천인합일의 태도는 구축자 자신이 '자연속에 생활하면서 자연과 하나가 되고자 하는 태도' 가 중심이 되어 실천하며 주변 환경을 현실화시켜 나가는 것이다. 자연속으로 들어가 자연의 훼손을 최소화하고 주위 자연과 일체화되는 경지의 조경을 경영하는 가운데 소박한 집을 자연과 조화롭게 구축하는 것이다. 이러한 태도 자체는 동북아 건축의 원림 조성의 정신과 일치한다. 이를 위해 우리 선조들은 자연을 대상화하여 인공적으로 만드는 것이 아니라 자연속으로 '걸어 들어가서' 대략 집을 지을 땅을 정리한 이후, 최소한의 자연의 훼손을 실시한다. 자연에서 인간이 공존하며 살아나갈 공간을 최소한도로 확보하는 것이다. 이후, 그 영역에 살면서 인공과 자연이 가장 적합한 정도의 조화를 이루는 순간까지 주변의 자연을 경영(經營)한다. 이른바 자연에 일치될 수 있도록 다스리고 경영하며 '영조(營造)' 하는 것이다. '영조(營造)'

라는 단어는 인공과 자연이 조화로운 순간에 이르도록 만들고 나면 거기에서 멈추는 것이 아니라, 그 자체를 계속해서 '지속' 하게 만들기 위한 노력과 실행의 개념까지도 포함하고 있다. 이러한 관점은 서양인들이 집을 짓고 자연적 요소를 집에 어울리게 시각적으로 인공적으로 조화를 이루게 하는 것과는 정반대의 관점이자 프로세스이다. 서양인의 인위적인 방향성과는 달리, 우리 선조의 정원은 이것이 정원인가 할 정도로 사람의 손이 인위적으로 들어간 것 같지 않은 편안한 분위기와 자연적 특성을 고스란히 살리는 풍경을 선호한다. 주변 자연의 생기의 흐름에 순응하고 조화를 이루며 중용의 덕을 지속시키는 것까지 그 개념을 확장하고 있는 것이다.

동북아 및 동남아의 불교사원과 신전들은 엄격한 기하학적 세계와 법칙이 적용되는 것이 일반적이다. 그러나 한국의 사찰은 기하학적 구성을 보이는 듯 보이지만 엄격한 기하학이 적용되지 않고 모서리가 열려 있어서 마당이 이웃 공간에 열려 있다. 산사 마당의 전면에는 대개 특별한 용도가 정해져 있지 않은 누각이 배치되어 있는 경우가 많은데, 누각은 마당 앞을 닫으면서 여는 대표적 건축물이다.[77] 국토의 70퍼센트 이상이 노년기의 완만한 산지로 형성된 한국의 지형으로 인해 예로부터 한국건축은 산지 지형에 적합하게 배치되는 특성을 보인다. 다시 말해 건축물이 살포시 앉혀지는 형세를 중시한다. 동양의 건축물들은 서양 건축물과 같이 주위의 자연적 요소들을 장악하여 기하학적 요소를 삽입하고자 하지 않았다. 건축에서 산, 언덕, 물(계곡) 등의 요소들은 인간의 생존 조건과 삶의 조건 중에 가장 중요한 외적 조건이었다. 그것에 적절하게 순응하면서 그 주변에서 가장 좋은 삶의 거주지를 선택하고 구축하는 것은 상당 기간 그 지역에 대한 매우 세밀한 관찰이 필요하며 자연의 외적 조건에 순응해야 큰 무리가 없는 것이었다. 이러한 외적 조건을 수용하는 과정에서 한국에서는 그다지 존재감이 두드러지지 않는 누각, 정자의 건축 문화가 발전하게 된다. 누각은 자연을 지배하는 역할을 하는 것이 아니라 그냥 자연에 살며시 놓여진다. 지세(地勢)라는 기의 흐름에 순응하여 상대적

77) 이상헌, 한국건축의 정체성, 미메시스, 2017, p439

으로 가볍게 놓이는 것이다. 또한 누각은 자연을 조용히 응시하기 위한 장치이다. 또는 사람을 누각의 누하(樓下)로 진입하도록 하는 동시에 누각의 바닥은 상부 레벨의 중정의 전면과 연결되어 마당을 건축물로 필요에 따라 적절하게 닫아주는 역할도 수행한다. 이처럼 한국건축은 주변 지형과 자연에 거스르지 않고 순응하고 땅의 질서와 타협하는 방향으로 발전했다.

동양인들은 모든 건축물은 내부에서 생활하는 것이므로 거주(장소성)와 생활의 관계망을 짜는 것으로 생각하였고 건축행위는 무언가 부족한 부분을 메워 더 자연스럽게 하는 것으로 보았다. 집을 자연과의 관계에 있어서 부족한 부분들을 메워주며 상생하는 구조물로 본 것이다. 그것은 마치 부족한 부분을 주변에서 도와 스스로 아픈 부분을 낫게 하는 방식인 동양 침술의 방식과도 유사하다. 한국인은 인간과 자연의 관계를 생각했기에 조경에 있어서도 인위적이지 않고 통합적인 지각방식과 의도로 자연을 적절하게 조성하여 마치 자신이 자연에 들어가 있는 듯한 조경, 자연속으로 들어가는 건축을 추구했다. 이는 철저하게 땅의 질서와 타협하는 것이자 대화하며 존중하는 태도로 거주와 주변 환경을 구축하는 것이다. 이 지점이 서양과는 근본적인 차이점이 있는 부분이다.

0124 원통, 불이의 순환

한국건축의 가장 큰 특징 중 하나는 다용도의 생활공간인 마당을 중심으로 하여 각 채가 형성된다는 점이다. 마당의 크기와 쓰임새를 생각하여 먼저 공간을 정하고, 그 이후 각 채가 마당을 중심으로 하여 후발적으로 생성된다. 그리고 그 각 채는 내부 순환 동선으로 연결된다. 이른바 원통(圓通), 불이(不二)의 공간이 되는 것이다. 여기서 마당은 단순히 외부의 자연에 열려 있는 것이 아니라, 그 자체로 하나의 소우주이자 더 넓은 우주(하늘)와 연결되어 있으며, 더 나아가 우주로 확장되는 것으로 생각했다. 범아일여, 천인합일의 정신과 같이 마당 자체가 그 집의 하나의 세계이자 전체 세계(우주)로 확장되거나 열려 있으며 상호 교감하는 것으로 보았다. 선조들은 각 주거와 집들이 하나의 소우주를 품고 있는 것으로 본 것이다. 그 소우주를 중심으로 하여 각 요소가 배치되어 있고 각 요소의 양과 음의 성격이 배분된다. 그리고 그 요소들은 상호 연결되어 순환되고 융합된다. 이른바 원통(圓通)의 공간이 되는 것이다. 대우주와 소우주와의 원통, 소우주 내부의 원통이 동시에 이루어진다.

'한옥은 이전의 태극론과는 달라서 음과 양의 중앙에 태허가 있다는 것이다. 이것을 한옥의 공간으로 형상화하면 태허인 안마당을 중심으로 하여 뒤로는 체인 안채를, 앞에는 용에 해당하는 사랑채를 배치한다. 사랑채 앞에는 안마당의 음성적 성격과 대비되는 양성적 성격의 마당 공간을 두며, 그 앞에 행랑채를 배치한다.' [78]라는 의견과 같이 양과 음이 혼재된 혼돈의 태허를 상징하는 마당을 중심으로 양과 음의 요소들이 배치되고 상호작용하며 순환한다. 이처럼 하늘을 면한 중정형의 주거 건축의 유형은 동북아지역과 인도, 북아프리카 및 극동 지역에 분포해온 주거 형태이다. 내향형의 주택의 가장 큰 특징은 사적인 성격의 '중정' 이 만들어진다는 점에 있다. 중국에서는 그것을 '하늘 우물' 이라고 표현하기도 하는데 외기에 면해 자연의 흐름 즉, 빗물과 채광, 환기가 가능한 구조를 만든다. 내부의 중정은 거주자에게 외부의 기후보다는 좀 더 온화한 미세 기후를 제공한다. 또 적절하게 분수나 식물 등을 사용하여 온도, 습도를 제어하기도 한다. 또 프라이버시를 확보할 수 있다. 서양의 파티오와는 달리 한국의 마당은 마당의 존재를 먼저 계획하고 그 이후 마당의 쓰임새에 맞추어 주변의 각 채를 만들어낸다는 점에서 근본적인 차이가 있다. 내향형의 주택은 다중심의 중정을 통해 외부인과 내부인의 생활영역을 적절하게 구분할 수 있도록 하고 있다. 공동체의 위계와 질서와 공간문화를 만들어내는 것이다. 또한 방은 대부분 다양한 용도의 공간으로 유연하게 사용될 수 있다. 이른바 유연한 회색 공간 혹은 무자성의 공간이라고 할 만하다. 이러한 공간은 양과 음의 성격의 기능들이 조화를 이루며 순환된다.

자연의 흐름과 운행의 법칙에 맞추어 집과 각 기능이 물의 흐름과 같이 원활하게 기능하고 동시에 자연에 거스르지 않으며 하나가 되는 공간, 그것이 바로 불

78) 김홍식, 대동사회 건축론, 발언, 2016, p51

이의 공간이 된다. 자연의 기의 흐름을 원활하게 느낄 수 있도록 또한 자연의 기의 흐름이 원활하게 이루어질 수 있는 방식으로 건강을 지킬 수 있는 구조가 바로 한옥의 마당을 중심으로 하는 구조라고 생각할 수 있다. 한국의 집의 구조는 우선 혹서와 혹한이 뚜렷한 한반도의 기후적인 조건을 고려하여 계획되었다. 혹한을 견디기 위해 낮은 천장의 온돌방을 계획했고 혹서를 견디기 위해 원활한 통풍과 외기에 면한 반외부공간인 대청마루를 고안했다. 선조들은 원활한 통풍이 가능한 창 구조, 흙 마당의 대류현상을 이용한 생기의 흐름(통풍)을 추구했다. 공간구조는 다음과 같이 형성되었다. 온돌의 좌식생활로 인해 신발을 벗고 들어와야 하므로 출입구는 한곳으로 최소화되고 마당을 중심으로 각 채에 원활하게 연결되는 연결 동선이 중요하게 된다. 이러한 기본적인 외적 변수로부터 만들어진 한국의 집이 바로 한옥이다. 한옥은 한국의 기후, 지형의 조건들이 만들어내는 자연과 생기의 원활한 대화를 추구한 결과물이라고 할 수 있다. 거기에는 인도의 고대사상(범아일여)과 무자성의 불교사상 및 도교의 공통분모가 결합된 동북아 특유의 내재성의 세계관이 반영된 결과물이다. 그것은 자연의 기운과 하나가 되어 자연의 흐름에 거스르지 않는 사고를 발전시킨 것이다. 인간의 거주공간은 범아일여와 천인합일의 정신과 동북아 사유의 흐름과 일치하는 것이라고 할 수 있다.

0125 천인합일과 원림조성의 의미

동북아 건축과 조경의 자연 개념은 자연이 스스로 드러난 것이 아니라 지각방식과 의도가 개입되어 드러난 자연이라는 개념이다. 근대 서양에서 자연은 불완전한 두려움의 대상이었다. 그래서 인간이 인지가능하고 통제가능한 픽처레스크의 정원을 추구했다. 그것은 단순히 감상의 대상이자 통제가능하고 예측가능한 자연이다. 그러나 동양의 자연은 인위적 자연이 아니라 자연의 부족한 부분을 메워 자연을 더욱 자연스럽게 만드는 방식을 중시한다. 특히 한국의 건축이 자연에 앉혀지는 방식과 조경은 자연속으로 들어가는 원림과 조화를 이루는 건축을 추구한다. 이것을 통해 자연의 순환(기의 순환)을 느끼게 되고 동시에 통감각적 체험을 가능하게 한다.

천인합일의 정신은 동북아 건축에서 자연을 대하는 '태도'로서 나타난다. 나를 둘러싼 자연의 테두리 내에서 보이는 모든 것, 느끼는 모든 것을 존중하고 그것을 끌어들이고 영위하는 것이 천인합일 정신의 기본적인 태도이다. 거기에서 인위적인 요소는 최소화하고자 하는 것, 그것이 바로 원림 조성의 태도이다. 그 자연의 풍경속에 인공적인 환경은 인공성을 최소화하며 조성한다. 그러나 집 자체는 단정한 방형(사각형)으로 구축하는데, 자연의 유기적인 형태와는 달리 그리드로 구축되며 그 영역의 질서를 수립한다. 대신 자연과 유사한 지붕의 군집을 통해 조화시키고 내부는 외기에 면하면서 동시에 내외부의 침투가 동시다발적으로 이루어지며 레벨의 변화와 구획의 변화가 자연의 끌어들임에 맞추어 조절될 수 있도록 계획한다. 그것은 하나의 작은 세계를 창조하는 것이다. 이처럼 우리 선조는 옛 원림의 자연 상태에 따라 원림을 조성하면서 억지로 그 무엇을 추구하지 않았다. 주변을 이루는 자연에 맞추어 훼손을 최소화하는 원림을 먼저 조성하고 이후 질서 체계의 공간구획을 하면서 동시에 자연을 최대한 느끼고 끌어들일 수 있는 방안을 마련하는 것, 그것이 바로 동북아 건축의 천인합일과 원림 조성의 기본적 자세와 태도이다. 그것은 그 공간을 이용하고 영조하는 사람의 자연과 세계를 조화를 이루며 새롭게 창조하는 것이다. 이러한 태도는 불교에서 자신의 인식에 따라 자신만의 세계가 따로 따로 창조된다고 보는 시각과 연계된다.

이러한 사례로서, 소쇄원에서 원림과 함께 건축된 누각(정자) 건축에서 순환의 특성을 살펴볼 수 있다. '소쇄원은 세 군데의 영역과 두 채의 건물들의 요소들로 구성되며 순환적인 구성을 이루고 있다. 소쇄원의 담장들은 스크린과 오브제의 역할을 동시에 하고 있다. 여기서 나지막한 담장은 각 레벨과 영역을 한정하는 듯하지만, 그 영역은 담장을 따라가면 안팎의 구분이 의미가 없어지는 영역의 풀어짐을 경험하게 된다.'[79]라고 표현된 것처럼, 소쇄원의 각 영역은 내부인 듯 외부인 듯 경계가 모호하면서 동시에 순환하는 신기한 경험을 하게 된다. 복숭아나무가 심어져 있는 오목한 공간은 내부인 듯하면서 동시에 그 담장을 좇아 광풍각의 영역으로 옮겨가면 외부가 되어 있다. 소쇄원의 공간들은 이른바 자연을 상징하는 순환의 공간이 펼쳐진다. 각 영역은 다음과 같다.

'전정(前庭): 그 유명한 대나무 숲과 진입부, 어두운 숲을 지나 갑자기 밝고 넓어진 정원에 감동한다.

원정(垣庭): 담장으로 구획된 대봉대 애양단이 있는 장소. 긴 담장을 따라 좁은 진입로가 유도되며 왼쪽으로는 두 개의 인공 연못을 감상한다. 그러다가 밝고 넓은 애양단에 다다른다.

오정(烏庭): 개울 건너 조성된 꽃 계단과 긴 담장. 꽃계단 담에는 소쇄처사양공지려 라는 명문이 붙어 있다.

계정(溪庭): 광풍각 일대와 계곡. 이곳은 소쇄원의 중심공간이다. 개울의 물소리를 들으면서 휴식과 독서, 바둑두기, 술 마시기, 노래하기, 거문고타기, 낮잠 자기 등 온갖 휴양과 유희의 행위가 벌어진다.

후정(後庭): 제월당 일대와 뒷산. 제월당은 주인의 독서실이면서 소쇄원 전경을 감상하는 곳이다.'[80] 이처럼 소쇄원은 원림과 인공건조물의 조화와 순환이 원활하게 이루어지는 천인합일의 탁월한 사례이다.

인도 사상과 동북아 사상에서 공통으로 보이는 점은 자연과 하나가 되고자 하는 것과 자연에 내재해 있는 신적 속성이 내적 자아(진여)에도 존재하다고 보는 생각이 동일하게 존재한다는 점이다. 그럼에도 불구하고 국가별, 지역별로 자연을 대하는 태도와 자연을 즐기는 방식은 제각각임을 알 수 있다. 한국에서 자연을 바라보는 방식, 그리고 자연을 대하는 태도는 이처럼 소쇄원의 자연을 살펴보면 그 방식을 확인할 수 있을 것이다.

한국의 정원의 원림에는 돌과 물, 식물 등 자연물과 누각 등 건축물을 조성하여 인공물과 자연의 조화를 통해 인공적인 자연을 조성한다. 그러나 어디가 진정

79) 김봉렬, 김봉렬의 한국건축 이야기2_앎과 삶의 공간, 돌베개, 2006, p72
80) 김봉렬, 상게서, 2006, p63

한 인위적인 자연인지 구분하기란 쉽지 않다. '한국의 정원은 사람이 자연속으로 들어가는 느낌이 강하게 조성되기 때문이다. 그 목적은 자연에 대한 동경을 기본 사상으로 하여 유한한 공간에서 계절의 변화와 시각적인 아름다움을 감상하려는 것이다. 또 곳곳에 고사를 인용한 이름을 짓고 지인들과 원림의 공간들을 향유함으로써 인문적으로 종합적인 예술의 경지를 추구한다.'[81] 차경(借景)의 개념은 집의 내부에서 자연을 프레임화하여 끌어들이는 방식이다. 그러나 일본의 경우, 자연을 축소하여 소우주로서 표현하여 관리하고자 하는 경향이 강하다. 일본 정원의 목표는 이처럼 자연을 인공적으로 이쁘게 축소하여 만들어놓고 감상하는 '축경(縮景)' 이라는 고도의 상징수법을 통해 감각세계를 넘어 선(禪)의 경지를 추구한다. 마치 분재와 같이 자연을 축소시켜 뒷마당에 놓고 관조하는 방식을 선호하는 것이다. 있는 그대로 자연속에 들어가 자연 자체를 하나가 되어 즐기는 한국의 방식과는 사뭇 다른 접근방법이다.

원림 조성의 자세는 서양처럼 건물을 짓고 자연을 모방하여 자연적 요소를 의도적으로 배치하는 것이 아니라 자연법칙을 받아들여 자연과 대화하며 자연에 인공건조물과 조경을 조화시키는 것이다. 한국의 원림을 제대로 느끼기 위해서는 사람이 직접 들어가서 체험해야 한다. 그것은 서양처럼 시각적 대상 혹은 경관의 대상이 아니다. 직접 들어가서 다차원의 감각으로 느끼며 종합해야 하는 방식이다. 따라서 원림의 감상은 경험일 수밖에 없다. 관찰자는 경험과 감각이 더해지면서 자체 내에서 경험의 요소들을 재조합한다. 그것은 자신의 마음으로 또 다른 세상을 지각하여 창조하는 것이다. 중국 건축가 왕수의 경우, 산수화의 다차원적인 관법(觀法, 우리나라의 경우 칠관법)을 통해 경험과 감각을 재창조하면서 하나의 세계를 창조해나가는 과정을 중시한다. 그가 이야기하는 '영조(營造)' 의 개념은 이처럼 자연에 걸어 들어가 자연에 함께 속하면서 자신을 둘러싼 자연을 함께 만들어나가는 원림 조성의 과정과 일치한다. 오늘날의 건축도 이러한 자연으로 들어가 영조하는 '태도' 로부터 나오는 계획방식을 숙고해보아야 할 필요가 있다.

81) 박윤준, 정승진, 아시아 건축의 이해, 서울하우스, 2010, p87

건축 요소의 개체와 군집

내재적 초월성을 중심으로 하는 동북아 사유에서는 요소들의 관계와 움직임, 세계 운행의 순환에 따라 세계 운행의 법칙에 대한 해석이 이루어진다. 또 우리 선조들은 그 기의 순환에 맞추어 중도의 상생의 관계로 조화를 이루는 것을 자연의 최적의 상태로 간주했다. 그것은 논리와 직관의 관계성을 고려하여 조화를 이루도록 하는 조형과 공간화의 담론으로 발전했다. 훼손을 최소화하고 주위를 둘러싼 자연과의 관계를 설정하면서 산세와 자연의 운행에 맞추어 거스름 없이 계속해서 영조(營造)하여 나가는 방식을 선호한 것이다. 이 모든 것은 선조들이 세계 운행과 주위의 자연 모두를 기의 흐름으로 보고 그 기의 흐름에 상생하는 방식으로 건축행위가 이루어질 수 있도록 발전시킨 것이다. 이제 동북아 사유의 범신론적 특성과 그에 대응하는 건축 방법론에 대해서 살펴보도록 하자.

0126 내재성의 범신론적 특성과 건축의 태도

'노자의 철학은 관계의 철학이라고 말할 수 있다. 관계의 철학은 하나의 요소만으로 만들어지는 개념으로는 설명이 불가능하다. 그 이유는 여러 요소가 관계를 맺으며 끊임없는 운동과 변화를 만들어내는 부분을 사유하기 때문이다. 그것은 이성을 부정하고 변화하는 경험의 영역을 긍정하는 것이다. 세계는 유와 무의 상호 의존관계이다. 유는 무를 기다리고 또한 무는 유를 기다리며 서로에게 의존한다.' [82] 따라서 세계는 유와 무의 조합 및 상대적인 면으로 이루어져 있다. 그래서 '노자는 세계를 상호 다른 힘의 대립면에 존재한다고 보았다.' [83] 마치 꼬여 있는 새끼줄처럼 여러 가지의 요소들이 상보적으로 뒤섞이면서 서로를 기다린다. 그리고 서로 다른 요소들의 경계면이 형성된다. 그리고 순환한다. 이 모두가 들뢰즈

82) 최진석, 생각하는 힘, 노자 인문학, 위즈덤하우스, 2015, p191
83) 상계서, p195

의 사유들에서 나온 키워드들 및 관심사와 유사한 지점을 공유한다.

들뢰즈는 스피노자를 인용하여 "신체는 정신을 사유로 결정할 수 없으며 정신도 신체를 운동이나 정지로 그리고 (만약 다른 어떤 것이 있다면) 다른 어떤 것으로 결정할 수 없다."[84]라고 주장한다. 그는 이러한 사유를 구체화시키기 위해 자연을 사유함에 있어서 능산적 자연과 소산적 자연을 구분했다.[85] 여기서 그는 실체가 신의 속성이 있어서 자신을 변화시켜 만물을 구성한다고 생각했다. 이렇게 되면 세계는 곧 신이라는 등식이 성립한다. 만물에 신의 정령이 녹아들어가 있다고 보는 '범신론'으로 보일 수 있는 부분이다. 그러나 그는 단순히 범신론적인 생각에서 머무는 것이 아니라, 세계가 정신과 물질로 표현되는 사유의 연장선상에서 정신이 다양한 형태로 항상 변화하면서 새롭게 분기되어 현실에 나타난다(현시)고 생각했다. 플라톤의 사유는 중세의 교부철학과 만나 이원론적 세계관에 깊이 빠져들어 있었다. 그러나 데카르트 이후, 스피노자는 인간이 기본적으로 정신과 육체로 나누어지며 서로 통합되어 있는데, 인간은 이 두 가지를 합일하려는 코나투스의 상태에 있다고 생각했다. 이것은 '지속되는 힘'으로 설명이 가능하다. 스피노자는 수시로 변하는 인간의 감정과 도덕적 이상을 조화시키면서 안정된 상태에서 합리적으로 감정을 조절하는 것이 '도덕'(윤리)이라고 생각했다. 이러한 개념과 유사하게 동북아 건축에서 '영조(營造)'의 개념은 자연과 거스르지 않으면서 일체가 되고자 하며 그것을 적절하게 유지하고자 하는 건축과 토탈 디자인(total design)의 개념이 곧 자연과의 합일이며 동시에 도덕적이라고 생각하는 동북아 사유와 건축적 태도와 상당 정도 공유되는 부분이 있다.

관계를 중시하는 방식은 자연과의 관계, 그리고 집을 사용하는 사람들의 장소와 공간과의 관계, 주위 콘텍스트와의 관계를 생각하면서 서로를 기다리며 순환하는 방식을 의미한다. 한옥에서 개별 건축물과 처마들이 군집을 이루며 만들어내는 공간과 처마 밑의 어둡지만 정취있는 공간들의 켜, 바닥 레벨의 유동성과

84) 스피노자 에티카, 강영계 역, 2008, p155

85) 스피노자는 무한한 실체라고 한 자연을 능산적 자연의 개념으로, 시간 속에서 변화하는 각각의 사물(양태의 세계)은 이 실체로부터 흘러나와 그 결과로 생긴 소산적 자연으로 보았다.

담장의 면을 통한 공간들의 한정 그리고 이로 인한 차경의 도입 등 자연과의 관계를 중시한 공간구성을 추구했다. 또 한옥은 구성원의 영역, 주변 자연 지세와의 관계, 건축물들의 군집이 만들어내는 외부공간과의 관계 등에서 자연과의 복합적이고 다차원적인 접촉면들을 만들어낸다. 서로 다른 요소들의 경계면들은 접면의 프로그램들 사이에 서로를 기다리고 순환하는데 도움을 준다. 그 공간은 완전한 내부도, 완전한 외부도 아닌 채, 내외부의 상호 관입을 통해 자연과 하나가 된다. '자연의 생기'를 느낄 수 있는 구조와 순환성은 자연의 일부로서 역할을 한다. 이것은 자연으로부터 펼쳐져 나와 있는 통합체이자 자연과의 관계 중심의 복합체임을 감지할 수 있게 한다. 기의 흐름을 원활하게 하면서 주변을 감싸고 있는 모든 자연의 요소와 인공의 요소들이 조화를 이루며 하나가 되고자 하는 것은 오늘날 들뢰즈의 범신론적 특성과 변화에 있어서 공통적으로 공유되는 부분이 존재한다.

—논리와 직관의 조화

한국의 사찰과 한옥은 그리드 체계를 가지고 있으면서 동시에 의도적으로 살짝 그리드 체계를 벗어나는 공간구성을 보인다. 영역성을 강하게 드러내는 회랑구조는 권위를 상징하는 건축과 종교건축에 있어서 세계 건축물에서 공통으로 나타나는 형식이다. 인도의 종교건축과 불교 건축의 발전에 있어서도 스투파를 중심으로 숭배의 대상을 둘러싸고 상징물을 관리하고 교육하는 프로그램 및 공간구조가 짜여지고 확장되면서 오늘날의 종교건축의 영역과 유형이 발전해나가게 되었다. 그 과정에서 인도 종교건축과 불교 건축은 서양의 논리성에 의해 구축되는 공간구조가 동북아에 전파되었다. 앞서 언급한 바와 같이 초기 왕실을 중심으로 하는 도시사찰의 논리적인 공간구조와는 달리 동양의 사유와 경쟁하고 영향을 주고받으며 종합하는 가운데 독특한 선불교의 사유와 수행의 전통이 형성되었고 산지를 중심으로 하는 사찰의 파격적인 특성들이 나타나게 되었다. 특히 한국의 경우, 사찰은 마음을 중시하는 동양적 관점과 내부에서 외부를 바라보는 칠관법의 영향, 지세에 순응하는 배치 등을 통해 전체적으로는 최소한의 그리드 체계를 유지하려고 하는 가운데, 질서의 의도적인 변용이 이루어지게 되었다. 그것은 주변과의 대응, 감응, 자연과의 조화를 중시하는 동양적 사유와 직관적인 가치관과 통합을 이루는 것이다.

앞서 원림 조성에서 언급한 바와 같이 자연으로 들어가는 조경(원림)과 조화를 이루는 건축을 추구했던 동북아인들에게 건축은 자연을 정복하고 장악하는 수단이 아니었다. 건축은 자연과의 조화로운 삶을 도와주는 고마운 존재로서 구축되어 이용되면서 기억이 축적되어 장소가 되는 '존재' 였다. 일반적으로 동북아인들은 자연의 지형과 수목, 풀 등의 요소 중에 잡풀만을 최소화하여 제거하고 건축물을 앉히는데, 기본적으로 건축물은 그리드 체계를 접목하여 방형(사각형)으로 구축한다. 건축물의 구성은 단정하면서도 동시에 자연에 거스르지 않는 방식으로 구축된다. 자연의 조화를 위해 주변 자연환경과 어울리는 유기적 형태의 정원을 경영하면서도 건축 공간은 매우 단정한 계획적 특성을 보이는 데, 이 부분은 오늘날에도 생각해볼 만하다. 유기적인 형태가 아니라 방형의 그리드 체계로 건축물을 구축하고 동시에 자연을 끌어들이는 장치를 적용하면서 자연과의 조화를 추구하는 것이다. 다른 말로 하면, 그것은 자연의 유기적 형태와 그리드로서의 논리적 형태가 조화를 이루게 하면서 동시에 그 그리드 체계 내에 자연의 요소가 내, 외부를 명확하게 구분하기 힘들 정도로 침투되어 자연과 인간의 개입(그리드 체계)이 조화를 이루도록 하는 노력이라고 볼 수 있다. 특히 한국건축은 자연속에 기하학적인 방형의 간결한 건축물이 들어섬으로 인해 오히려 자연만 있을 때의 장면과 비교하면 다른 차원의 수준 높은 조화의 장면을 만들어낸다. 그 요소들은 상호 긴장의 요소들이 조화를 이루면서 더욱 강력한 장면을 만들어내기 때문에 그 건축물이 없었으면 오히려 서운할 정도로 건축물과 자연이 일체화되면서 하나의 조화로운 긴장의 장면을 만들어낸다. 그러한 측면에서 한국의 건축과 조경은 자연과 뗄레야 뗄 수 없이 조화를 이루는 '경영' 의 정도를 보여준다. 건축물이 들어섬으로 인해 주변과의 조화를 이루면서 동시에 주변의 경관과 섬세하게 상호작용을 하며 완전해지는 경지를 추구하는 것이다. 이를 위해 경영하며 계속해서 가꾸고 만들어나가는 '영조(營造)의 개념' 이 중시되었던 것이다. 오늘날 우리는 서양의 대상화된 구축과는 다른 '토탈 디자인' 이자 '지속' 의 자연적 개념까지 포함되어 있는 영조의 개념을 잘 되새겨 보아야 할 것이다.

0127 프랙탈 이론과 만다라의 질서

자연과 건축물이라는 요소들의 적절한 긴장과 조화의 원리는 화엄종의 일즉다 다즉일의 사상과 연계될 수 있다. 여기에서 오늘날의 프랙탈 이론과 불교의 만다라의 공통분모를 찾아볼 수 있다.

오늘날, 개체 중심의 논리가 아니라 세계 혹은 자연의 질서와 법칙에 순응하여 개체 역시 동일하게 일체화되고자 하는 범아일여의 통합적 자세가 점점 중요해지고 있다. 이에 따라서 현대과학의 총체적 관점 또한 새로운 방향성을 가지고 발달하고 있다. 생명체는 물질과 달리 생명의 약동을 통해 솟아오른다는 베르그송의 철학적 관점과 함께 프랙탈을 통해 자연현상의 미시적 구조와 거시적 구조가 같은 자기유사성의 질서를 보임을 밝히고 있다. 이 이론은 자기조직화의 논리를 통해 안정화를 이루는 형태와 구조를 이루고 있음을 밝히고 있다. 우연적인 요소들이 창발되며 만들어내는 양상이 결국 거시적인 관점에서는 전체와 네트워크화되며 전체와 부분이 서로 자기유사성을 갖기 때문이다. 외재적인 측면에서는 혼돈의 상황인 것 같지만 내재적 질서의 관점에서는 자신의 위치와 역할에 맞게 요소들이 질서를 이루며 조화를 이루고 있는 것이다. 개체와 전체가 동일하며, 신적 속성이 개체에 존재한다는 내재성의 사고는 개체의 군집과 전체를 만들어가는 자기유사성과 유사한 지점을 공유한다.

–프랙탈 이론

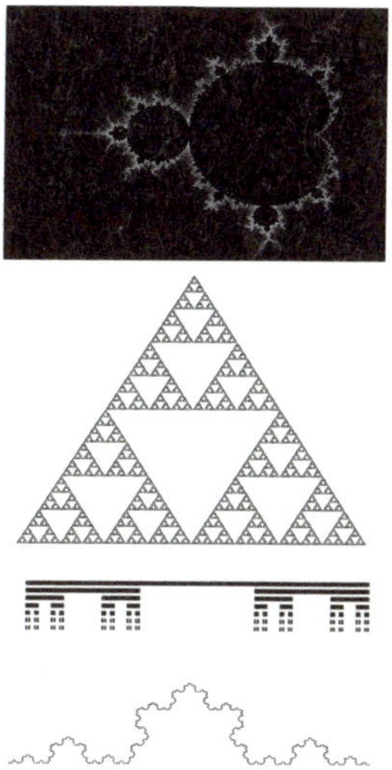
9

카오스 이론은 세계와 관련하여 직관의 영역을 사유하며 불규칙한 현상의 배후에 감추어져 있는 규칙성을 찾는 이론이다. 이 이론은 비논리적 특성을 찾는 질서의 형태를 만들어가는 과정에서 법칙을 발견하고 안정화시키는 방법론에 대한 연구이다. 또 복잡계 이론은 어느 장소에서 일어난 작은 사건이 강력한 영향력을 끼칠 수 있다는 것에서 시작하여 다양하고 복잡한 요소들이 상호 긴밀하게 연결되어 있다고 본다. 그것은 자기조직화와 관련이 되어 있고 이후, 복잡한 경제 현상을 설명할 수 있는 나비효과 이론까지 발전했다. 프랙탈 이론을 처음 정립했던 만델브로는 카오스에 내재하는 질서와 구조를 발견했다. 프랙탈 이론에서는 복잡한 해안선의 형태도 사실 미시적인 구조와 질서가 동일한 구성방식으로 확대 재생산되고 있다고 보기 때문이다. 자기 유사성을 지닌 부분이 전체의 일부이기도 하고 확대해서 보면 전체의 모습이기도 한 순환구조를 이루고 있다. 여기에서 인도와 동북아에서 강조하는 범아일여의 사상과 연계되는 부분이 감지된다. 시스템이 반복되면 거시적인 구조와 미시적인 형태에 있어서 자기 반복적인 형태를 보이게 된다. 프랙탈의 형태 구성의 특성은 미시적, 거시적 관점에서 모두 같은 구조인 패턴 안의 패턴으로 연결되는 자기 유사성의 특성을 지닌다. 만델브로는 불규칙한 현상으로 보여지는 것이 사실은 그 이면에 자기 유사성과 순환성을 가진 프랙탈의 개념으로 무한 증식되며 형태가 생성되는 과정(움직임, 변화)이 이루어지는 것임을 주장한다.

오늘날 과학적인 방식으로 증명이 되고 있는 프랙탈 이론은 인도 및 동양사유에서도 공통적으로 유사한 지점을 발견할 수 있다. 인도의 범아일여 사상과 동

9 프랙탈구조

북아의 천인합일 사상은 프랙탈 이론과 매우 유사한 면모를 보인다. 전체와 개체(하나), 개체와 전체가 결국 하나와 같다는 생각은 자기유사성을 증명하는 프랙탈 이론과 매우 유사한 지점을 공유한다. 자연에서 최대한의 빛을 받아들이기 위해 최대한의 면적을 점유할 수 있는 잎의 구조를 만드는 것과 최대한의 공기를 받아들이기 위해 허파조직의 실핏줄 구조, 산맥의 흐름의 형태와 구조 등 자연적으로 구성되는 수많은 요소들 모두가 자기 유사성의 프랙탈 구조로 이루어져 있음이 발견되고 있다. 우리의 한옥과 전통 건축은 대청과 누마루, 툇마루, 마당을 통해 내부에서도 외부의 생기를 최대한 끌어들일 수 있는 구조이다. 그것은 마치 프랙탈 구조와 마찬가지로 최대한 외기에 면하고 외기와 소통하는 열린 구조가 자기 유사성을 가지고 증식되고 있는 한옥들의 군집된 공간구조와 유사하다.

프랙탈의 기본구조는 끊임없는 증식과 복제를 통해 자기 유사성의 구조를 형성하면서 순환성의 특성을 보인다. 프랙탈의 구조는 한국건축의 한옥의 공간구성과 연계된다. 한옥의 각 채는 거의 동일한 유형들이 접목되면서 확장된다. 한옥의 구성배치는 각 영역의 중정인 마당을 중심으로 하여 다중심의 구조를 보인다. 동시에 이것은 한옥의 내부의 순환성과 매우 유사한 면모를 보인다.

프랙탈 기하학은 위상수학 분야에 속하여 논의되며 복잡계 과학은 비선형적

〈표9. 프랙탈의 특성〉

형태 창시자	최초의 기본적인 개념이 되는 단위
형태 생성자	프랙탈 도형을 만드는 규칙이 주어졌을 때 생기는 기본형으로 이 생성자를 어떻게 반복하느냐에 따라 다른 프랙탈 도형이 얻어진다.
형태생성의 알고리즘	1) 자기유사성: 자기유사성은 하나의 대상을 구성하는 작은 부분들이 그 대상의 큰 부분들과 유사한 의귀성을 말한다. 2) 스케일링: 형상 변화없이 크기가 변화하는 변형과정을 말한다. 3) 중첩: 스케일링에 의해 변형된 요소들이 서로 겹치고 엮여져 유사한 형태를 만들며 방향성을 가진다. 반복과 점증의 효과를 갖기도 한다. 4) 그 외에도 Distortion이나 Deformation 등 다양한 방법을 이용해서 여러 가지 종류의 프랙탈을 만들 수 있다.

인 미분학에 더욱 가깝다고 볼 수 있다. 프랙탈은 예측적인 선형의 형태 구성에 비해 요소들이 예외적으로 랜덤하게 비규칙적으로 증폭되며 성장함으로써 예측이 불가능하다. 따라서 무작위성이 중요한 특성이다. 한옥이나 선종계 사찰에 있어서도 자기유사성의 다중심을 만들어내지만 지세와 주변의 변수에 따라 배치 각도와 입면 등이 탄력적으로 구성된다. 그러나 기본적인 유형 자체는 유지하며 변화를 시도한다. 이처럼 자기유사성을 가지면서도 부분적으로 보았을 때 급작스럽게 전혀 다른 방향성의 형태가 나타나는 것은 어떻게 설명할 수 있을 것인가. 혼돈속에서 무언가의 형태를 촉발시키는 급변의 상황을 만들어내는 상황을 연구한 르네 톰은 불연속의 점들이 서로를 끌어들여 하나의 형태를 만들어내는 급변론의 수학적 모델을 제시했다. '끌개' 라는 유기체의 형태 변화과정과 생성은 모두가 기의 뭉침으로 말할 수 있는 급변과 불연속의 도입에 의해 나타난다고 주장한다. 라이프니츠의 주름이 펼쳐지는 개념과 특이점이 방출되면서 새로운 형태로 자리를 잡아가고 구조적으로 안정화되는 과정은 예측불가능한 분기에 의해 형태의 변이가 이루어짐을 의미한다. 급변의 에너지 속에서 정점의 변곡점에서 예측할 수 없는 벡터 방향으로 꺾어지고 휘어지면서 형태를 생성하게 된다. 그러나 거시적인 관점에서는 서로 연결되고 순환되고 안정화되는 것을 설명할 수 있게끔 구조화되어 자기유사성의 구축 논리를 새롭게 받아들일 수 있는 가능성이 생기게 된다. 한옥이나 서원, 혹은 사찰 및 궁궐에 이르기까지 우리나라 대부분의 군집을 이루는 건축물들은 마당을 중심으로 하는 기본구조가 수평적으로 확장되고 각각의 마당은 개별적인 소우주를 형성하지만 군집의 각 최소단위들은 모서리가 터져 있다던가, 주변 환경과 지세에 적절하게 순응하여 축과 외부를 바라보는 방향이 급변하며 엄격한 기하학을 벗어나는 파격의 장면을 연출한다. 이렇게 되는 이유에는 각 지역에서 편서풍에 대응하여 배치 축을 변경하기도 했고, 혹은 엄격한 기하학보다는 채광과 통풍 등의 환기, 혹은 내부에서 외부로 보이는 시각에서 가장 훌륭한 뷰를 향하는 방식을 선택하여 적절하게 해결책을 적용하면서 나타난 것이었다. 프랙탈 이론을 다른 방식으로 말한다면, 그것은 급변의 요소를 통해 거시적인 자기유사성의 질서를 만들어가는 것이라고 볼 수 있다.

ㅡ만다라의 상징체계와 공간구성

내재화된 신의 속성을 탐구하고자 했던 동양인에게 마음속의 세계를 직접적으로 시각화하여 공간 구조화한 것은 만다라였다. 만다라는 부처와 보살을 배치한 그림으로, 우주 법계(法界)의 온갖 덕을 망라한 우주의 진리를 상징적으로 표현한 불화(佛畵)이다. 그것은 주로 대승불교 이후 밀교에서 깨달음의 경지를 도형화하면서 생성되었다. 도형화하여 표현했다는 것 자체가 인간의 생각을 공간과 함께 시각적으로 구축하는 것이므로, 건축에 있어서 불교사상의 표현을 참고하고 응용하는데 도움이 된다. 밀교가 불교와 주술이 포함된 토착적인 동양적 세계관이 결합한 것인 만큼, 동양의 자연관이 접목된 세계관이 현시된 표현으로 생각할 수 있다. 만다라의 상징의 표현은 마치 살(輻)이 속바퀴 축(수레)에 모여 둥근 수레바퀴(圓輪)를 이루는 불법의 체계를 상징하는 윤원구족(輪圓具足)을 상징한다. 밀교에서는 우주의 생명과 운행 그 자체가 부처라고 생각하며, 그것을 형상과 다이어그램으로 시각화하여 표현했는데, 그것이 바로 '만다라' 이다. 그것은 전체와 개체가 하나라는 우주에 대한 직관적 표현이자 전체적인 조감도로서 원심력과 구심력의 운행 특성이 도상 안에 표현되며 세계의 운행과 변화를 상징한다. 이러한 특성은 자기 유사성의 프랙탈의 구조와 매우 유사한 지점이 있다.

만다라는 단순한 불교적 관념에서 더 나아가 공간영역 장소로 표현된다는 측면에서 건축 분야에서 시각적, 공간적으로 참고 가능한 특성들이 존재한다. 종교의 특성상 우선 부처(본존)라는 종교적, 상징적 존재가 중심에 위치하면서 위계를 설정하고 성적(聖的)인 세계의 영역을 상징하게 된다. 이후, 주변에 부처, 보살들이 둘러싸는 영역과 공간이 배치된다. 각각의 중심에 작은 부처가 동일하게 존재하는 것은 마치 월인천강지곡[86]과 같이 우리의 각자 마음속(아트만)에 부처(불심)가 동일하게 존재함을 의미한다. 만다라는 프랙탈의 자기유사성의 집합체이며,

86) 월인천강(月印千江)의 의미는 천개의 강 즉, 모든 강에 비치는 달들의 이미지들이 마치 도장을 찍듯이 동일하게 각 강에 존재한다는 것을 의미한다. 불교에서는 일즉다, 다즉일 사상으로, 유교에서는 격물치지의 사상과 공통분모를 가지고 있다.

각 부분은 각자의 소우주를 상징한다. 각자의 소우주는 전체 우주와 동일하며 연계되어 있다. 홍윤식은 이처럼 '공간 영역성, 복수성, 초점, 조화성의 개념을 만다라의 기본개념' 으로 언급한다.[87]

일반적으로 만다라는 정사각형과 원의 완전한 도형으로 구성된다. 중심에 위치하는 원형의 본존불은 초기 불교의 스투파 혹은 전체와 원융의 달(月)을 상징하며 완전성을 의미한다. 사각형 역시 그것의 연속성 상에서 완전성의 의미를 증폭시킨다. 신화의 무의식을 연구한 융은 만다라 도형이 지니는 심리적 중요성을 깊이 탐구했다. 그는 만다라가 인간의 아픔을 치유하고자 하는 무의식의 표현이라고 주장한다. 아기와 씨앗, 및 자웅동체, 원, 십자가 등과 같은 동서양 고대 신화의 상징은 원융성과 만다라의 전형적인 모형이라고 생각한다.[88] 내부의 종자는 전체로 확장되거나 연계될 수 있는 것으로 그 내부에 전체의 본질을 집약하고 있다. 씨앗이 뿌리나 줄기, 잎, 꽃 등으로 확장되면서 전체를 이루고 다시 씨앗을 맺으면서 순환하듯이 전체의 균등한 부분은 다시 전체의 모습과 동일하게 자기유사성의 방식으로 되풀이됨을 상징한다. 되풀이 되는 것 자체가 바로 '생성의 에너지' 를 함축하는 것이 펼쳐지고 다시 섭하는 과정을 되풀이 하는 순환을 상징한다. 그것은 원심적으로 전개됨과 동시에 주변의 것들이 본존을 향하여 귀의한다고 하는 회귀의 구조이다.

만다라의 종류로는 일반적으로 대일경(大日經)을 중심으로 하는 태장계(胎藏界) 만다라와, 금강정경(金剛頂經)을 중심으로 하는 금강계(金剛界) 만다라로 나뉜다. 이들 만다라는 각 특성상 중앙의 본존불을 중심으로 진리 체계와 세계 운행의 특성을 보여주고 있다. 여성적 특성의 원리를 바탕으로 하는 방형의 리(理)의 세계와 물질적 세계관을 보여주기도 하고(태장계), 남성적 원리의 지(智)의 세계를 보여주면서 9등분의 세계로 보여주기도 하고(금강계), 이것들이 혼합되면서 지역신의 주술적 밀교특성이 가미된 특성이 보이기도 한다.(정토만다라)

87) 홍윤식, 만다라, 대원사, 1992, p12
88) 김형효 마음나그네, 소나무, 2010, p140

10

동북아에서는 한 나라의 통치기구를 상징하는 궁궐에도 만다라의 개념이 적용되는 사례도 많았다. 궁궐을 건축하는데 규범이 되었던 『주례』의 왕국경위도궤도는 5겹의 동심원 구도로서, 환도-치성-좌묘우사-거중왕궁의 다섯 개의 레이어로 구성되어 있다. 주례 이전의 서경의 요제오복도는 다섯 개에서 8개 사이의 레이어를 오가고 있으며 삼례도의 주지왕기는 무한대로 확장하는 것을 상징하는 다수의 동심원으로 도시를 구성하는 개념을 설정했다. 이것 역시 만다라의 완전한 세계의 운행을 상징하는 불교사상이 영향을 주고 이어져 내려와 정립된 것으로 생각할 수 있다.

한편, 군대의 효율적인 집합과 전개를 상징하는 진법(陣法)에도 만다라의 원리가 적용되었다. 세계운행의 법칙이 적용되는 것은 진법에도 동일하게 적용되기 때문이다. 진법은 동심원 구도를 선호하는 대표적인 분야이다. 동심원은 진법에 매우 유용한 구도다. 진법의 이름에 유난히 '오' 자가 많이 들어간 점도 이런 사실을 뒷받침해준다. 동심원이 갖는 두 가지 특징인 중심, 집중, 그리고 조화는 그대로 진지 구축과 전투에 꼭 필요한 구성이 된다. 지휘관 혹은 지휘본부를 초점으로 삼아 명령과 통제가 원활히 작동해야 하는데, 중심 집중은 여기에 필수적이다.[89] 동북아 도시의 사례에서도 만다라의 질서와 구성체계가 적용되는 것은 그만큼 자

10 태장계 만다라, 금강계 만다라

89) 임석재, 경복궁, 인물과 사상사, 2015, p325

연의 법칙에 순응하는 질서체계와 공간구조가 유사한 지점을 공유하면서 구성됨을 보여준다.

만다라는 결국 세계의 구성 원리와 내재적 초월성의 세계 즉, 범아일여의 브라만과 아트만의 동일성에 대해서 형태와 공간적 구성으로 시각화 한 것이다. 외적 만다라와 내적 만다라는 결국 같은 것임을 드러낸다. 내적 만다라의 소우주가 외적 만다라의 제존상과 동일하다는 논리를 보여주고 있는 것이다. 우리 신체의 운행이 결국 전체 세계의 운행과 동일한 구성이자 운행원리임을 보여주는 것이다. 그렇다면 논리적으로 지, 수, 화, 풍, 공의 5요소가 상생하여 생명의 에너지를 고양시킬 수 있는 방안도 거기에서 나올 수 있을 것이며 동양의학의 원리 또한 동일하게 작용된다고 볼 수 있다.

—군집성, 논리와 천인합일의 조화

한국에서 개체와 군집의 화엄사상을 살펴볼 수 있는 사례로 의상의 '화엄일승법계도'를 들 수 있다. 이것은 인도의 사상과 불교의 핵심을 일목요연하게 보여주면서 동시에 시각적으로 구조적으로 세계의 운행원리를 표현해주고 있기 때문에 건축에서도 살펴볼 가치가 충분하다.

의상은 19세 때 경주 황복사(皇福寺)로 출가하여 중국으로 유학을 가기 위하여 원효(元曉)와 함께 요동(遼東)으로 갔으나, 고구려의 신라군에게 잡혀 정탐자로 오인되어 되돌아왔다. 10년 뒤인 661년(문무왕 1년) 의상은 마침내 당나라 사신의 배를 타고 중국으로 들어갔다. 의상은 종남산(終南山) 지상사(至相寺)에서 화엄종의 제2조로서 화엄학의 기초를 다진 지엄(智儼, 602~668)의 문하로 들어가 8년 동안 화엄사상을 공부했다. 지엄의 사후에는 제자들에게 지엄을 이어 강학(講學)을 할 정도로 학문에 있어서 인정을 받았다. 귀국 후 의상은 각처에서 불경을 강학하다가 문무왕 16년(676)에 정부의 도움을 받아 태백산 아래에 부석사(浮石寺)를 창건했다.

그는 화엄교학(華嚴敎學)을 강의했고 스님, 귀족, 일반인 할 것 없이 많은 사람들이 그의 강학을 듣기 위해 몰려들었다. 이후 그는 전국 각지에 직접 사찰을 건립하고 강학했다. 오늘날 전국의 오래된 사찰치고 원효와 의상의 이름이 들어가지 않은 곳이 드물다. 그만큼 의상은 지방 호족 세력을 규합하여 불교를 중심으로 흩어져 있는 민심과 정치적 입장을 하나의 국론으로 통일하는데 큰 공을 세웠다.

의상은 원효와는 달리 왕실의 왕자 출신으로 중국에 건너가 당시 화엄종의 대가였던 법장의 총애를 받으며 학문을 완성하고 귀국하였다. 676년 의상은 왕실(문무왕 16년)의 전폭적인 지원속에서 부석사(浮石寺)를 창건했고 전국에 많은 불사를 개창했다. 국가의 지원 가운데 그는 체계적인 조직을 갖추며 포교 활동을 지속했고, 통일국가의 정신적 합일을 이루고 근본적인 토대를 구축하는데 큰 공을 세웠다. 그의 제자들이 그의 지도하에 많은 사찰을 세우고 포교 활동을 지속했는데 이러한 사찰들을 의상 화엄전교십찰(義湘華嚴傳敎十刹)이라 한다. 그는 오늘날 해동화엄의 초조(初祖)로 숭앙된다. 화엄 사상은 통일국가로서 국론을 통일하고 합력하는데 있어서 용이한 논리를 보인다. 그는 화엄 사상을 중심으로 하여 지방호족과 당시까지 유행하던 샤머니즘 토테미즘 위주의 종교적 특성을 보이는 지역에 진출하며 국력을 통일하고 왕권에 복종하도록 하는 역할에 충실했다.

의상의 화엄 사상은 이후, 아미타불의 극락 정토신앙과 결합했다. 기독교로 비교하면 천국에 들어가고자 하는 신앙을 중시하는 것과 같이 기복적인 특성이 강했던 극락 정토신앙은 현세의 풍요와 내세의 풍요를 함께 기원했던 귀족들의 당시 세태를 반영하는 것이었고 천국이라는 영역성을 중시하는 신앙이었다. 귀국 후, 의상은 각 지역에 화엄 사찰을 창건했다. 사찰들이 세워진 각 지역은 통일신라 이후, 옛 백제 및 고구려를 다스리기 위한 전략적인 요충지이자 잔존 지방 군벌 저항 세력의 본거지였다. 화엄 사찰의 창건은 종교적 목적도 있었지만, 정치적으로 그 지역의 민심을 얻고 잔존 저항 세력으로부터 국가의 안위를 보존하기 위한 목적이 더 크게 작용했다.

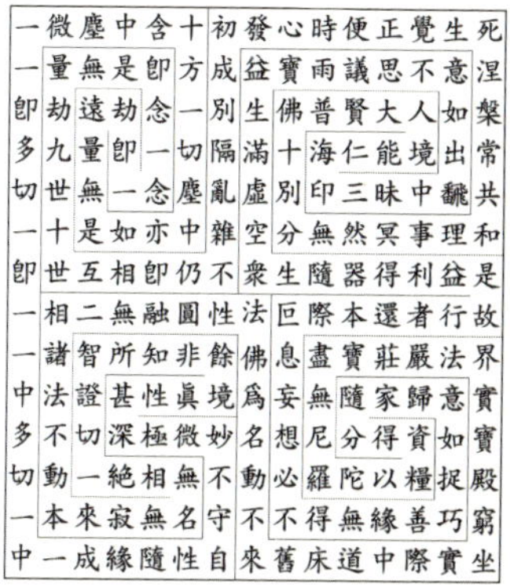

11

그가 화엄교학을 장려하기 위해 쉽게 지은 글이 '화엄일승법계도'이다. 이것은 의상이 당나라에 있을 때 저술한 것으로 '법성게'(法性偈)라 부르는 간명한 화엄경의 요약본으로서 가치가 있다. 또 낙산사(洛山寺)의 관음굴에서 관세음보살에게 기도를 드리고 난 후 『백화도량발원문(白花道場發願文)』을 썼는데 이 글은 261자의 간결한 글로서, 의상의 관음 사상을 알 수 있게 한다. 이 글에서 의상은 화엄의 연기(緣起)를 모든 것이 서로 일체화되어 평등함을 나타낸다는 '상즉(相卽)'이라는 단어로 표현한다. 여러 가지 측면에서 의상과 원효는 상대적인 삶을 살았다. 그들은 인간적인 특성도 차이가 있었다. 원효는 감성적인 직관을, 의상은 이성적인 통찰력을 중시한 면모를 보인다. 또한 의상은 불굴의 정신으로 자신의 뜻을 관철하는 성격이었고 원효는 인간적이고 실수하는 면모도 많았지만 그만큼 대중들에게 다가가기에는 더욱 친근한 인물이었다.

화엄일승법계도(華嚴一乘法界圖)는 화엄의 핵심을 요약하여 표현한 혁신적인 방식의 요약글(다이어그램)이다. 화엄일승법계도는 화엄경의 내용을 전문 7언 30구 200자로 54각의 정방형의 도형 안에 배열하여 요약하고 운행 법칙을 상징화한 해인삼매의 다이어그램 도형이자 글이다. 법계도는 법(法)자로 시작하여 불(佛)자로 끝난다. 전체 내용은 무명(無明)의 괴로움에서 참된 삶의 근본으로 돌아가는 깨달음의 과정을 상징하는 내용과 그 행로로서 만(卍)자 형태로 하여 중심에서 그 내용이 끝이 난다. '법계도는 하나의 만다라를 상징하는데, 그 안에 네 개의 작은 만다라가 있다. 그것은 아마 법의 허공과 같은 무애성과 불의 바다 같은 원융성을

11 화엄일승법계도 다이어그램

가리키면서 마음의 무애와 원융이 인간을 진정으로 행복하게 하는 도(道)임을 알리고 있는 것 같다.'[90]라는 의견과 함께 법계도는 불법의 핵심을 요약하면서 도형속에서 만(卍)의 방향으로 말려 들어가면서 수렴하는 것은 세상 만물의 운행 법칙이 리로 집약된다는 의미를 상징하고 있다.

법계도는 자연 세계의 운행 법칙이 현시된 것이며 프랙탈과 장이론을 상징하는 거의 직접적인 다이어그램이다. 이것의 내용과 형식을 참고하는 것은 동북아인들의 정신구조와 사고체계, 조형 및 공간 체계를 이해하는데 도움이 된다. 4등분의 각 영역의 중심은 각각의 소우주를 상징하며 소우주가 모여 대우주가 생성되는데, 그것은 프랙탈의 개념과 유사지점을 공유한다. 움직임과 변화를 상징하는 글자 만(卍)자 자체는 불법(dharani)을 의미하기도 하고 끊임없이 순환하는 바퀴를 상징하기도 한다. 또한 이 다이어그램에서 외부로부터 시작하여 전체를 순환하며 가장 중심의 법(法)자로 끝나는 것은 이러한 법과 순환 그리고 끊임없는 순환의 행로를 상징한다. 다시 말해 만물의 총상(總相)과 화엄의 일승 사상(一乘思想)을 나타내는 것이다. 그것은 만물에 적용되는 운행의 법이 마음의 '리(理)'로 집약되는 것을 상징하는 것이기도 할 것이다.

이처럼 화엄일승법계도는 하나의 도상(圖像, diagram)으로서 인도로부터 시작하여 동북아 사유 및 문화의 내재적이고 순환적인 사유, 중앙의 중용적 요소를 중심으로 하여 순환하는 특징과 관련이 있다. 내부를 미로와 같이 순환하는 것 역시 중생들의 자질이 같지 않고 삼승(三乘)을 보이려고 하기 때문이다. 이 도형은 중심부에 법, 불, 중의 소위 삼보(三寶)를 일렬로 배열한 점에서, 또 정중앙의 법(法)자에서 시작한다는 도형적 특성 때문에 특히 주목을 받아왔다. 이점에 착안하여 송광사의 가람배치를 이 도형에 맞춰 풀이하려는 시도도 존재했다. 송광사의 사역이 종횡 500척의 정방형 형체를 가진다는 점과 밀집한 당우의 배치가 법계도의 연속된 형체를 따랐다는 견해다.[91] 공간에 위치하는 요소들이 각 요소 사이의 영역을

90) 김형효 마음나그네, 소나무, 2010, p141
91) 김봉렬, 화엄사 사찰중심의 중심개념, 대한건축학회학술발표대회논문, 1988, 10, p220

확보하면서 배치되는 질서는 일견 전통 마을구조에서 보이는 인포멀 시티(informal city) 92)와 같은 무질서한 듯한 모습이지만, 그 자체 내에 질서를 내포하고 생성되는 장(場, field) 이론의 원리들이 구현된 결과이다. 각 건물은 자신이 처해 있는 상황 안에서 전체와의 조화를 깨지 않는 범위와 방법으로 자신의 자유를 구가하는 것이다. 곧 건물은 독립적 개체가 아니라 관계된 장 속에서의 관계적 부분이라는 것이다.93) 이러한 특성은 전 세계 집합 주거에서 보여지는 보편적이 특성이기도 하지만 동북아 건축, 특히 한국건축에서는 이러한 특성이 더욱 두드러진다. 전체적인 유형적 특성은 유사하면서도 동시에 개별적 개성과 특성은 동북아에서 가장 다채롭다. 좌향, 채광, 배치, 입면 등에 있어서 자유로움은 가장 두드러지는 특성이다.

칼 구스타프 융은 이러한 만다라 도형이 인류의 집단 무의식의 요구와 다르지 않다고 주장한다. 만다라가 보여주는 것은 우주의 모습이고 부처의 궁극의 모습이며 금강계 만다라는 우주가 전개되어 나와 형성된 세계 자체를 보여준다. 각 구역이 부처요, 온 우주가 또한 부처임을 도형적으로 형상화한 것이다. 김형효는 '법사로 시작하여 불자로 끝나는 법계도가 법의 허공같은 무애성과 불의 바다 같은 원융성을 가리키면서 마음의 무애와 원융이 인간을 진정으로 행복하게 하는 도임을 알리고 있는 것 같다.' 고 표현한다.94) 이처럼 법계도는 범아일여의 가치와 원융, 순환 등의 동북아적 가치를 중시하고 있음을 확인할 수 있다.

의상의 화엄 사상은 아미타불의 극락 정토신앙과 결합했다. 기복 신앙의 특성이 강했던 극락 정토신앙은 현세의 풍요와 내세의 풍요를 함께 기원했던 귀족들의 당시 세태를 반영하는 것이었다. 앞서 언급했듯이, 귀국 후, 의상은 각 지역에 화엄 사찰을 창건했다. 그 지역은 통일신라 이후, 옛 백제 및 고구려를 다스리기 위한 전략적인 요충지이자 잔존 지방 군벌 저항 세력의 본거지였다. 화엄 사찰의 창건은 종교적 목적도 있지만, 정치적으로 민심을 얻고 잔존 저항 세력으로부

92) 인포멀 시티는 계획도시와는 달리 산동네와 같이 자생적으로 생성되는 도시로, 계획도시와 비교했을 때 불법점유, 각종 인프라의 부족, 과밀 등의 문제가 있지만, 스스로 자율적인 질서를 만들어나간다는 점에서 도시건축에 교훈적인 측면도 존재한다.

93) 김성우, 건축에서의 근대적 오류와 전통적 대안, 한국인문사회과학회, 1997, p43

94) 김형효, 사유나그네, 소나무, 2010, p141

터 국가의 안위를 보존하기 위한 목적이 더 컸다.

의상의 화엄일승법계도의 사상이 실질적으로 현실에 적용된 다양한 사례들이 존재한다. 불국사, 해인사 등 다양한 사찰에서 이러한 사유의 방식들이 발견된다. '불국(佛國)이란 모든 것이 조화를 이룬 이상 세계를 상징하는 것이고, 불국사는 대적광전(大寂光殿)의 영역을 중심으로 하여 각 영역이 회랑을 중심으로 연계되어 배치되며 거대한 우주적 질서와 만다라를 형성하며 통일과 화합을 상징하고 있다. 불국사는 화엄 사상을 건축으로 표현해낸 연화장의 건축이라고 할 수 있다.'[95] 라는 의견과 같이 불국사는 불교사상의 만다라와 같은 이상적인 세계관을 반영하고 있다.

이러한 방식의 배치방식과 군집은 해인사에도 만나볼 수 있다.

'높은 석축 위에 자리한 대적광전을 중심으로 구광루 양쪽의 가파른 계단을 오르면 공간의 절정에 이르는 마당이 나타난다. 높은 석축 위에 자리한 대적광전을 중심으로 구광루와 궁현당, 심검당, 경학원 등이 둘러싸고 있는 마당은 해인사의 중심영역이다... (중략) ...삼층 석탑과 석등이 놓인 대적광전의 앞마당은 깨달음의 기쁨과 법계의 장엄함을 보여주는 해인사의 중심영역이다.'[96] 라는 언급에서 생각할 수 있듯이, 중심영역의 본존불 영역과 각 영역의 세부적인 각 부처의 영역은 전체 세계 속에 각각의 부처가 처소에 존재하는 만다라와 같은 불교적 세계관을 상징한다.

앞서 언급했듯이, 자연은 서양인들에게 불완전한 두려움의 대상이었기에 이를 지배하고자 했다면 동양인들은 자연과 동화되고자 했고, 자연속으로 들어가 하나가 되고자 했다. 따라서 정원을 조성하는데 있어서도 인위적인 기하학적 요소를 많이 삽입하여 인위적인 자연을 만들어 사람의 손길과 조망을 중시했던 서양적 정원과는 달리, 동양의 정원은 최대한 인위적이지 않은 자연을 만들고자 했으며 부족한 부분을 적절하게 보완하여 더욱 이상적이고 완전한 자연이 되고자

95) 삼성문화재단, 땅의 깨달음 한국건축, Leeum, 2015불국사 불국토의 장엄, 김개천 글, p170
96) 삼성문화재단, 상게서, p171

했다. 또한 동양의 정원은 한 번에 인식이 가능한 자연 혹은 정원을 추구한 것과는 달리 한눈에 인식할 수 없고 전체 공간을 소요하며 돌아다니면서 전체적인 분위기를 종합하여 인지하는 것에 초점을 두고 있다. 이 모두가 하나의 시점에서 전체를 파악하고자 하는 서양의 논리적 이성적 구조와는 다른 내재성의 사유, 내재적 질서의 사유로부터의 구조라고 할 것이다.

이러한 방식은 도시구조 및 주거에 있어서도 유사하게 적용되어 있다. 살림집들은 마을의 전체 구조와 유기적으로 연결되어 있으며, 구불구불한 마을의 아름다운 길들은 개인의 재산과 공동체적 편리성이 타협한 결과로서 의미를 갖는다. 마을에는 개개의 집들만 있는 것이 아니라 주민들이 모일 수 있는 정자와 재실, 또는 큰 정자나무의 그늘이 있어서 공동체적 장소를 제공한다. 순수하게 건축적인 관점에서 보더라도 부분과 전체 사이의 조화와 보완이라는 도시적 건축에 시사하는 점이 많다.97) 병산서원의 경우, 개별 건물들은 그 가치가 현저하게 떨어지지만, 병산서원을 가치있게 만드는 것은 군집의 힘이며, 자연과의 관계와 지형과 대지의 기의 흐름에 맞추어 가볍게 얹혀진 배치구조를 보인다는 점에 있다. 전체적인 건물군의 모습은 주변과의 조화와 긴장관계를 만들어내고 있으며 몸의 이동에 따라 경험할 수 있는 다양한 시퀀스의 장면들이 만들어내는 극적 효과들로 인해 높이 평가되고 있다.

'집합이란 부분과 부분이 모여 전체를 이루는 과정과 관계를 말하며, 집합적 성격이란 그 속에 내재된 질서를 의미한다. 일단 흔히 사용해온 '배치계획' 과 유사한 개념으로 생각할 수도 있을 것이다. 그러나 배치의 개념이 다분히 평면적이며 건물 위주의 배열을 의미한다면, 집합의 개념은 입체적이며 건물 혹은 부분 요소들의 관계를 의미한다.' 98)라는 의견과 함께 배치 형식의 중첩된 변화는 시간적 집합의 관점에서 해석이 필요하다고 주장한다. 집합의 개념은 다차원적이며 중층적인 구조를 갖는다. 여기에서 중요한 것은 각 영역이 우주로 열려있는 자신만

97) 김봉렬, 김봉렬의 한국건축 이야기3_이땅에 새겨진 정신, 돌베개, 2006, p261
98) 김봉렬, 상게서, p18

의 세계인 마당을 중심으로 군집의 질서(법)를 만들어내고 있다는 점이다. 자신만의 소우주인 마당을 중심으로 하는 주거가 세계와 하나가 될 수 있는 범아일여의 가치관을 실행하고 있는 구조이다.

일반적으로 대적광전을 중심으로 배치되는 구심적인 불교건축과는 달리, 조선 시대 유교 건축의 군집은 외부에는 폐쇄적이고 내부 구성원에게는 결속을 위해 개방적인 구성을 보이게 된다. 이러한 서원의 특성을 병산서원의 사례로 살펴보자. '대문을 통해 들어가면서 만대루 앞, 강당 앞, 사당 앞에서 나타나는 장면들에는 단일건물의 고립된 형상만 등장한다. 반대로 사당문을 통해 바깥을, 만대루에서 바깥을 바라본다면 진입 때와는 전혀 다른 장면들을 목격할 것이다. 건물과 건물이 중첩되며, 아래로 내려다보는 시각 때문에 건물과 마당이 중첩되고 다시 바깥의 자연경관이 중첩되는 장면이 연속적으로 펼쳐진다. 병산서원의 집합적 형태는 따라서 외향적이다. 안에서 바깥으로 향하는 건축 형태를 가진 것이다.' [99] 라는 의견과 같이, 내부에서 외부로의 열리는 장면들은 외부에서 보여지는 장면과는 전혀 다른 모습을 연출한다. 병산서원의 외부에서의 군집의 모습은 나지막한 야산의 등고선 위로 배치되면서 다소 위압적이고 폐쇄적인 느낌의 처마 지붕의 군집 이미지를 보인다. 전체 세계와 내면의 세계가 동일하다는 방향성과 자신의 마음을 도덕적으로 완성시켜 전체 세계로 나아가고자 하는 반대 방향의 모습 역시 결국은 범아일여, 천인합일의 정신과 동일하다. 불교의 구심적 배치와 유교의 원심적 배치의 특성이 상반되는 것 같이 보이지만, 그 근본개념에 있어서는 동일하게 범아일여 혹은 천인합일의 특성이 적용되어 있다. 뒤집어보면 결국 그 동일한 개념이 전개되며 법이 실행되고 있기 때문이다.

99) 김봉렬, 상게서, p27

0128 질서와 자유로움의 순환과 변종의 진화

한국 건축에서는 각 채들의 군집과 외부공간을 결합시키는 가운데 다채로운 공간감을 가지게 된다. 이 때, 처마 밑의 겹치는 공간으로서 또 다른 공간으로 사용되게 하는 회색 공간의 특징은 공통적으로 드러나는 부분이다. 그러나 사합원으로 대표되는 중국의 엄격한 기하학의 중정과 폐쇄적인 공간과는 달리 한국의 한옥은 건축을 구성하는 채들의 군집이 만들어내는 기하학적 질서가 있다. 이러한 가운데 일부 채의 요소들이 의도적으로 축을 미묘하게 비틀거나 모서리가 틔워져 있다. 한국의 건축은 사당, 누각, 사랑채 등의 요소들을 비틀거나 공간의 모서리를 틔우는 방식을 통해 꽉 짜여져 있는 질서에 파격의 변화를 부여한다. 자연스러움과 함께 질서로부터의 변용은 한국건축에 있어서 주요한 특징 중 하나이다. 이것은 대부분 산지지형으로 이루어진 외적 변수와 편서풍(혹한/혹서)에 긴밀하게 대응하는 가운데 나온 것이다. 한국건축에는 유형은 있으나 유형을 구성하는 공간구조의 크기와 조형의 크기의 주요 비례와 치수는 명확하게 정해진 것이 없다. 변칙의 수용성은 자연의 외적 변수의 수용을 의미하며 논리성과 자연 합일(자연숭배)의 특성이 동시에 드러나는 것이다. 그것은 응용력과 질서의 변형을 통한 새로움과 조화를 추구하는 것으로 달리 말할 수 있을 것이다. 즉, 선조들은 비대칭이지만 그와 동시에 조절된 균형을 추구했고 주변 환경의 소재를 사용하여 동질감을 부여하면서도 동시에 융통성을 부여했다. 전체와 부분을 유사하게 만들되 비대칭적 공간과 조형의 특성을 드러내며 자연스러움과 유기적인 관계의 아름다움을 추구한 것이다. 이를 위해 한국건축에서는 가장 중요한 요소로서 지붕의 곡선에 있어서 부드러우면서 단아한 선을 즐겨 사용했다. 이는 반지름이 작아서 예리하고 역동적으로 솟아있는 중국의 지붕선과 다르고, 엄격한 직선적 성격이 강한 일본의 지붕선과도 다르며, 중국과 일본의 중간적 성격을 보인다. 그런 측면에서 한국의 지붕선은 처마들이 겹치는 중간적인 회색 공간의 영역이 좀 더 많은 것이 특성이 되고 있다.

느슨한 열린 기하학 및 변형은 때로는 해학적 요소가 되기도 하는데, 그것은 생성의 기하학으로 표현할 수도 있을 것이다. 다시 말하자면, 일반적인 건축유형인 각각의 건축물들이 모여 군집이 되면서 덜 조직되거나 다른 상황의 자유로운 조직을 가능하게 만드는 역할을 하게 된다는 것이다. 바닥의 레벨 변화와 담장의 높낮이를 조절하면서 건축의 안과 밖을 부유하는 유동적인 분산된 주체의 경험을 만드는 방식은 한국건축의 주요한 특성이다. 이러한 특징이 발달하게 된 주요한 이유로 한국의 풍토적 특성을 들 수 있다. 기후적인 측면에서는 혹한에 대응하기 위해 온돌을 적용함으로써 건물의 바닥면의 높이가 다양하게 된 측면과 함께 산지구릉에 배치함으로써 경사지에 대응하여 성절토를 하다 보면 어쩔 수 없이 건축공간이 배치될 터(영역)들이 계단식과 같이 다양한 레벨로 정리될 수밖에 없다. 따라서 자연스럽게 다양한 레벨의 경사지를 이용한 공간영역의 구성 방법이 발달할 수밖에 없었다. 이에 따라 계단식의 영역들을 한 번에 모두 인식하기 힘들어지기 때문에 전체적으로 통합적으로 이해하는 것이 필요하게 된다. 따라서 그 공간을 경험하는 인식의 체계 내에서 전체 공간을 경험적으로 자연과 건축 및 공간을 합일하여 파악하는 것이 중요해진다. '현상학적 건축' 의 방식과 유사하게 전체를 경험하고 종합하며 조합하여 '존재' 로서 인식하는 건축을 추구(경험 주체의 위상변화를 반영)하게 하는 것이다. 동시에 이러한 방식은 유사한 유형이 이질적인 프로그램들과 만나 새로운 공간사용을 가능하게 한다. 공간의 켜로 깊이를 만드는 것은 시각의 축보다는 마음의 축을 중시(심학+불교의 마음)하는 한국건축의 특징이 반영된 결과이다. 3차원 장면의 세밀한 조정을 통해 조화를 이루는 공간을 조성하면서 자연과 조화로운 세계를 만들어나가는 것은 한국건축의 중요한 특징이다.

우리나라는 고대 무속으로부터 능동적으로 신(자연신)과 하나가 되고자 하는 내재적 신앙 사상이 이어져서 유불도의 통합을 이루는 시기까지도 계속되었고 현재에 이르고 있다. 도가사상은 인간과 자연과 유기적 관계를 설정하고 있다. 도교의 인간은 우주와 자연으로부터 분리될 수 없는 것으로 인식하여 자연을 받아들이고 자연과 일치하도록 생활하는 것을 순리로 생각하는 경향이 강하다. 그러나 동북아에서의 도교적 특징은 위정자의 통치방식에 있어서 자연의 흐름과 정도에 반하게 되면 백성들이 강하게 연대하여 기존체제를 전복하고자 하는 혁명의 힘으로 나타나기도 했다. 특히 한국의 건축은 자연을 인위적으로 구성하려고 하지 않고 있는 그대로 자연의 일부, 건축의 일부로 구성하고자 했다. 그 방식은 자연환경과 인문적 변수들을 반영하여 자생적 공간을 만들고자 했다. 배치에 있어서는 건축물이 자연에 살포시 앉혀진다는 개념을 가지고, 법칙을 순리대로 따르고자 했다는 점에서 공통점을 가지고 있다. 도교는 탈 세속적 특성이 강하며 은둔적 삶을 추구하는 경향이 강하다. 그러나 도교적 이상향의 세계가 불가능할 것만 같은 위계와 질서, 엄격함의 상징성이 생명이라고 할 수 있는 궁궐에서조차 자연에 순응하는 태도와 방향성을 적용하고 있다. 예를 들어 한국의 건축은 자연의 재료를 그대로 사용하는 경우도 많았으며 심지어는 휘어진 나무의 결과 형태를 다듬지 않고 그대로 사용하는 경우도 많았다. 또한 그랭이질 기법을 통해 주춧돌의 자연적 형태를 그대로 살려서 나무 기둥을 올리는 방식을 사용했고, 기단에 사용하는 자연석 역시 최대한 다듬지 않고 원형 그대로를 사용하여 축석하고자 했다. 이 모두가 자연적인 상태에서 조화를 중시하는 도교적 관점이 녹아들어가 있는 것임을 확인할 수 있다.

특히 누각의 특징은 앞을 닫으면서 동시에 여는 역할을 하는데, 이는 한, 중, 일 삼국의 건축에서 가장 독특한 특성으로 인정받고 있다. 누각 및 정자 건축은 영역을 한정하되 동시에 열어주는 역할을 하고 건축군의 앞쪽에 위치하면서 상징이 되고 동시에 경치를 내려다보는 역할도 수행한다. 누각을 구축한 선조들은 그 지형에 가장 적합한 위치와 배치를 고려하고, 안에서 밖으로의 시선을 또한 고려하여 최대한 자연에 순응하도록 계획했다. 이것은 자신과 세계가 하나됨을 추구하면서 관조하는 동양적 자세의 건축적 표현이자 대응으로 생각할 수 있다. 또한 그것은 마음의 수양을 통해 전체 세계와 하나가 되고자 했던 동북아 사유의 실천적 결과물로 볼 수 있다. 자연 그대로 순응하고자 했던 선조들은 마당에 석재나 벽돌 혹은 잔디 등의 피복조차 입히지 않고 있는 그대로의 흙 마당을 선호했다. 이처럼 한국인은 자연 그대로 거스르지 않는 공간과 조형과 정원을 인위적으로 조성하지 않고 있는 그대로의 자연을 끌어들이는 방법론을 추구했다. 또한 공간 구성(주거형식, 궁궐의 좌향, 내부공간의 배치, 도시의 공간조직), 재료 사용, 부재의 결구 방식을 공유하는 특성을 보인다. 이와 관련하여 차경(借景)의 개념은 누각이나 대청과 같은 건축물에서 주변의 경치를 바라보는 사람의 시각 안으로 끌어들이는 기법을 말한다. 특히 지형의 변화가 있는 한국의 경우, 낮은 담장을 사용하여 영역을 구별하면서도 동시에 담장을 낮추어 건너편에 보이는 '경치를 빌려온다' 는 개념으로 차경(借景)을 사용해왔다.

한, 중, 일, 삼국 중 독특하게 누각에 이어 조선 시대 사림(士林)들의 정자의 경우, 기존 누각에 최소한의 주거의 기능을 접목한 독창적인 유형으로 발전시킨 사례로 볼 수 있다. 정자에는 겨울을 나기 위해 천장이 낮은 최소한의 폐쇄적 공간이 중심에 계획되고 자연을 관조하며 하나가 될 수 있는 대청의 열린 공간이 결합되어 계획되었다. 겨울에 최소한의 공간으로 열효율을 높이고, 여름에는 최대한 시원한 외부의 기를 받아들이고자 한 것이다. 이처럼 상반되는 기능과 공간이 만들어나가는 평면의 변화는 무궁무진하게 기능의 변화를 수용하면서 전개될 수 있는 잠재성이 있다.

김동욱은 '16세기 지방 양반들에 의해 지어진 정자들은 비록 3칸의 극히 제한된 작은 규모이지만 바로 이 온돌과 마루의 결합을 통해서 무궁무진한 평면의 변화와 벽면 의장의 다양성을 획득하였다' 100)라고 언급한다. 대조적인 실내와 복합적인 벽면의 의장은 마치 변칙 복서의 변화무쌍함을 연상시키며, 온돌과 마루의 변화도 매우 다채롭게 이루어져 개방의 방향 역시 지형과 풍광의 정도와 경

100) 김동욱, 조선시대 건축의 이해, 서울대학교출판문화원, 1999, p133

우에 따라 자연스럽게 변화를 유도한다. 그 변화는 기능의 다양함과 유연한 포용성을 보이며, 연회장으로, 수도장으로, 회의장으로 사계절의 때와 용도에 따라 다양하게 그 모습을 바꾸게 된다. 그 가운데 자연과 하나가 되어 학문에 몰두할 수 있는 분위기를 만들고 선비가 세계의 법도(이치)와 자연의 도가 하나가 되는 경지를 완성시키고자 했다.

이처럼 자연과 하나가 되고자 하는 방식은 내재성의 자연관에 근거하고 있다. 마음의 수양을 통해 자연의 순환성과 전체와 부분의 조화, 그리고 변형의 조화를 이루어내는 사유와 건축적 방법론이 발전한 것이 한국건축의 주요한 특징이다. 오늘날 세계화되고 각종 통신 및 SNS가 활발하게 실시간대로 연결되는 세상에서는 전세계적인 보편성에 근거하여 지역의 독특한 특성이 참신한 새로움으로 다가와 가치를 높일 수 있는 경우에만 비로소 생명력을 인정받고 통용될 수 있다. 또한 현대의 자본사회에서 건축가의 직능은 자본의 니즈에 맞추어 자본의 집적을 늘리고 확산시킬 수 있을 때만 의뢰를 받고 직무를 계속할 수 있다. 그러기에 자연과 하나가 되는 방식은 오늘날의 기준으로 보았을 때 여러 가지 제약이 따를 수밖에 없다. 오늘날의 건축가들은 자연과 하나가 될 수 있는 건축적 방식과 이를 실현할 수 있는 라이프스타일을 개발하고, 자연과 하나가 되고자 하는 방향성을 접목하여 근대성과 동시대성을 반영해야 하며 오늘날에도 여전히 통용될 수 있는 보편성과 지역적 특수성을 동시에 만족시켜야 하는 과제를 안고 있다.

생기의 생태건축적 요소와 자율성

0129 기의 순환과 생태 건축계획에서의 적용

기의 순환과 관련하여 선조들이 기의 관점을 어떻게 바라보았는지에 대해서 먼저 살펴보기로 하자. 구체적인 대상이 회화의 주제가 되어 사물의 인상과 전체 구도가 중심이 되었던 서양 구상화(具象畵)와는 달리 동양화의 여백에는 기(氣)가 충만하다. 아무것도 그려지지 않은 동양화의 흰색의 여백에는 기가 채워져 있는 것으로 간주한다. 기가 채워져 있다는 것은 달리 말해 외부와의 소통이 이루어지고 있다는 것을 의미한다. 기는 눈에 보이지 않지만, 회화 속의 대상과 보는 사람의 교감을 통해 회화 속에 그려진 사물, 자연, 경관과 소통하는 것이다. 회화 속 경관의 경우, 햇빛, 바람, 대기의 흐름 등 눈에 보이지 않지만 보는 사람이 그 순간의 정감과 분위기 등의 움직이는 기를 느끼기에 충분하게 표현되어 있다. 이처럼 동북아의 문화는 보이지 않는 기의 존재를 중시하여 표현하고 고려하는 사상과 문화가 함께 발달해 있었다.

장자의 관점과 같이 자연에서는 쓸모없는 것은 없다. 자연에서 무언가가 버려진다면 다시 무언가가 보충된다. 엔트로피의 법칙이다. 한 사람의 죽음도 전체 세계의 관점에는 다른 에너지의 차원으로 변화된 것일 뿐이다. 자연에서 한 개체의 사체는 다른 개체의 유용한 먹이가 된다. 그렇게 자연은 순환된다. 따라서 자연에서 궁극적으로 쓸모없는 것은 없다. 폐기물은 새로운 자원이 되어야 한다. 지속가능한 생태계의 순환으로서의 재료와 구축방법을 지속적으로 모색해야 한다. 건축도 마찬가지이다. 해체되고 재사용되고 이동시키고 자연에 쉽게 분해되거나 폐기될 수 있어야 한다. 또는 다른 건축 혹은 생산의 요소에 쉽게 적용될 수 있어야 한다. 건축물을 계획할 때 이러한 부분을 함께 생각해야 한다. 자연의 일부 혹은 자연과 하나가 되고자 하는 태도의 문제이기 때문이다.

앞서 살펴본 바와 같이 음양오행의 상생(相生)과 상극(相剋)의 개념은 기의 운행에 도덕적 개념을 넣었다는 점에서 '마음의 도덕학', 혹은 '마음의 도덕적 통치학' 이라고 할 만하다. 마음이야말로 기의 움직임과 연관이 있기 때문이다. 우리가 일상에서 '심기가 불편하다.' 라는 문장을 사용하듯이, 마음의 움직임과 상태를 가리켜 심기(心氣)라고 한다. 동양의학에서는 토지 속에 물이 흘러가는 것처럼 사람에게도 흘러가는 기가 있다고 보았다. 사람의 몸에는 주요하게 기가 흘러가는 지점이 있는데, 거기에 침을 놓아 기의 흐름을 원활하게 만든다. 동북아 사상에서 사람은 유기체이며 유기체적 세계관을 간단히 말하면 관계론으로 요약할 수 있다. 모든 관계에는 상생과 상극의 현상이 나타나게 된다. '불이 나면 물로 끈다. 물난리가 나면 흙을 퍼다 막는다. 흙이 무너져 내리면 나무로 기둥(방책)을 세워 막는다. 나무는 도끼와 쇠로 잘라내면 된다. 쇠는 불로 녹여낼 수 있다.' 등의 관계에 의한 순서가 연쇄반응이 생기게 된다. 안의 관계는 상극관계이다. 이처럼 기는 관계론에 입각한 유기체적 세계관이다. 밖으로의 관계는 상생관계이다. 상생과 상극의 관계론으로 자리를 잡아간다. 이처럼 동양의학의 기의 흐름은 상생과 상극의 관계론으로 볼 수 있으며 앞서 언급한 바와 같이 음양오행 다이어그램으로 설명이 가능하다. 기학에서 핵심적인 것은 곧 변화 즉 '기화' 인 것과 같이 흐름과 순환의 키워드는 동북아에서 계속해서 중시되어왔던 주제이다.

산업혁명 이후 대규모 도시화가 급속도로 이루어지고 화석연료(석탄)를 중심으로 환경오염과 함께 다양한 병폐가 나타났다. 오늘날 냉난방을 하기 위해 과도한 에너지를 사용하고 오존의 파괴와 온실가스 배출로 인한 지구 평균 온도상승 등 여러가지 폐해를 가져오고 있다. 도시와 그 속의 건축은 냉난방의 에너지 사용으로 온실가스의 75%를 생산하며 이기적인 자체의 사용으로 인해 열섬현상 등 더 많은 온실가스 배출이 일어나면서 악순환이 발생하게 된다. 또한 건설폐기물은 공기, 토지, 수질오염을 야기시킨다. 일반적으로 건축을 구축하는데 드는 에너지보다 전체 주기에서 건축물을 운영하는데 드는 에너지가 대략 10배가 되기 때문에 운영하는데 드는 에너지 소비량을 줄일 수 있는 방안, 특히 단열을 강화시킬 수 있는 외피의 설계 등, 패시브 건축기술이 중요하게 고려되고 있다. 이에 지속가능한 건축(sustainable architecture) 혹은 에코 건축(Eco-Architecture) 등의 개념과 건축적 실천에서 에너지 절약과 탄소배출 축소에 대한 당위성, 윤리성이 강조되고 있다. 물론, 초기에 구축비용과 에너지가 많이 들더라도 기술을 충분히 활용하여 장기간에 걸쳐 에너지를 절약할 수 있는 기술 집약형의 에너지 절약기술을 적용하는 것이 좋은 것인가 아닌가의 논쟁이 있기는 하다. 그럼에도 온실가스를 배출하는 대부분의 요인이 건축물에서 난방을 위한 에너지 소비로 인한 것임에 유의해야 한다. 또한 전기를 생산하기 위한 화석연료를 사용하는 것 역시 이산화탄소 배출 비중이 높음을 인식할 필요가 있다. 이를 극복하기 위해 그동안 건축계획 초기 단계에서 자연의 에너지(태양열)를 충분히 고려하여 패시브 디자인(passive design)을 추구하고 대류현상을 이용한 자연스러운 공기(기의 순환)의 순환을 통해 에너지 부하를 줄여주는 계획이 정교화되고 있다. 오늘날 에너지 절약의 문제는 단순히 절약 차원이 아닌 기후 변화와 관련하여 생존의 문제와 연결된 것으로 윤리성의 문제와 동일하다. 자연과 내가 공존하기 위해서는 단순히 취사선택의 문제가 아닌 필수의 문제이기 때문이다. 한옥은 자연의 질서에 어울리는 프랙탈의 자기유사성의 구조를 취하면서 기의 순환을 자연스럽게 받아들이며 활용하고 자연의 재료를 그대로 사용하고 있는 것뿐만 아니라 여름철 기의 순환(대류 현상)을 이용한 에너지 효율에 있어서도 우수한 성능을 보임으로써 자연의 생기를 잘 활용하는 사례가 되고 있다.

선조들의 지혜가 녹아있는 지역의 토착적인 풍토건축(vernacular architecture)에서 우리는 지속가능한 건축의 잠재성을 발견할 수 있다. 선조들의 건축은 그 지역의 기후대와 지형에 적합한 건축을 지속적으로 발전시켜왔다. 그 지역에서 쉽게 구할 수 있는 자연재료를 사용하여 상대적으로 편리하고 용이하게 구축하면서 동시에 해체와 재사용도 용이한 유형을 만드는 것이다. 기후와 지형에 적합한 건축적 지혜와 문화적 습성에 대한 건축적 특성을 학습하는데 도움이 되는 것이다. 우리는 처음부터 건축물에 영향을 강하게 미치는 기후와 지형에 대응해온 건축적 유산의 장점을 취합하고 자연의 순환성에 적합한 구조와 재료, 그리고 폐기 이후에도 자연에 쉽게 분해되거나 폐기될 수 있는 건축의 미덕을 동시대적으로 구현해야 한다. 그것은 단순히 에너지 절감이라는 기술적 문제가 아니라 자연의 일부로서, 자연과 하나가 되기 위한 방식으로서의 철학이 중요하다. 에너지 절약이라는 눈에 보이는 목표만이 아니라 일상에서 자연과 하나가 되고자 하는 '철학적 태도'가 중요한 것이다.

기의 원활한 순환을 위하여 한옥의 마당은 의도적으로 흙 마당을 선호했다. 마당 자체는 정원의 관조를 위한 것이기도 하고 단순 중정의 개념이 아니라 집안의 다양한 직무를 수행하는 공간(일하는 공간)이기도 하고, 행사를 위한 공간이기도 하다. 또한 그것은 뜨거운 태양으로 인해 달구어져 원활한 기의 순환, 즉 대류 현상을 지속시키기 위한 장치이기도 하다. 여름철, 달구어진 흙 마당으로 인해 덥혀진 공기가 상승한다. 들창을 열어놓으면 후면의 인접한 야산으로부터 차가운 공기가 유입되면서 전체적으로 집안에 차가운 공기가 순환된다. 이를 통해 내부에서는 시원한 바람을 느낄 수 있으며, 집안 전체에 상대적으로 낮은 온도의 바람으로 온도가 내려가는 열의 능동적 순환이 이루어질 수 있도록 설계가 되어 있다. 선조들에게 기의 순환은 달리 말해, 자연의 변화를 잘 느끼는 것인데, 그것이 자연스럽게 기능과 열효율에 있어서도 함께 시너지를 이룰 수 있는 현대적인 방식을 고려해 보아야 할 것이다. 건축가에 따라서는 자연의 기의 흐름을 쉽게 감응하기 위해 불편은 감수해야 한다고 간주하며 그러한 건축을 추구하는 경우도 있다. 그러나 우리는 동시대 기술의 효율성 및 편리함을 취하고 에너지 절감을 이루면서 동시에 선택적으로 자연의 기의 흐름을 온전하게 온전하게 누릴 수 있는 방안과 건축적 해결책을 실현시켜야 할 것이다. 오늘날 이러한 생기 중심의 건축은 에코 건축 중 패시브 건축의 계획적 요소로서 충분히 고려해 볼 만한 좋은 사례들이 많이 실현되고 있다. 계획설계 단계에서 최대한 생기를 원활하게 느끼고 활용하면서 에너지 절약을 이룰 수 있는 계획을 실천하는데, 동북아 사유의 관점에서 중요한 것은 결국, 자연과 하나가 되는 방안을 어떻게 성취할 수 있느냐가 우선시되어야 한다는 점이다.

한옥의 중요한 특징은 미세기후를 고려하여 전체적으로 통풍이 원활한 건축공간을 추구했다는 점에 있다. 선조들은 이른바 기의 건축을 충실히 추구했는데, 단순히 건축물과 주변 산세와 수목의 배치를 통해 자연적인 대류현상을 원활하게 하는 기술적 측면에서 더 나아가 다양한 요소들을 고려했다. 우리 선조들은 나지막한 산세에서 미세기후를 고려하여 집의 배치를 조절함으로써 여름은 골에서 산으로 시원하게 바람이 불고 동시에 겨울에는 골짜기에 매섭게 부는 바람을 피하면서 따스한 햇살만 비치는 입지 즉, 비교적 산등성이 구릉지에 위치시켰다. 국지기후를 고려하여 집을 배치하면서 평시에는 바람이 잘 통하고 겨울에는 매서운 겨울 북서풍을 피할 수 있는 입지와 건축적 장치를 동시에 추구한 것이다. 이 모든 것이 기의 순환과 변화인 국지 미세기후와 연중기후를 면밀히 판단하여 기의 순환과 흐름을 고려한 건축을 추구한 것이다.

한국인에게 땅의 기의 흐름이 굳어진 대지 위의 지형(산지 구릉)에 바람이라는 공기(空氣)의 흐름에 거스르지 않는 방식을 선택하고 실행하는 일은 매우 중요한 것이었다. 한옥은 땅의 기운의 흐름이 응축되어 있는 입지의 선정과 함께 기의 변화인 비바람을 온전히 느낄 수 있도록 여름에는 시원한 바람과 겨울에는 따뜻한 햇빛을 충분히 받아들일 수 있도록 열 환경을 고려하는 방식으로 세밀하게 계획되었다. 우선 집이 위치할 입지의 미세기후를 면밀하게 관찰한 다음, 해당 입지의 일 년 동안의 기의 흐름(국지 미세기후)을 파악한다. 자연에 순응하여 자연과 함께 살아가는 배치를 제일 먼저 추구한 것이다. 이어 건물이 앉혀질 방향을 설정한다. 채광과 바람, 그리고 그 입지에서 가장 좋은 전망을 중심으로 하여 미세기후를 다각도로 고려하여 집을 앉히게 된다.

동시대 건축은 선조의 건축적 자세와 같이 미세기후에 건축물을 맞추어 계획해야 하며, 또 자연의 리듬에 맞춘 계획이 되어야 한다. '건물들은 많은 방법으로 미세기후에 영향을 미친다. 바람은 특히 성가신 것이 될 수 있으며, 심지어 위험할 수도 있다. 바람에 의한 연통 및 통로현상이 생성되는 것을 방지하고 건물 모서리에서 풍속이 증가한다는 것을 기억하라. 관통로, 개방된 문, 현관 및 수평 차양 또한 풍속을 증가시킨다. 이러한 바람의 발생은 덥고 습한 지역에서의 냉각 효과가 있지만, 다른 기후대 그리고 돌풍과 같은 불쾌한 바람이 발생하는 곳에서는 바람직하지 않다.' 101)라는 권고처럼, 현대건축에서도 주요한 고려요소이다.

휴 헤이우드는 지속가능한 건축을 위한 전략적 원리 6가지를 다음처럼 주장한다.

'첫째, 크게 생각하라. 초점은 사람, 장소, 및 지구에 동시에 맞춰져야 한다. 둘째, 작게 생각하라. 목표는 자원 사용, 폐기물 및 생태적 개발 면적을 줄이는 것이다. 셋째, 현실적으로 생각하라. 즉 건물이 소모하는 것보다 더 많은 에너지를 되돌릴 수 있을까? 이것은 에너지 측면에서 넷 포시티브(Net Positive)의 결과일 것이다. 넷째, 건물의 운명에 대해 늘 생각하라. 건물이 해체될 수 있고 재활용될 수 있으며 재사용이 가능하다는 것을 이미 알고 있다. 이외에도 가역성, 교환가능성, 퇴비화, 이동 가능성, 식용성은 어떤가? 다섯째, 책임감을 가져라. 생태학적, 사회적, 윤리적, 그리고 미적 책임감을 가져라. 여섯 째, 현명하게 대처하라. 항상 기본에서 출발하고 비용대비 비효율적인 친환경기술의 유혹에 넘어가지 마라.' 등이다.102) 이러한 내용은 직접적인 해결을 중시하는 서양인의 사고에 영향을 받은 것으로 단순히 에너지 절약에 초점이 맞추어져 있다. 그러나 동북아인들은 자연

101) 휴 헤이우드, 지속가능한 건축과 도시 디자인 원리 101, 상지건축 지속가능연구소, 역, 기문당, 2022, p40
102) 휴 헤이우드, 상게서, 상지건축 지속가능연구소, 역, 기문당, 2022, p92

과 하나가 되고 기의 흐름과 하나가 되고자 하는 '태도'로 요약할 수 있다. 그것이 가장 큰 가치이자 서양과의 큰 차이점이다.

성리학의 엄격한 적용을 추구했던 영남학파의 선비들의 주거공간에서는 안채나 사랑채가 조금도 삐뚤어 놓여서는 안 되는 사회적 분위기가 존재했다. 체(體)의 개념을 가진 안채는 커야 하고 용(用)의 개념을 지닌 사랑채는 안채보다는 낮아야 한다는 것이 조선 전기까지의 통념이었다. 그러나 기호지방에서는 정체(靜體)라고 말하는 안채는 좌향으로 바르게 앉아야 하지만 사랑채는 동용(動用)이라고 말하는 것에서 알 수 있듯 약간 좌우로 비뚤어지기도 했다. 조선 시대 영남학파의 한옥 주거에서는 정형적인 ㅁ자 구조의 형식을 정확하게 지켰다. 그러나 '조선 후기의 기호학파인 주기론자들은 안채와 사랑채가 각각 별도로 좌향을 볼 정도로 비뚤어지게 배치한다. 주기론자들은 집안에 기가 통해야 한다고 해서 집들을 더 띄우고 서로 간에 좌와 향을 비뚤은 것이 일반적이었다.'[103] 라는 언급과 같이 기의 흐름을 좀 더 중시한 기호학파의 경우, 내부에서 외부를 바라보는 뷰를 만들어 냄과 동시에 의도적으로 연중 기의 흐름인 편서풍의 방향에 맞추어 배치함으로써

12

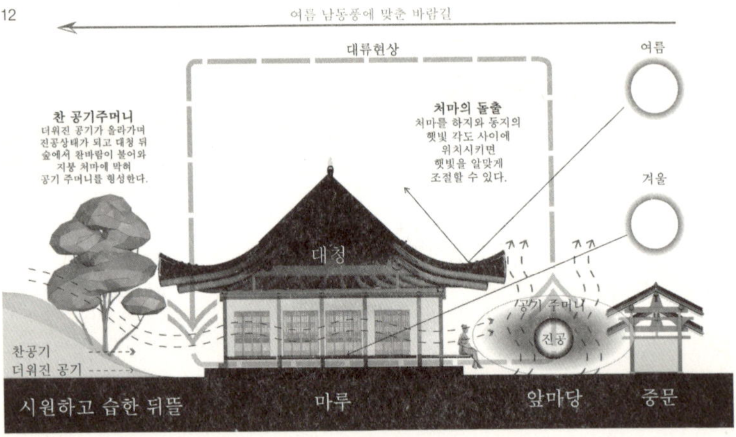

12 한옥의 대류현상과 기의 흐름

103) 김홍식, 대동사회 건축론, 발언, 2016, p52

여름에 좀 더 원활하게 통풍이 이루어질 수 있도록 배려했다는 점이 중요하다.

건축의 레벨로 내려오게 되면 한옥에서 창의 위치는 야산을 뒤로 하는 대청의 후면에 위치하는 창으로부터 여름에는 시원한 바람이 불어오게 된다. 여름철 달구어진 흙 마당의 대류현상을 이용하여 뒷산으로부터 시원한 바람을 유도한다. 특이한 것은 전체 건축물의 집합군을 생각했을 때 일반적으로 사선의 축으로 창과 문의 흐름이 연속되어 바람 길을 형성시키는 경우이다. 사선으로 뚫어주는 바람 길은 방위를 생각했을 때 한옥의 통풍에서 중요한 보강 기능을 갖는다. 한옥의 향은 정남향인 경우가 대부분인데 여름의 바람 길은 남동풍이어서 45도 가량 어긋나는데 이렇게 남동풍에 맞춰서 낸 것이 사선 방향의 바람길이다. 대청 뒷산에서 내려오는 바람만으로 부족할 경우 옆방으로 난 사선 방향의 바람 길이 도와서 한옥의 순환구조는 비로소 완성된다.[104] 생각할 수 있는 모든 방도를 내어 집의 통풍을 원활하게 하는 것이다. 따라서 한옥에서는 마치 바람이 부는 숲 속 한가운데에 있는 것 같은 청량한 느낌을 받게 된다.

한옥에서 비어있는 흙 마당을 선호한 것은 통풍을 위한 열 환경과 빛 환경을 고려한 삶의 지혜이다. 여기에서 비어있다는 점이 중요하다. 비어있는 공간이라고 해서 나무나 화초를 심지 않는다. 대류현상을 위한 열 환경을 형성시키고 통풍에 방해되는 바람길을 막는 방해물이 될 수 있는 수목을 피하는 것이다. 여기에는 마당뿐만 아니라 입구나 집에 근접하는 나무 역시 피하고자 한다. 채광과 환기에 적합하지 않았기 때문이다. 채광과 환기가 적절하게 이루어지지 않으면 음식이 쉽게 상할 수 있고 습하게 되어 각종 질병과 환경적인 문제가 발생하면서 집안의 기운이 쇠하게 된다는 것이다. 서양의 경우, 마당과 유사한 건물 내 중정 혹은 안뜰은 오브제로서의 건축물이 위치하고 결과적으로 생겨나는 대상이지만 한옥의 마당은 그 존재 자체의 의미와 기능을 먼저 고려하고, 이후 주변을 에워싸는 건축물을 부차적으로 고려하기 때문에 서양의 '중정'과 한국건축의 '마당'은 근본적

104) 임석재, 지혜롭고 행복한 집 한옥, 인물과 사상사, 2013, p88

으로 다른 공간이다. 그만큼 한옥에서는 자연의 기의 흐름과 연계되는 흙 마당의 중요성을 고려하여 건축을 추구했음을 알 수 있다.

칸은 건축가가 이성적인 방식으로 방을 구획하여 제시하는 것이 아니라 방의 존재 이유를 고려하여 방들과의 관계를 만드는 '존재' 로서의 방의 사회 혹은 공동체를 구축하고자 했다. 그 방 자체가 어떠한 존재가 되고 싶은지에 대해서 먼저 질문하고 거기에 맞는 요소들 사이의 관계를 설정해주는 것이다. 서양의 중정은 개별 실의 기능이 충족되면 자연스럽게 중정이 그 결과로 나타나는 이성적 결과물이지만, 한옥의 마당은 마당의 쓰임새를 먼저 고려하여 나머지 방과의 관계를 만들어주는 순서이므로 칸이 생각하는 '방' 의 존재 방식과 유사하게 생성되는 것이다. 따라서 한옥에서 마당은 가장 중요한 '방' 으로서의 존재 의미를 갖는 공간이 되었다.

미세기후와 관련된 풍수지리의 내용에서는 강압적이고 미신과 같이 느껴지는 문구들이 우리를 불편하게 만드는 경우가 많다. 예를 들어보자. "문 앞에 오래 묵은 나무가 있으면 가족 중에 병자가 많다"라거나, '문 앞에 큰 나무가 있으면 화를 초래한다' 라거나, '집 둘레에 나무가 있으면 질병이 생겨나고 재물의 손해를 본다.' 거나 '큰 나무 밑에 집을 지으면 멸망한다.' 라는 것 등이 대표적인 내용이다. 선비들은 나무를 사랑했을 것 같은데 의외다. 이것은 나무 자체를 경계한 것이 아니라 집을 지을 때 만은 나무를 피하라는 경고였다. 그 이유는 간단하다. 모두 나무가 바람길을 막는 것을 경계한 것이었다. 바람길을 막는 것은 통의 원리를 막는 것이고 이것은 결국 자연의 이치와 순환의 원리를 깨뜨리고 어기는 것이기 때문에 그 위험성을 누구보다도 잘 알고 경계한 것이다."[105] 이러한 문장들을 처음 접하게 되면 너무나 강렬하게 미신적인 느낌이 들게 마련이다. 그러나 이러한 문장들은 선조의 기술적 지혜와 기의 흐름을 원활하게 하고자 하는 '경계' 의 의미가 함께 녹아 들어가 있는 문장들이다. 과일나무의 경우, 잎이 무성하고 넓기 때문에 바람 길을 막고 채광이 어렵게 되어 삶의 기능적 가치가 떨어지면서 각종

105) 임석재, 상게서, p93

문제(위생, 건강문제)가 생기게 될 것이다.

13

아무것도 심지 않은 채 흙 마당을 둔 이유는 단지 대류현상에 의한 통풍만을 위한 것이 아니라, 채광과도 관계가 있다. 선조들은 깊은 처마를 통해 여름에는 높은 고도의 뜨거운 햇빛을 차단하고 겨울에는 낮은 고도의 태양의 햇빛을 최대한 들이도록 연중 고도를 계산하여 처마를 설치했다. 그런데 여름에는 처마가 깊기 때문에 내부가 그늘이 지는 가운데 채광량이 부족해진다. 그래서 이를 보완하기 위해 마당에 잔디나 아무런 식재를 심지 않은 상태에서 마사토를 깔고, 흙 마당에 반사되어 들어오는 빛을 집안 내부로 끌어들였다. 서까래 사이의 면에는 하얀 회칠을 함으로써 빛이 반사되어 집안 내부에 빛이 원활하게 도달할 수 있도록 도와주도록 만들었다. 이것은 주간에 조명을 대신하는 방법론으로 사용되었다. 일본 건축학자 코야마는 다음과 같이 여름철 채광을 위한 한국건축의 우수성에 대해서 언급하고 있다.

'나는 몇 해 전, 한국에서 실로 훌륭한 미닫이문의 예를 볼 수 있었다. 한국주택의 미닫이문은 간단한 장식으로 매우 교묘하고 복잡하게 열리고 닫힌다. 우선 경첩으로 열어 접는다. 이렇게 해서 반쪽 면이 열리게 된다. 더 열고 싶을 때는 접은 이 두 장의 문을 그대로 덧문처럼 위로 올려서 전체를 열어놓게 된다. 정말 훌륭한 생각이다. 위로 들어 올려진 하얀 문은 반사광을 아름답게 방의 구석까지 미치게 한다. 그리고 공간은 넓게 밖을 향해 열리는 것이다.' 106)라고 언급하며 깊은 처마가 모든 구조를 포함하여 깊은 그늘을 만들고 처마의 회벽 마감과 연못,

13 한옥의 들창

106) 히사오 코야마, 건축의장 12강, 김광현 역, 도서출판 국제, 2008, p117

마사토를 이용하여 은은한 반사광을 이용하는 것을 찬미하고 있다. 이처럼 한국 주거 건축에서 흙 마당의 배치는 채광과 환기에 있어서 매우 지혜로운 방식으로 고안된 것이었다. 이 역시 한반도의 뚜렷한 혹서기와 혹한기의 기후로 인해 여름에는 최대한 햇빛을 막는 깊은 지붕을 추구하면서도 내부가 어둡지 않도록 하고 겨울에는 넓은 면적의 창호지창에 낮은 고도의 직사광선을 최대한 받아들이도록 하는 등 채광과 생기의 순환으로 나타나는 열 환경을 고려한 것이다.

—온돌, 난방, 레벨의 조정과 기의 순환

완전한 '좌식 온돌' 이라는 난방방식은 전세계적으로도 유래를 찾기 힘들 정도로 매우 독특한 방식이다. 온돌은 뜨거운 돌이라는 말 그대로 불의 온기를 머금은 돌로 난방을 하는 방식인데, 한 집에 이와는 전혀 다른 성격인 목재로 구축된 대청마루에서 나무는 불과는 상극의 관계이다. 온돌은 추운 겨울을 위한 폐쇄적 공간이자 기능이고 대청은 여름을 시원하게 보내기 위해 외부로 열려진 공간이다. 이러한 상반되는 재료와 기능, 그리고 구법 등을 함께 건축에 적용하는 것은 그리 녹록하지 않다. 그러기에 세심한 계획과 구법이 필요하다. 온돌의 바닥은 높이고 마루는 낮추는 건축적 해결 방법이 필요하다. 또한 온돌이 있는 방의 창문은 열의 손실을 막기 위해 크기와 면적을 최소화하는 경향이 있으며 북쪽에는 될 수 있으면 창을 내지 않거나 최소화한다. '폐쇄적이고 따뜻한 온돌방과 개방적이고 시원한 마루가 서로 결합하면서 실내 공간의 대조적인 효과가 증대되고 벽체 창문의 다양한 표정이 창출될 수 있었던 것이다. 온돌방의 작고 소극적인 창문들과 누루(대청)의 넓게 개방된 창문이 건물 벽면에 다양한 변화를 만들어 준 것이다.' 107) 기단과 기둥, 그리고 처마지붕으로 구성되는 기둥식 구조가 자유로운 벽면의 구성이 가능한 평면을 가능하게 해주는 것이다. 단면적으로 온돌과 대청마루를 함께 들이기 위해서는 세심한 구법과 레벨의 조정이 이루어져야 한다. 그래서 본격적으로 '한반도 전역에 온돌이 보편화된 시기는 대략 17~18세기로 본다. 그만큼 온돌과 마루의 만남은 어려운 기술이었다. 그래서 한옥의 정의를 구들과 마루가

107) 김동욱, 조선시대 건축의 이해, 서울대학교출판문화원, 1999, p127

함께 있는 집이라고 내리기도 했다.' 108)

스기야마 노부조는 일본에서의 복합성은 두 건축물이 강수량이 많은 기후에 영향을 받아 비를 피하면서 다른 건축물로 연결하는 차원에서 처마를 공유하는 복합성인데 반해, 한국의 한옥은 기후와는 크게 상관이 없는 가운데 동북아 3국 중 가장 세심하고 복잡한 복합성을 보이고 있다고 주장한다.109) 그는 온돌로 인해 이러한 특성이 나타나는 것으로 보고 있으며 좌식생활을 하는 온돌과 온돌이 아닌 방을 구분하기 위해 평면구획이 세밀해진 것으로 판단한다. 이처럼 한옥은 외부의 차가운 미세 기후의 기의 흐름인 바람을 적절하게 막아줄 수 있는 입지선정과 함께 온돌의 따뜻한 기가 내부에서 순환하는 시스템을 만들기 위해 건축계획이 정교화되었다.

-가촉성과 세심한 레벨조정

한국건축은 다른 동북아 건축과는 달리 기하학적 구성의 군집을 이루면서도 동시에 느슨한 열린 기하학을 추구하여 비대칭의 변화를 보이는 평면과 입면을 보이고 있다. 특히 70% 이상이 산지 지형으로 이루어진 한국적 지형과 다양한 산지지형 레벨의 건축용 대지에 순응할 수 있도록 감각적인 측면에서 있어서 감응의 '세심한 바닥의 건축'을 추구했다. 통감각적인 측면에서 한국인은 '온돌' 시스템이 적용되어 있는 주거에서 좌식생활을 중심으로 하고 있고 그것은 바닥을 통한 영역의 건축이 이루어짐을 의미한다. 이러한 바닥의 건축은 공간의 부유성과 유동성을 증가시키고 가촉적이고 몸 감각적인 측면을 강조하게 된 것이다.

다채로운 바닥 영역의 건축은 몸으로 경험하게 하는 공간과 건축을 지각하게 하고 인지적으로는 공간의 켜로 깊이를 만드는 경향을 보인다. 음양오행 자체가 우리 몸의 오장을 참조해서 이루어져 있다고 간주하듯이 인간의 몸과 직접적인 관계를 맺고 있는 집은 오행의 개념과 함께 자연의 운행을 몸으로 직접적으로 함

108) 김봉렬, 김봉렬의 한국건축 이야기2_앎과 삶의 공간, 돌베개, 2006, p176
109) 스기야마 노부조, 일본조선비교 건축사, 서동천 역, 세진사, 2017, p227

께 느낄 수 있어야 하는 대상이라고 생각했기 때문이다. 동양의학에서 기의 흐름을 계속 감지(感知)하여 신체적 감응의 조화 여부를 판단하고 그에 맞는 해결책을 내놓는 것과 같이 동양 건축에서는 함께 느끼고 순환하고 자연과 감응하는 건축을 추구했던 것이다. 감응은 '지속'을 의미하고 그것은 시간의 흐름을 포함한다. 추상보다는 선을 따라 움직이는 구체적인 사유인 동양적 가치는 순환적, 시간적 흐름의 감응을 중시하는 건축적 양상으로 드러나게 되었다.

0130 열림과 닫힘의 순환

한옥의 평면은 지붕 아래 대청마루를 중심으로 하여 조그마한 방들이 쪽마루 및 누마루 등의 연결동선의 외부요소들과 결합되면서 내부의 순환성이 강조되어 있는 구조를 보인다. 이러한 구조에서 각 마루들은 2면 혹은 3면이 외기에 면한 상태인데, 그나마도 들창을 열어두면 누각과 같이 네 면이 외기에 면한 것과 유사한 상황이 연출된다. 그것은 마치 최대한의 공기를 받아들이기 위한 나뭇잎과 허파의 프랙탈 구조와 유사한 면모를 보인다. 자연스럽게 그러한 구조는 다시 외부의 자연으로 확장된다. 이처럼 자연과 하나가 되고 사계절의 변화의 기운을 몸소 느낄 수 있는 한국의 건축 공간구조는 탁월한 측면이 있다. 방마저도 얇은 창호지 하나의 막으로 구성되어 사시사철 자연의 기운을 강렬하게 느낄 수 있다. 물론, 열 손실이 많은 것은 단점으로 지적될 수 있다. 그러나 이러한 열림의 공간은 집의 내부에서 비를 맞지 않고 전체 공간을 움직일 수 있는 자유로운 순환의 동선체계를 가능하게 한다. 이러한 순환성은 한옥 건축군 중에서 개별 한옥 건축물의 비대칭적인 구성으로 인해 가능했다. 한쪽의 대청 혹은 마루와 다른 편에 방이 위치하고 방을 데우기 위한 부엌과 온돌을 위한 아궁이가 위치함으로써 나무가 주가 되는 구축방식의 건축에 불의 요소를 접목한 하이브리드(hybrid) 공간구성이 가능하게 된 것이다. 이렇게 이질적 성격의 요소들이 전체적으로 연결되면서 하나의 원활한 순환적 구조로 연계되고, 이질적 프로그램의 특성을 지닌 것들이 공존하는 구성이 이루어지게 된다. 특히 누각은 사방으로 열리며 자연과 내가 하나가 되고 자연을 즐길 수 있는 독특한 기능과 상징적 공간이 되는 것으로 한국 전통건축이 가지고 있는 특성으로 현대에도 응용되어야 할 부분이다.

한옥은 특유의 순환성의 구조와 함께 각 방에서 구성원들의 인기척과 기운을 느끼며 하나가 될 수 있는 것, 서로의 관계와 위치가 자연스럽게 자리를 잡으며 위계화 될 수 있는 구성을 보인다. 서로 상대방이 존재하는 인기척, 즉 '기(氣)'를 느끼며 공동체 생활을 하는 것은 오늘날의 관점에서 보았을 때 불편한 것이지만, 한편으로 가족 전체가 하나로 구성되어 있음을 느끼고 행동할 수 있는 공간구조라는 점에서 오늘날에도 새롭게 숙고해볼 가치가 있다. 한국건축은 혼자 고독하게 사유할 수 있는 개인의 사유화된 서양의 공간과는 달리, 나와 타인이 함께 생활하고 있다는 유대감과 공동체성을 중시하는 공간구조라는 다른 특성을 보인다. 오늘날 공유주택 혹은 코하우징의 지혜와 공동체를 위해 특화된 건축의 장점과 특성에 대해서 다시 생각해보고 공동체와 건축에 새로운 방향성을 접목시켜볼 여지가 있는 부분이다.

0131 조절능력과 자율성

한국건축에서는 공간에 존재하는 요소(전각, 탑, 담장 각 채 등)들을 세밀하게 조정하면서 공간을 계속해서 변화시키며 조화를 이루어나가는 경우가 많다. 관념적으로 머릿속에서 여러 차례 시뮬레이션하여 한 번에 짓고 끝나는 것이 아니라, 일단 지어보고 계속해서 자연과 조화로운 장면이 만들어질 때까지 계속해서 수정해나가는 것이다. 그것은 자연속에, 세계 안에서 외적 변수들과 요소들 사이의 관계 혹은 힘의 자기장 속에서 적절한 자리를 찾아가는 것이기도 하고, 원만한 조화의 순간까지 지속해서 안정화를 이루어나가는 것이기도 하다. 그것은 마치 현대 물리학에서 요소들 사이의 조화를 연구하는 장(field)이론과 유사한 지점을 공유한다. 공간 안에 자신의 위치를 조화롭게 자리 잡는 것은 세계속에 관찰자와 구성요소, 그 사이의 공간의 기의 흐름이 원활하게 조화를 이루며 공간구성을 하는 조절능력이 발전해 있음을 의미한다.

'조절성' 이라는 주제와 관련해서 다음의 내용을 생각해볼 필요가 있다. 동일하게 한지(닥종이)를 주고 일본 도배 장인과 한국 도배 장인에게 작업을 요청하게 되면 무언가 다른 분위기의 결과물을 연출하게 됨을 경험하게 된다. 우리가 익히 경험했듯이, 막걸리와 파전을 파는 대학가 주점이나 전통차를 파는 찻집의 인테리어에서 도배가 되어 있는 모습을 떠올려보자. 그 장면에서 한지가 도배된 벽면은 무언가 엉성한 듯 얼기설기 벽지가 발라진 것 같지만 그 나름의 투박한 한국적 정취가 있음을 기억하고 있을 것이다. 그것은 정교하지 않고 투박하지만, 그 나름의 미적 감각이 있음을 느낄 수 있다. 같은 재료로 방의 도배를 일본 도배장인에게 맡긴다면 칼같이 정확한 분위기의 도배 결과물로 나올 것이다. 그것은 약간은 비인간적으로 느낄 수 있을 만큼 정교한 도배작업를 통한 깔끔한 이미지, 더 나아가 인공적인 느낌의 방 분위기를 낼 것이다. 한국은 작업자가 자신의 대략적인 느낌을 중시하며 시공하지만, 결과적으로 놓고 보았을 때 전체를 보면 조화와 조절의 능력이 탁월함을 느낄 수 있다. 이러한 점에서 한국인은 특유의 조절과 조화에 대한 미적 감각을 보유하고 있다고 볼 수 있다.

조절성의 특성은 한국건축의 공간의 복합화 경향과도 관련이 있다. 그 사례로 조선 후기 원당사찰의 '대방' 을 사례로 들 수 있다.

숭유억불 정책이 심화되면서 조선 후기에 이르게 되면, 불교의 모든 종파가 강제로 통합되어 하나의 종파로 교리가 통일되었다. 승려들은 어쩔 수 없이 깊은 산속에서 수도와 참선을 위주로 은둔의 수행을 이어나갈 수밖에 없었다. 조선 후기에는 교세가 위축된 상황에서 자구책으로 도심 내 소규모 원당사찰 유형이 등장했다. 원당사찰에서는 암자식의 다용도 건축물인 '대방(大房)' 이 중심적인 기능의 건축물이 되어 부유한 일부 사대부 규수들을 대상으로 예불을 이어나갔고, 이러한 대방이 대도시를 중심으로 상당수가 세워졌다. 원당사찰에서는 대규모 사찰에서 행해지는 각종 행사와 기능들이 통합적으로 한 건물 안에서 이루어져야 했으므로 대방은 반가의 형식과 불사의 형식이 교묘하게 중첩된 방식으로 건축적 진화를 이루었다. 한국 특유의 적용성과 자율성, 조화성이 극대화된 사례라고 할 수 있으며 다른 한편으로 근대를 예감하는 새로운 건축으로 볼 수도 있다.

구조에 있어서도 동북아에서는 유일하게 익공식이라는 간략한 방식의 결구와 장식이 결합된 구조체가 등장했다. 익공식 구조는 격식에 있어서는 떨어지지만, 실용적이고 간결한 특성이 있다. 이 역시 한국인의 자율성과 간략화, 조화성이 중시된 사회적 특성이 발현된 것으로 볼 수 있다. '익공식은 주심포식이 비교적 긴 부재를 많이 필요로 하는데 비해서 경제적인 방식이며 구조적으로는 효과가 높은 것이어서 16세기 이후 서원이나 사찰의 부속건물 또는 관청 건물 등에서 널리 사용되게 되었다. 이런 구조 수법은 만드는데 큰 재목이 필요치 않고 간단히 가공할 수 있으면서 기둥머리의 여러 부재들이 하나로 견고히 짜여질 수 있는 장점을 갖고 있다.'[110]라는 의견과 같이 익공식은 우리나라의 자율성과 소박함과 해학적 특성이 결합되어 나타난 변종적인 방식의 구조와 결구, 표현양식으로 등장한 것이다. 격식을 갖추어야 하는 공공건축과는 달리 개인의 공간에서는 그만큼의 격식의 자유와 자율성이 작용하여 적절한 수준으로 그 정도를 조절한 것이라고도 볼 수 있다.

-영산암과 대산루의 변칙의 자율성

조선 중기의 문신인 정경세가 세운 대산루는 형식적이면서 동시에 파격을 이루는 방식의 주거를 보이고 있다. 대산루는 추상적이고 비밀스러운 사적 공간과 함께 2층 온돌이라는 기술적 측면에 있어서 응용성과 변칙성을 보이고 있다. "대산루를 진짜 대산루답게 만들어준 것은 논리적 계획만은 아니다. 오히려 그 부분 부분의 세심한 배려와 절제, 그러면서도 비밀스럽고 추상적인 공간들을 만들어나간 대담성들, 무엇보다도 두 채의 이질적인 건물을 하나로 묶을 수 있었던 융통성과

110) 김동욱, 조선시대 건축의 이해, 서울대학교출판문화원, 1999, p23

상상력이야 말로 대산루를 이룬 실체이다."[111]라는 언급과 같이 변칙적 변화의 적용은 매우 훌륭하게 자율적인 조절능력을 보여준다. 그것은 상황에 맞게 자신의 쓰임에 맞게 적절하게 변화시키고 있는 사례가 되고 있다. 전북 남원, 지리산 자락의 끝에 있는 실상사의 가장 큰 특징은 비교적 평활한 대지에 주변의 조경이나 풀, 놓여진 길과 배치 등이 무심한 듯 투박하면서 정겨운 특성의 배치와 디테일이 자율성의 조화를 이룬다.

이처럼 우리 선조들의 건축은 자연의 흐름과 외적 변수에 적절하게 대응하면서 변형하여 적응하는데 탁월한 능력을 보여왔다. 각 지역의 시대별, 역사별, 지역별 건축적 특성과 비례와 미적 감각이 제각각인 것에서 그것을 확인할 수 있다. 산지 지형이 많은 특성과 사계절이 뚜렷하면서 반도적 기후 특성으로 인해 끊임없이 변화하는 외적변수에 대응해야 생존할 수 있는 특유의 건축적 자세가 생성된 것이다. 최소한의 규범과 격식을 지키면서 적절하게 필요에 따라 변형을 가하고 그러면서도 전체적으로 균형과 조화를 이루는 방식이 섬세하게 발전한 것이다. 그것은 건축의 자율성이라는 특성으로 드러나게 되었다.

–종묘의 자율성 특성

종묘는 단순한 건축물(정전)과 거친 박석의 공간(월대)이 조화로운 통합을 이루면서 전체적인 경관으로서의 존재감을 드러내고 있다. 그것은 서양건축이 자신의 건축물 자체로 아이덴티티를 형성하며 드러나는 존재감과는 다른 방식이다. 종묘로 이르는 길은 느린 길을 돌아 들어간다. 그것은 공간과 길의 경험구조를 거치면서 마음을 다시 정결케 하기 위한 장치로 볼 수 있다. 이러한 종묘의 장면을 프랭크 게리는 다음과 같이 언급하고 있다. "남문의 반대편에 섰을 때 마주한 광경에 나는 깜짝 놀라고 말았다. 넓게 펼쳐진 월대와 지붕의 모습에 압도되는 느낌이었다. 눈앞의 광경이 시야 전체를 가득 채웠다. 그와 같은 모습은 철저한 계획하에서만 가능한 것이었다."라는 감상을 표현하면서 덧붙여 '건축역사에서 표현

111) 김봉렬, 김봉렬의 한국건축 이야기2_앎과 삶의 공간, 돌베개, 2006, p168

의 명확성과 건축적 실행의 단순성을 동시에 성취한 예를 찾기란 그리 쉽지 않다.' 라는 표현으로 종묘 건축을 극찬했다. 특히 비어있으면서 동시에 채워져 있는 월대와 그것을 한정하는 주변 담장의 긴밀한 관계는 그 둘을 넘어 전체 공간으로 확산된다고 표현한다. 그에 따르면 월대의 비어있음은 제례와 제례악이 함께 있을 때 비로소 그 의미가 충족되며 인간과 자연과 문화가 하나가 됨을 강조한다.

14

"미니멀리즘에는 삶이 없다. 그런데 종묘는 정반대다. 종묘는 그 배경이 되는 한국 문화가 그렇듯 삶을 긍정하고 인간적이며 생명으로 충만하다."[112]라는 문장으로 종묘의 단순함과 채워짐의 존재 의미를 다시 생각하게 한다.

종묘의 박석은 장엄한 분위기의 제례공간의 분위기를 고조시키는데 더욱 효과적인 방식의 디자인으로 역할하고 있다. 똑같은 공간에 석재바닥을 깔 경우, 중국과 일본에서는, 정교하게 판재를 다듬어 맞추는 방식을 사용했을 것이다. 종묘의 박석은 자연 그대로의 판석을 있는 그대로 최소한으로 다듬기만 하고 무심한 듯 깔아 놓았다. 거친 판석을 배치함으로써 그 위를 걷는 신하나 왕은 자연스럽게 넘어지지 않도록 고개를 숙이고 걸어야 한다. 이른바 낮은 곳(백성)을 살펴야 하며 하늘(하늘의 도)을 두려워해야 한다는 정치적, 윤리적 의미도 포함되어 있다. 그러나 다른 한편으로는 그러한 방식은 한국인의 탁월한 조절능력을 보여주는 것이기도 하다. 자연 그대로의 거친 형태와 배열은 그러나 묘하게 전체적인 투시도적 시점에서 바라보았을 때 훌륭하게 조화를 이루는 경관을 만들어낸다. 종묘는 단순한 건축물과 거친 박석으로 마감된 빈 공간이 조화로운 통합을 이루면서 전체적인 경관과 특성을 형성하고 있다. 서양건축이 자신의 건축물 자체로 아이덴

14 종묘의 박석

112) 삼성문화재단, 땅의 깨달음 한국건축, Leeum, 2015프랭크 게리 글, p8

티티를 형성하며 드러나는 존재감과는 다른 방식이다. 이처럼 한국건축은 의도된 우연의 효과들이 조화를 이루게 하는데 있어서 한국인은 요소들과 주변 혹은 자연과의 특유의 조절능력을 가지고 있다.

자연의 기(氣)를 직접적으로 느끼는 것은 여름의 덥고 습한 기후를 느끼고 겨울의 추운 기후 조건을 느끼면서 적절하게 방어하는 것으로 생각될 수 있을 것이다. 이를 위해 선조들은 여름에는 개방적인 공간으로, 겨울에는 온돌난방을 통해 폐쇄 공간을 형성하고 여름을 대비한 마루를 결합하여 일체화 된 공간을 고안하게 되었고, 각 지방의 기후적 특성에 맞게 탄력적으로 대응하며 계획했다. 여름에는 개방적인 구조로 인해 야산으로부터 내려오는 선선한 바람의 기를 느끼고 겨울의 엄혹한 북서풍에 대응하기 위해서 주거의 입지, 자연의 지세에서의 배치가 매우 중요한 조건이었을 것이다. 오늘날과 비교했을 때 상대적으로 단열의 기술이 취약했던 만큼 이러한 요소는 생존에 있어서 절대적인 고려조건이었다.

세계의 모든 건축은 일정부분 주변 환경과의 대응 과정에서 외적 변수에 맞추어 구축되며 건축 문화를 만들고 효율적이고 경제적이면서 동시에 자연에 융화되고자 해왔다. 이러한 측면은 쉘터로서 전세계적으로 공통적으로 나타나는 것이다. 그러나 자연을 극복하고 통제하고자 하는 대상으로 바라보는 것과 자연에 합일되고자 하고 거스르지 않고 조화를 이루고자 하는 방식의 태도는 사뭇 다른 방향성을 보이게 된다. 주변의 자연 재료를 이용하여 건축물을 구축하고 자연의 혹독함을 버티면서 극복해낸다는 측면은 공통점이다. 그러나 한국건축은 기의 흐름을 최대한 느끼게 하면서 자연의 기를 통하고 순환하게 하며 하나가 되고자 했고 그것을 누리고자 했다. 선조들의 이러한 생활방식은 생기(生氣)로서 표현되는 자연의 수용과 변형이라는 측면에서 앞서 언급한 바와 같이 서양과는 다른 건축적 특성들을 만들어내게 되었다. 그것은 외적 변수와의 관계를 중시하면서 자연의 운행과 순환에 순응하는 태도로부터 나오는 것이다.

이제 1권의 내용을 마무리해야 하는 시점이다. 인도 베다사상과 동북아 사상의 공통적인 특징은 범아일여의 내재성의 사유와 업의 개념을 통한 도덕보존의 법칙과 중앙을 설정하여 순환하며 중용을 이루는 사유와 마야의 무자성 개념의 사유 등을 주요한 특징으로 꼽을 수 있을 것이다. 이러한 특성은 대부분 베다 철학인 우파니샤드의 영향을 받아 불교사상의 근간이 되었다. 동북아에서, 유, 불, 도의 삼교 중 주요한 한 축인 불교는 평등사상과 함께 세계와 자신의 마음에 대한 세련된 인식론을 중심으로 중국으로 전파되고 동북아의 '주요 종교'의 한 축이 되었다. 동북아 불교는 주로 중생을 구제하고자 하는 대승불교가 중심이 되어 발전했고 초기 불교는 중국의 도교와 경쟁하면서 현지화되었다. 후에 불교가 국교로 공인되었고 점차 중국의 특성을 반영하여 토착화된 독특한 방식의 선불교로 발전되었다. 여기에서 중요한 것은 불교가 동북아의 도교적 세계관의 공통분모를 중심으로 세련된 인식론을 추가하면서 토착화된 선종으로 발전했다는 점이다. 이후 생기의 흐름과 운행으로 세계를 인식하는 관점에서 유교적 질서와 연계하며 세계의 질서를 중시하게 된 것이다. 한국에 선불교가 전파된 이후, 한국 불교는 자체의 노력으로 교선을 일치시키고자 하는 통합적 사상으로 발전이 이루어지며 그 깊이가 심화되었다.

이러한 사상적 지형 가운데, 건축은 기후와 지리적 특성인 풍토의 외적 조건에 대응하고 인간의 사상과 제도, 문화 일반을 접목시켜 구축하는 역사를 보여왔다. 건축의 주요한 조건이 되는 기후와 지형에 있어서 한반도는 혹서, 혹한의 뚜렷한 기후와 편서풍의 영향, 그리고 여름철 집중호우의 외적 조건이 있었다. 지형과 관련해서는 고령화된 산지 중심으로 인해 한국적 입지와 마을, 건축의 구조가 생성되었다. 풍수지리와 한옥의 구조와 특성들은 모두가 이러한 한국 특유의 외적 조건과 사상적 특성들이 반응하고 공명하면서 빚어진 것이다. 인도는 서양과 동양의 사이에 위치하여 사유의 논리적 특성과 범아일여의 내재성의 순환적 사유와 조화를 이루는 문화이다. 동북아에서 인도의 이러한 논리적 가람 배치의 건축적 특성과 함께 생육 번성하고 창발하는 자연의 순환적 세계관이 건축문화에 반영되었다. 이렇게 자연합일을 하고자 하는 방식은 풍수지리 사상의 도시건축 적용수법과 만다라 등의 가람배치의 방법론에 영향을 주었다. 또한 도교와 경쟁했던 불교는 음양오행과 주역 사상이 적용되면서 자연 융합과 범신론적 특성이 함께 융합되었다. 이때 서양과는 달리 기의 순환이 중시되는 건축이 중시되며 생기의 흐름을 중시하는 한옥의 발전이 이루어졌고, 그것을 온전히 이루기 위해 자연을 최대한 끌어들이는 반외부의 회색 공간의 방식으로 발전되었다. 또 세심한 조절성과 자율성의 측면이 발달하게 되었다. 오늘날 우리는 동시대 건축에서 이러한 자연의 기의 순환과 천인합일의 사유의 계보를 동시대적으로 어떻게 구현할 수 있는가에 대한 태도와 사유를 정교화하여 새롭게 구축할 필요가 있다.

한국 건축의 시사점과

PART III

동시대 적용가능성

생각해보아야 할 점

0132 자연에 대한 동북아 건축의 '태도'를 산업화된 자본주의의 동시대 건축에 어떻게 적용할 수 있을 것인가.

건축은 필연적으로 건축 및 이를 사용하는 사람들과 그들을 둘러싼 자연과의 관계를 고려할 수밖에 없다. 인간은 자연이라는 공간과 외적 조건 속에서 살아가야 하기 때문이다. 풍토로 대변되는 자연 기후, 지형, 물의 흐름, 토지이용과 주변의 외적 변수들은 건축에 있어서 거의 절대적인 영향력을 행사하게 마련이다. 이 과정에서 건축은 그 지역에 속한 인간이 자연을 대하는 태도와 사유의 특성에 따라 물질과 공간에 투사되어 차이를 드러내게 된다.

결국, 자연에 대한 건축적 태도를 어떻게 가져갈 것인가는 공간구조와 표현(경관)에 있어서 매우 큰 영향을 줄 수밖에 없을 것이다. 자연은 많은 혜택을 베풀기도 하지만 때로는 무자비하게 변하기도 하므로 적절하게 통제가 필요할 경우도 있다. 자연을 통제하고 정복해야 할 대상으로 간주했던 서양인의 태도는 플라톤까지 거슬러 올라간다. 이상적인 이데아의 세계와 실재의 세계를 이원적으로 분리하는 사고의 방식은 신의 세계와 피조된 지상 세계의 구도를 만들어냈고, 피조된 세계를 신과 같이 대상화하여 정복하고자 하는 세계관에 익숙하게 만들었다. 그러나 동북아 사유에서는 신의 속성이 외부에 있는 것이 아니라 세계의 이원화된 각 부분과 요소에 내재적으로 존재하여 사물의 운행 가운데 그 속성이 드러나는 것으로 생각하는 경향이 강했다. 그것이 바로 '도(道)'의 원리이다. 자연을 정복하고 통제하고자 했던 서양인은 공간에 있어서도 인공적인 건조물과 공간을 대상화시켜 시각적으로 완벽한 비율의 조화를 이루고자 하는 경향이 강했다. 그것은 이상적인 미(美)라는 개념을 설정하고 그것에 현실의 대상을 끼워 맞추는 듯한 방식이다. 세상을 인간의 잣대(이성)로 재단하고 구축하여 진리에 맞추어 구원하고자 하는 것이다. 이른바 서양의 '구성주의 사유' 의 영향이다.

그러나 동북아 사유에서는 인간도 자연의 일부이고, 자연에 내재하는 '도(道)' 의 흐름에 맞추어 살아가는 것이 순리이고 자연스러운 것으로 본다. 동양인은 이러한 자연의 도의 흐름에 거스르면 여러 가지 문제가 생길 수 있다고 보았다. 선조들은 자연의 운행의 흐름과 법칙에 맞추어 순환하고 변화에 적절하게 중용의 도를 추구해왔다. 과하거나 부족해지지 않기 위해 실행 당시의 흐름에서 적절 수준으로 밸런스를 맞추어야 한다는 태도를 가지고 있었던 것이다. 이와는 달리 서양인의 사유는 이원적인 요소들이 투쟁을 통해 서로 대립하여 새로운 것이 정합되어 나타난다는 변증법적 요소를 중시한다. 이른바 발전의 방향성을 중시한 사유이다. 그러나 동북아 사유에서는 이원적인 것(양, 음)이 서로 공존하고 서로를 기다리고 서로 흔적을 남기면서 변화를 이루어 나간다는 입장이다. 그것이 바로 도의 원리이기 때문이다. 이율배반적인 것의 공존과 자연의 흐름에 맞추어 살아가면서 중도와 중용의 덕을 시키는 것은 동북아 사상과 동북아 건축에 있어서도 중요한 가치이다.

건축물은 대상이 아니라 자연속에서 함께 삶을 영위하는 파트너이다. 따라서 외부에서 대상을 바라보는 비율 등, 실제적인 구체성보다는 내부에서 자연을 바라보는 것에 중점을 둔다. 내부에서 외부를 바라보는 건축물의 채와 요소들이 군집을 이루면 자연스럽게 외부에서 보여지는 모습 역시 자연과 융화되는 것이고 그것이 바로 내재된 질서에 따른 도가 실현되는 방식이라고 본다. 한국인은 마당이라는 중정과 대청 및 지붕의 처마 밑 공간들의 미세한 겹침을 통해 외부의 자연과 연계시키면서 밖도 안도 아닌 중간영역의 공간을 세심하게 배치함으로써 양과 음의 공존과 흔적을 이용하는 방식을 발전시켰다. 오늘날 동시대 건축은 서구의 영향을 받아 채 나눔과 공간의 구획이 너무나 명쾌하여 구분되고 분리되었으며 자연에 놓일 때 주변을 장악하는 하나의 대상, 즉 파사드의 이미지가 중요한 방식으로 계획되는 경우가 많다. 자연과 닮고자 하는 것, 자연속에 들어가서 자연과 동화되는 것, 자연과 조화를 이루는 건조환경과 주변 환경을 점진적으로 만들어 나가는 것, 그리고 지속적으로 관리하고 경영하는 것이 바로 자연과 일체가 되어 자연의 일부로서 조화로운 삶을 살아가고자 하는 동북아 사유와 문화의 특징에 부합하는 태도이다. 우리의 건축 문화는 여기에서부터 다시 시작해야 할 필요가 있다. 외세에 의해 침입되고 강제된 전통적인 방식의 사유와 방식들을 동시대적으로 다시 생각하고 창조해나가야 할 것이다. 물론, 모더니티의 발전으로 인해 돌이킬 수 없이 발전한 기존의 장점을 적극적으로 수용하면서 그러한 방식이 미처 바라보지 못한 동북아적 시각과 태도, 특히 한국적 시각의 사유와 물질적 구축방식의 부분들을 보완하거나 새로운 시각으로 제시해야 할 것이다.

0133 주역의 순환적 우주관에 대응하는 방식과 기의 순환 및 잠재적 가치를 현실화시키는 동시대적 건축의 실천적 방안을 어떻게 성취할 수 있을 것인가?

양과 음의 대립적인 역할의 매커니즘을 바라보는 시각은 동, 서양에 공통으로 존재하지만 상반되는 시각을 보여준다. 동북아에서는 양과 음이 사물이나 사물들이 만들어가는 방식에 내재한다고 생각하며 양과 음이 동시에 존재하며 상호대대(待對) 한다고 본다. 대립적인 요소들은 하나의 실체에 내재하며 서로 명확한 경계가 없이 흔적을 남기며 순환한다고 본다.

사찰의 군집구조는 프로그램의 순환과 함께 과정적 시나리오라는 시작과 이동과정, 절정 및 다시 시작하는 순환성을 보인다. 이 때 순환성은 단순히 형태적인 것보다는 프로그램적 순환성이 함께 동반될 때 의미가 생길 수 있다. 한옥의 순환성은 마당이라는 느슨하거나 트여진 중정을 중심으로 하여 사각형의 자연적 형태 요소가 확장하는 방식이다. 그것은 마치 잎이 최대한 산소를 받아들일 수 있는 프랙탈 구조의 구성과 유사하게, 잎의 구조를 차용한 듯, 유사한 공간구조가 확대되는 양상을 보인다. 한옥 역시 공간 구조적으로는 순환성과 자연의 구조를 최대한 받아들이고자 하는 포용적 태도를 형상화한 것으로 볼 수 있다. 이와 동시에 급변의 요소가 드러나고 외적 변수에 대한 탄력적인 변형이 이루어지는데, 이것은 프랙탈 이론에서 급변론의 요소가 적용된 것이라고 볼 수 있다.

우주의 순환은 달리 이야기하면, 기의 순환이라고 볼 수 있다. 기의 순환은 건축 분야에서는 우선적으로 계절과 기후, 특히 대기의 순환과 밀접한 관련이 있다. 그것이 쉘터를 둘러싼 가장 중요한 외적 변수인 기후로서 인간에게 생존과 관련된 직접적인 영향을 끼치기 때문이다. 한옥의 대청과 누각은 외기에 면해 자연을 관조하며 자연을 끌어들이기도 하지만 직접적으로 사계절의 외기와 변화과정을 느낄 수 있는 건축적 고안물이기도 하다.

오늘날 한옥의 마당의 기의 순환을 참고하여 발전시킬 수 있는 현대적 건축 계획 방법론의 계승이 필요하다. 여기서 중요한 점은 기의 순환이 에너지 절약 및 생활의 편의성만을 위한 것이 아니라 계절과 기후의 기를 느낄 수 있는 방안이 필요하다는 점이다. 안도 다다오의 스미요시 주택의 경우, 약간은 폭력적인 느낌이 들 정도로 일상생활을 하는 가운데 각 기능을 사용할 때마다 외기에 면한 중정의 브리지를 건너야 하는 수고로움을 감내해야 한다. 그럼에도 불구하고 이 작업은 자연의 기의 흐름을 느낄 수 있는 실험을 했다는 점에서 단순히 편리함과 안락함을 생각하는 현대건축과 주거와는 달리 생각해보아야 할 점이 있다. 동시대 건축에서 단순히 편리함과 효율성을 추구하는 것이라면 안락하게 설계된 도심의 천편일률적인 아파트나 주상복합의 주거를 선택하면 그만일 것이다. 그러나 현대건축에서 우리가 편리함과 효율성을 추구하며 잃어버린 것, 잃어버린 감각, 생활세계의 식민화가 된 부분을 극복할 수 있는 동북아적 가치에 대해서 생각해볼 필요가 있다. 기의 순환과 분위기를 느낄 수 있는 정감있는 산수화와 같은 건축을 성취할 수 있는 방안은 무엇일까를 고민해보아야 한다. 또 한옥의 순환성과 외부로 열린 대청의 요소 및 공간구조와 같이 프랙탈적인 특성을 유지하면서 반복되고 증식되고 동시에 열림과 닫힘이 함께 이루어질 수 있을 것인지를 고려해서 동시대 건축에 적용할 수 있는 방안에 대해서 숙고해야 하며 이와 동시에 자유로운 질서를 만들어 낼 수 있는 방법이 무엇일 것인가에 대해서 고민해보아야 할 것이다.

자연의 흐름과 절기를 온전히 감응하며 생활할 수 있는 건축적 방안은 무엇이 될 것인가? 그러면서 동시에 혹서, 혹한을 상당 부분 극복할 수 있는 기술적 방안은 무엇일까? 또 에너지의 낭비 혹은 환경에 부하를 주는 재료 혹은 구법을 피할 수 있는 방법은 무엇일까? 이와 동시에 자연을 관조하면서 생활할 수 있는 방안(자연으로의 경관을 끌어들일 수 있는 건축적 태도)은 어떻게 해야 할 것인가. 동시대에 이러한 부분들을 현실화시키기 위해, 감각적으로 자연을 온몸으로 받아들일 수 있는 현상학적 건축(한국적, 동시대적)의 태도를 현대건축의 텍토닉과 표현방식으로 번안할 수 있는 방법론을 생각해볼 필요가 있다. 자연의 흐름을 원활하게 느끼면서 만족할 수 있겠지만, 때에 따라서 혹서, 혹한의 기후로 인해 너무 고통스러운 것은 피하고, 에너지의 효율성이 떨어지는 것을 적절하게 방지하면서 건축물을 구축할 수 있는 방안은 무엇일까를 고려해볼 필요가 있다. 스미요시 주택과 같이 일상생활에서 강제적으로 외기를 맞이하는 것과 같은 극단적인 경우는 아니라고 하더라도, 외기와 자연을 느끼면서 관조할 수 있는 건축적 방안은 유, 불, 도 모두 천인합일의 정신을 적용할 수 있는 부분이다. 이러한 방향성은 일상생활에서 자연과 일체화된 삶을 수행하면서 자연과 함께 흐름에 맞추어 살아가는데 있어서 공통적으로 나타나는 현상이므로 현대적으로 번안하는 방안을 항상 염두에 두고 계획하는 것이 바람직할 것이다.

0134 관계의 건축, 프로그램을 상호대대하며 중용하는 건축, 콘텍스트와 건축물이 상호대대하는 건축은 어떤 방식으로 공존할 수 있도록 계획할 것인가?

세상에는 양과 음과 같이 대립적인 요소들이 반드시 공존하며 이질적이고 대립적인 것을 어떻게 바라보는가에 따라 입장의 차이가 발생한다. 동북아 사유는 그것의 관계와 그것들이 만들어내는 변화를 어떻게 바라보고 대응하는가에 따라서 사유와 당파적 행위가 결정되어 왔다. 동북아 사유에서는 양과 음의 상호대대와 순환, 중용의 가치가 중시되어 왔다. 그것은 서양의 사유와는 차이를 보이는 중요한 부분으로, 동북아 건축에서 이와 관련하여 차이가 존재한다.

동시대적인 관점에서 건축에서 양과 음의 요소와 그것이 상호대대하고 순환할 수 있는 방안은 무엇일까? 프로그램을 상호 대대하는 것, 양의 프로그램 음의 프로그램이 상호 공존하면서 서로를 기다리고 순환할 수 있는 방법은 무엇일까? 그것의 배치는 어떻게 이루어져야 하며, 기존의 기능적이고 기계적인 조닝과 차별화되거나 새롭게 구성할 수 있는 방법은 무엇일까? 음양오행의 양과 음에서, 양속에 음이 음속에 양이 대대(待對)하는 방안은 무엇일까?를 생각해보아야 할 것이다. 이성의 관점에서 보았을 때, 기능의 합리성과 효율성을 생각하여 서구 근대성이 발전시켜왔던 위생적이고 무균질의 공간을 만들어내는 사유와 태도는 일상생활의 다양한 감각들을 상실시키는 결과를 가져왔다. 그것을 프랑크푸르트 학파의 하버마스는 '생활세계의 식민화 현상' 이라고 언급하며 이 현상에 의해 상실된 일상의 감각을 회복해야 한다고 역설했다. 이러한 관점에서 우리는 전통 건축의 불편하고 비효율적이라고 생각했던 부분들이나 현대건축의 편리하고 효율적이라고 생각하는 부분을 처음부터 다시 생각해볼 필요가 있다. 편리함과 효율성이라는 측면이 가져오는 단점을 고찰하여 창조적으로 다시 생각하여 접근할 필요가 있다. 다니자키 준이치로가 쓴 『음예공간 예찬』에서 동북아 건축에서 외부 공간에 위치한 변소(화장실)가 오늘날의 관점에서 비위생적이고 어둡고 습한 공간으로 생각될 수 있지만, 오히려 정취가 넘치는 공간이자 소중한 일상의 감각을 일깨우는 경험과 이동과정의 공간으로 묘사하고 있는 것과 같이, 불편하지만 그러한 일상의 감각을 제거시키는 것이 반드시 미덕이 아님을 강조하고 있다. 서양의 위생적이고 깨끗한 현대적 화장실이 합리적이고 좋아 보일 수 있지만, 오히려 이로 인해 일상생활의 소중하고 원초적인 거주의 감각을 잊게 될 수 있다는 점을 강조하는 것이다. 편리함 속의 소중한 일상과 감각의 상실은 오늘날 생각해보아야 할 중요한 가치이자 지역적 가치의 핵심이 될 수 있다. 노자의 상대적인 가치가 공존하는 상황의 역설적인 상황과 같이 편리함 속에 잃지 말아야 할 감각과 가치의 상실, 혹은 불편함 속의 역설적인 장점을 생각해보아야 한다.

건축에서 일반적인 프로그램과 기능을 조합했을 때 넘치게 되는 부분은 무엇일까? 또 주변과의 조화에서 넘치는 것은 어떻게 해결할 것인가? 프로그램과 공간을 활성화 시킬 수 있는 방안이면서 동시에 중용을 이룰 수 있는 방안은 무엇인가를 진지하게 고려해 볼 수 있을 것이다. 음양오행에서 가운데 토(土)의 요소를 중심으로 순환하지만 다른 한편으로 각 요소들이 상생할 수 있는 것과 유사하게 건축 프로그램에서도 이와 유사하게 상생할 수 있는 방안은 무엇일까? 이것을 생각하면 매우 다양한 방안이 나올 수 있을 것이다. '토' 라는 중심에 해당하는 방안과 순환적 기능 및 동서남북의 기능배치와 주거와 업무, 기타 기능의 배치에서 필요한 영역을 배치하거나 복합, 변이를 이룰 수 있는 융통성의 영역 등이 동시대 건축에서 심도 있게 실험될 수 있을 것이다.

이성적으로 생각했을 때, 코어는 화장실, 계단실, 엘리베이터, 각종 설비를 위한 공간이 하나의 시스템으로 집약되어 있는 영역이자 구조물이다. 효율성과 경제성을 생각했을 때 자연스러운 것으로 생각할 수 있지만, 이것을 창조적으로 재해석하고 해체했을 때 오히려 다른 가능성과 잠재성이 현실화될 수 있는 방안이 될 수도 있다. 전통적으로 더럽고, 불결하고, 드러내지 못하는 프로그램과 기능의 영역이 오히려 드러나면서 잠재성이 현실화되며 새로움이 생성될 수도 있다. 또 전혀 어울리지 않는 기능이 결합됨으로써 묘한 시너지를 일으킬 수도 있을 것이다. 이것은 현대건축의 이접(disjunction), 병치(juxtaposition) 등의 실험적 조합에서 만들어지는 의외의 순기능이다. 이러한 것이 반드시 동북아 건축의 특성이라고 보기에는 무리가 있으나 분명한 것은 대립적인 것이 공존하면서 흔적을 남기고 동시에 상호대대하면서 순환하는 것과 중용의 미덕을 지키는 것은 동북아적인 세계관에서 주요하게 드러나는 개념이라는 점이다. 건축에 있어서 그런 것을 중시한다고 동북아 건축의 특성을 드러냈다고 하기에는 미진하다고 생각할 수도 있을지 모른다. 그럼에도 불구하고, 우리는 근대 이후 자연스럽고 당연하게 생각될 수 있는 동시대의 건축적, 도시설계적 방안을 재고하고 근대 이후 단절되었던 옛 풍토의 토대에서 상상할 수 있어야 한다. 이러한 상상은 현재의 서양 중심의 가치로 형성된 건조환경과는 다른 방향성을 새롭게 시작할 수 있는 단서를 줄 수 있을 것이다.

0135 오늘날 인공 건조환경이 중심이 되는 도심에서 자연적인 특성은 어떻게 받아들이고 연계하여 현대건축에 적용할 수 있을 것인가?

한국성과 동시대 건축과의 대화와 타협 그리고 새로운 한국성의 실현과 실천은 결국 자연과 건축을 향한 태도의 문제로 귀결되는 부분이 크다. 거기에는 우리의 외적 변수를 어떠한 가치를 중심으로 바라보고 실천할 것인가가 중요한 문제가 될 것이다. 과거의 한국적 요소들이 동시대적인 특성에서 온전하게 이루어지기는 어렵다. 이미 우리는 21세기 현실에서 근대화된 다양한 외적 변수들과 함께 생활하고 있기 때문이다. 다만, 현대의 동시대적 건축의 구축과 가치를 어느정도 인정하고 장점을 취합하면서도 잊혀졌던 자연적 가치, 한국적 가치를 다시 고려해야 할 것이다.

자연이 중요하고 자연과 흐름과 함께 호흡하고 싶고 그것이 인간에게 바람직하다는 것을 모르는 사람은 없을 것이다. 문제는 현대 도시에서 자본주의 시스템에 적합하게 효율성과 집적의 이익과 경쟁력을 위해, 또 교육과 일자리를 얻기 위해 과밀의 대도시에서 바쁘게 살아갈 수밖에 없는 것이 동시대인의 자화상이다. 이러한 현실에서 자연의 변화를 관조하고 자연의 흐름과 발맞추어 살아가기란 쉽지 않은 일일 것이다. 사람이 자연으로 들어가서 자연의 일부로 살아가는 것은 토지집약적 계획으로 구성된 현대 대도심에서는 불가능에 가까울 것이다. 그렇다면 도심의 밀도에서 자연의 삶의 가치를 획득하고 동시에 세계화된 도시의 경쟁력도 함께 취할 수 있는 방안은 없을 것인가. 우선 대도시의 조건을 인정하는 가운데 용적률을 유지하거나 조금 상승시키면서 건폐율을 상대적으로 줄이고 동시에 녹지의 비율을 높이는 에코 시티의 방안을 생각해볼 수 있을 것이다. 그러나 그것은 반대로 그만큼의 기반시설의 확충을 위한 비용이 늘어나는 점과 집적의 효율성이 떨어진다는 단점이 존재한다. 집적의 경쟁력 제고와 편의성, 효율성을 생각했을 때 우리가 취할 수 있는 방안은 두 가지 정도로 요약할 수 있을 것이다. 첫째, 현대 대도시에서 인프라를 구축하기 위한 비용이 증대되더라도 녹지 및 자연생태계의 면적을 최대한 도입하면서 밀도를 낮추는 방안을 생각해볼 수 있다. 혹은 저층의 녹지 공간을 늘리고 거주공간을 좀 더 수직화하는 방안도 생각해볼 수 있을 것이다. 그러나 이것은 환경을 고려하는 것이 장기적인 관점에서 환경부하를 낮출 수 있는 방안이 장기적 이익에 부합하다는 사회적 합의가 전제되는 방안이다. 두 번째, 인간이 만들어내는 인공 건조환경 자체도 자연의 일부로 긍정적으로 바라볼 필요가 있다. 조금 더 밀도가 높은 콤팩트 도시를 만들면서 대신 채광과 환기 및 경관조망의 조건을 개선하고 자연의 변화에 따라 카멜레온처럼 유연하게 변화될 수 있는 인공환경을 포함하며 동시에 주변의 소규모 인공자연(조경)을 즐길 수 있는 건축공간을 확보하는 방안이 고려될 수 있을 것이다. 이를 위해 주거 및 각 유형의 건축에 유기적으로 변화할 수 있는 공간 및 장치를 기본계획 차원에서 발전시키는 방안이 그것이라고 할 수 있다.

콤팩트 시티의 경우, 용적률을 올리게 되면 최대한 저층 공용 외부공간의 자연적인 조경을 넓히며 건폐율을 낮게 할 수 있는 방안을 선택하던가 중층고밀로 하면서 대신 내외부 공간의 인공조경과 선스페이스 및 발코니의 조화가 이루어지는 가운데 채광 및 미세기후의 원활한 흐름을 조절할 수 있는 디자인 방법론이 필요할 것이다. 도심 내에서는 우리를 둘러싼 인공환경에서 최대한 자연을 끌어들일 수 있는 방법이, 시외곽에서는 최대한 에코건축의 기술과 함께 자연의 흐름과 함께 일체화 될 수 있는 철학의 건축문화가 발전되어야 할 것이다. 그 가운데 한국적 건축이 가진 자연을 대하는 태도를 실현시킬 수 있는 방안을 고려해보아야 할 것이다.

0136 주역의 미신적 사유와 과학적 사유를 화해시킬 수 있는 건축적 방식은 어떻게 풀어야 할 것인가?

주역에는 철학, 종교, 정치, 문학, 과학 등 다양한 동시대 학문적 관심과 연계되는 부분이 분명 존재한다. 단순히 점술로서 치부되거나 제정일치 시대의 구시대적 유물로 취급하기에 주역은 경험과학으로서의 가치와 효용성이 분명 존재한다. 오늘날까지도 사주팔자, 토정비결 등을 일상생활에서 사용하고 더 나아가 음양오행이 기본이 되어 인간의 몸을 관리하는 한의학 등이 발전하고 있는 것이 그것을 증명한다. 그러나 무시하지 못할 정도의 단점과 폐해도 존재한다. 모든 학문과 이데올로기에 권력의지에 대한 측면이 일정부분 존재하는 것과 같이, 동북아 사유의 미신적인 측면에는 권력의지가 강력하게 도사리고 있었다. 풍수지리의 경우, 지형과 도시건축, 건축, 인테리어, 묘자리 등에 있어서 경험과학의 측면으로 인간의 거주와 죽음의 자리까지 세심하게 고려하는 경험과학을 선보였지만, 폐해도 만만치 않았다.

지금까지 직관의 영역에는 항상 객관적인 데이터를 기반으로 하는 사실과 과학의 영역이 밝혀지지 않았거나 인간의 경험과 각 데이터의 저장 및 연산 능력으로는 한계에 있어서 미지의 영역으로 남겨놓은 부분이 존재했다. 그것은 너무 방대한 데이터의 영역이거나 논리적으로 명쾌하게 설명하기 힘든 영역이었기 때문에 선조의 오랜 경험과 당시의 직관에 의해 결정을 내릴 수밖에 없는 측면이 존재했다. 이 지점에서 사특한 권력의지와 미신적인 요소들이 침입하게 된다. 밝혀지지 않은 것, 미신의 종교적 영역은 미지의 공포가 존재하는 영역이어서 그 자리에 이러한 부분이 침투하기 용이했다. 고대에 이런 영역은 제사장의 영역, 혹은 무당(주술사)의 영역이었다. 풍수지리는 오늘날 기후학, 지형학, 도시지리학, 도시설계의 과학적 영역과 공통적인 영역을 공유한다. 빅데이터는 이러한 영역에서 강력한 힘을 발휘한다. 방대하고 실질적인 데이터를 기반으로 하여 기존 풍수지리의 방법론에 대한 검증과 이유를 확립할 수 있다. 동북아적 순환성에 대한 도시적 해결방법 및 정주가 가능한 주거의 터잡기 및 식생과 거주를 위한 다양한 방법론을 우리는 새롭게 생각해보아야 한다.

오늘날 서양 의학과 한의학 혹은 동양의학이 협동하여 침술을 활용한 수술이 진행되고 있으며 한약 등의 부작용 없는 수술과 조제술이 비약적으로 발전하고 있다. 의사들과 한의사들은 이성적인 방식으로 직관적인 영역을 탐구하여 좀 더 객관적으로 직관과 경험적 과학의 영역을 양성화하거나 이성적인 방법론으로는 전혀 생각할 수 없었던 동양의학의 경험적, 직관적 의술을 접목하여 수술과 치료의 연구를 진행하고 있다. 이를 통해 좀 더 부작용 없는 방식으로 시너지를 이룰 수 있는 협동연구가 진행되며 발전하고 있다. 빅데이터의 과학, 프랙탈, 급변론 등의 이론의 영역과 건축적 해결방식은 이러한 부분에 있어서 미지의 영역, 미신의 영역이 좀 더 이성적이고 밝은 영역으로 옮겨 오거나, 설명이 되지 않는 부분에 대한 해결책을 가져올 수 있을 것이다. 미세 기후의 과학적 지식과 입지의 선정, 땅의 기의 흐름에 대한 객관적 해석과 적용의 방법론 등은 오늘날 자연과 일체가 되는 삶을 위해 입지와 건축적 해결에 있어서 정교화해야 할 가치가 되고 있다.

또 계획이 중심이 되는 포멀시티(formal city)와 자발적인 구축이 중심이 되면서 자연의 군집화를 이루는 인포멀 시티(informal city)의 대조적인 특성에서 보이는 화해방안에 대해서 생각해볼 필요가 있다. 르 꼬르뷔지에의 계획이나 근대 도시계획에서 보이는 포멀시티로서의 이성적인 실험계획의 장점이 존재하지만 이에 대한 단점도 분명히 존재한다. 또한 산동네로 대표되는 인포멀시티는 여러 가지 인프라의 단점이 존재하지만, 마치 장이론과 같이 그 영역의 요소들(거주민)의 힘겨루기와 견제와 균형을 통해 힘의 균형의 지리적 현시가 이루어진다. 이 과정에서 각 영역의 거주민들의 조화의 평형 상태를 이룬다는 장점이 존재한다. 인포멀 시티의 인프라 부족 문제와 비효율성을 제거하면서 인간적인 공간구조 혹은 자연적인 공간에서 볼 수 있는 계획요소를 적용할 수 있는 방안이 없을까. 이러한 문제는 미신적이고 비과학적인 느낌이 강한 문화와 이성적 계획의 중간적 영역에서 여전히 고려하고 변화시킬 필요의 영역이 존재함을 느낄 수 있는 부분이다. 도시 및 건축 분야에 있어서는 이러한 전통적인 인포멀 시티의 부분과 20세기 이후 발전했던 대도시에서의 계획도시 기법의 장단점의 중간영역에 대해서 계속해서 화두를 가지고 연구할 영역이 남아있다. 이러한 부분이 바로 이성의 영역과 미신과 같은 영역으로 남아있는 부분을 화해시킬 수 있는 부분이다. 향후, 인간은 미지의 영역을 객관적 데이터를 바탕으로 하여 객관적이고 합리적인 방식으로 변화시키면서 합리적인 영역으로 이동시키는 노력을 경주해 나갈 것이다.

0137 자연생명의 에너지(신)의 흐름(땅의 기운)과 건축이 어떻게 능동적으로 순응하고 유기적인 관계를 가질 것인가.

기본적으로 대부분의 건축은 특정 대지에 뿌리를 내리고 세워지게 된다. 그 대지는 그 대지 특유의 지형 특성을 보이며 기후는 각 지역마다 상이하므로, 그 지역에 세워지는 건축은 본질적으로 그 대지에 단 하나의 유일무이한 건축이 된다. 사람은 각 지역에 지형적 특성과 기후적 특성으로 인해 그 대지에 적합한 생존과 삶의 조건을 영위할 수 있는 건축을 계획하게 된다.

한국은 전 국토의 70%에 이르는 면적이 산지 지형으로 구성된 조건이기 때문에, 그리드 패턴의 정형적인 건축을 수행하기에는 근본적으로 평탄한 대지가 부족할 수밖에 없는 조건이다. 산봉우리에서 내려오는 등고선으로 이루어진 지형에서 건축물을 배치하기 위해서는 필연적으로 계단식의 성 절토가 이루어질 수밖에 없고, 대규모의 평지 면적을 얻기 위해서는 대규모 석축을 세워야 하므로 효율적이지 않고 경관에도 무리가 있을 수밖에 없다. 따라서 산지 구릉 지형에서 건축 행위를 하기 위해서 소분된 계단식 택지가 조성될 수밖에 없다. 산지 지형에 위치하는 계단식 석축은 기본적으로 일률적이지 않고 산 둘레의 자연스러운 지형 및 등고의 변화 곡선만큼이나 다양한 방향성의 성절토 대지를 형성할 수밖에 없다. 그 가운데 특정 지점에 건물이 배치될 때 그 방향에서 가장 훌륭한 뷰를 중심으로 배치될 수밖에 없을 것이다. 이러한 조건에서는 서양과 같이 건축물의 밖에서 안으로의 시각적 배치방식(시각적 대상화)이 아니라, 내부에서 외부로 바라보는 시각을 중요시하는 건축이 이루어질 수밖에 없다. 이른바 조선 회화의 칠관법의 가치관과 같이 한국건축은 내부에서 바라보는 사람과 외부의 세계가 시각적으로 연결되며 하나가 되는 것을 중시하는데, 이것은 내재적인 범아일여, 천인합일의 정신과 연계된다. 계단식의 대지로 인해 자연스럽게 각 레벨의 영역이 형성되고, 각 영역은 담장이 낮아도 자연스럽게 석축에 의한 레벨 차이로 인해 영역성이 확보되기 때문에, 건축물 내부에서 자연을 바라보는 시야를 가리지 않으면서도 자연스럽게 주변 자연과의 시각적 연결이 가능하게 된다. 따라서 지형차에 의해 담장이 낮아도 큰 무리가 없다. 이른바 차경(借景)의 개념이 용이하게 획득되는 것이다. 레벨의 변화와 영역에 각각의 채의 건축물들이 군(群)을 이루면서 지형과 순응하게 계획됨으로써 전체적으로 한국건축은 주변 산세와 조화를 이루는 지붕의 건축군을 형성하게 된다. 형태적으로는 지붕이 군집하는 형상이 주변 산세의 스카이라인과 유사한 방식으로 조화를 이루게 되고, 공간적으로 각 레벨에서 채의 내부공간은 주변 자연과의 시각적 연계를 원활하게 하는 차경의 공간구조를 만들고 각 채를 연계시킨다. 한국인들은 여름에는 산을 타고 내려오는 바람의 기를 원활하게 받아들여 시원한 공간을 만들고 겨울에는 매서운 북서풍의 기운을 적절하게 막아줄 수 있는 위요의 풍수 지형(혈좌, 穴座)에 마을이나 주택을 입지시키고 있다. 동시에 선조들은 북서풍이 불어오는 곳에 방풍 수림의 수종을 적극적으로 경영하는 것이다. 이를 위해서는 그 대지의 미세기후의 특성을 면밀히 조사하여 그에 맞는 적절한 바람길과 북서풍을 막을 수 있는 방안을 마련하는 것이 중요하다. 특히, 가장 중요한 것은 사계절의 기의 흐름의 변화를 몸으로 감응하며 생활을 적절하게 영위할 수 있는 공간구조와 설비 특성을 잘 결합시키는 것이었다.

오늘날 동시대 건축에 있어서도 이러한 가치는 여전히 유효하다. 이전 시대보다 단열과 냉, 난방의 기술이 비약적으로 발달한 현대에 지난날의 이러한 가치는 크게 그 중요성이 감소되는 것으로 생각될 수 있다. 인공의 화학적 방식으로 제조되는 방수제와 단열재, 건축자재가 일반화 되고, 에너지를 사용하여 외기와 차단된 채 인공적으로 냉난방을 조절함으로써 인간은 거주에 쾌적한 인공적인 조건을 확보할 수 있게 되었다. 또 이로 인해 사계절의 변화에 둔감한 실내환경을 경험하고 있다. 액티브 친환경 기술(active technology)은 능동적(active)으로 에너지를 스스로 생산하여 사용하는 인공 냉난방 기술을 의미하며 개별적인 공간의 쾌적한 조건을 확보할 수 있었지만 설비를 만드는데 들어가는 에너지와 주변 미세기후에 악영향을 끼치는 부정적인 측면이 발생하는 단점이 있다.[113] 또 냉난방에 있어서 액티브 기술은 여전히 에너지를 소비하며 이산화탄소를 배출하고 재료생산과 구법에 있어서도 탄소배출이 늘어나게 하는 단점도 존재한다. 근대 건축은 자연과 함께 공존하는 건축이 아니라 자연에 악영향과 과부하를 주는 구축방향으로 전개되었다. 그러나 동북아 사상과 공명하는 건축은 철저하게 자연의 일부로서 자연과 하나가 되는 건축을 추구하였으며, 특히 한국건축은 자연의 변화 흐름을 원활하게 느끼고 공명하며 살아갈 수 있는 구축방안을 계속해서 발전시켜 나갔다.

오늘날의 에코 건축은 기본적으로 그 지역의 미세기후를 중시하는 패시브 건

113) 액티브 건축기술은 '능동적으로(active)' 에너지를 만드는 친환경 건축기술로, 태양전지 등 첨단공법을 이용해 에너지를 스스로 생산해 사용한다면 패시브 건축기술은 주로 에너지 낭비를 줄이는 데 초점을 맞추고 단열성능을 극대화하는 것이다.

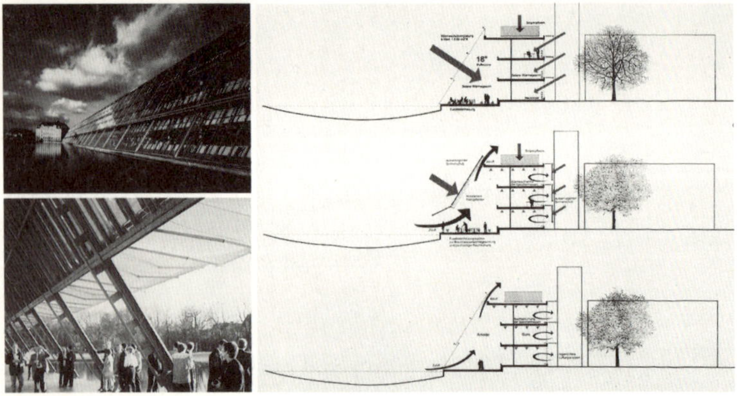

15

축적 계획방법론을 중심으로 하여 재료와 구법 역시 환경부하를 줄이는 방식으로 계획되고 있다. 이를 위해 계획설계 단계에서부터 그 지역의 태양의 궤도를 따라 태양을 받아들이거나 회피할 수 있는 매스구성이 추가적으로 고려하기도 하며 사계절 변화에 따라 태양의 고도를 이용하여 혹서기에 직사광선을 막고 혹한기에 직사광선을 최대한 받아들여 화석에너지 사용을 절약할 수 있는 경사지붕과 루버를 이용하는 방식이 발전하고 있다. 대류현상을 통해 자연적인 공기의 순환 및 온도조절이 가능하도록 만들어주는 패시브 내부 환기시스템이 발전하고 있고, 루버와 셔터 등이 결합된 이중창 시스템과 필름지와 유리 기술의 발달은 벽체의 단열과 채광을 통한 열 환경의 조절을 획기적으로 향상시키는 것을 가능하게 만들어주고 있다.

16

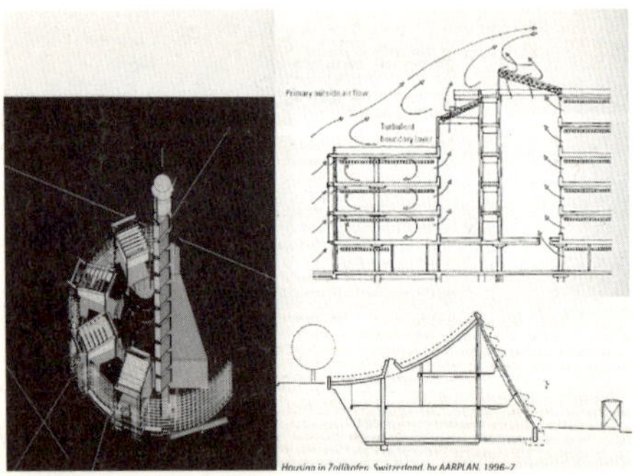

15 대류현상과 공기의 흐름과 경사 이중외피를 이용한 에코건축의 사례
16 대류현상과 공기의 흐름과 경사 이중외피를 이용한 에코건축의 사례

또한 저층부의 폴더블 윈도우 개폐장치와 전면 혹은 중정 내부의 수공간의 접목으로 인해 대류현상과 결합한 건축물 내부의 미세기후 조절방법론 역시 정교화되고 있다. 여기에서 핵심은 액티브 에너지를 사용하기 이전에 최대한의 패시브 디자인이 선행되고 부차적으로 필요한 액티브 시스템을 접목하는 것이라고 할 수 있다. 오늘날 제로에너지 하우스라는 시스템은 이렇게 열 환경과 에너지 부하를 줄이는데 그 초점이 맞추어져 있다. 우리 선조들의 관심 역시 필요에 의해 여름에 시원하고 겨울에 북풍을 막을 수 있는 열 환경 구조도 고려했지만, 그보다 더 크고 중요한 관심은 자연의 변화와 흐름을 원활하게 느끼면서 자연과 동화된 삶을 살아가는데 건축이 어떻게 도울 수 있는가 하는 삶의 철학과 태도의 측면이 중요했다. 범아일여, 천인합일의 정신을 중요하게 생각했던 까닭이다. 단순하게 합리성에 근거하여 열 환경적으로 에너지를 절약하고 활용하는데 그치는 것이 아니라는 이야기이다. 따라서 우리는 오늘날의 열 환경적인 요소를 적용하되 모든 것을 효율성과 편리성을 중심으로 계획하는 것에서 벗어나 이러한 관점으로 한 번쯤 다시 생각해볼 필요가 있다. 자연의 흐름과 더불어 살아가기에 오늘날의 건축 구성과 재료와 기밀성은 자연의 흐름을 원활하게 느끼는데 한계가 있기 때문이다. 거의 완벽한 소음차단과 외기의 차단 및 기밀성이 유지되는 외피는 자연의 변화와 흐름에 신체가 둔감하게 될 수밖에 없다. 집안에 있으면 비가 오는지 바람이 부는지 알 수 없는 경우가 허다하다. 미세기후에 순응하여 채광과 환기가 원활하게 계획하고 동시에 필요에 따라 자연의 흐름을 원활하게 느낄 수 있는 공간구조와 패시브 디자인의 기술 및 디테일을 발전시켜야 할 것이다. 이러한 철학과 태도가 기본이 되어 계획했을 때 열 환경의 합리적 절약과 효율성은 부가적으로 따라오는 이익이 되는 것이고, 중점적인 것은 결국 자연과 사용자가 하나가 되고 자연의 흐름에 따라 살 수 있는 공간구조를 만든다는 것이 핵심이 되는 것이다. 패시브 디자인을 고려할 때 대 전제가 되는 출발점이 달라지게 되면, 실제적으로 계획이 이루어질 때 새롭게 다른 방향성의 잠재성이 현실화 될 수 있을 것이며 기존과 다른 새로운 계획이 성취될 수 있을 것이다.

0138 논리성의 적용과 동시에 천인합일의 정신이 녹아 들어가는 동시대적 한국성은 어떤 방향성을 가지고 실천해야 할 것인가?

논리성과 프로그램의 위계와 조닝의 합리적 배치가 이루어지면서 동시에 전체적인 기의 흐름의 특성이 하나로 나타날 수 있는 방안은 특히 인도의 사유에서 두드러지게 나타나는 특징이다. 인도의 사유는 동양과 서양의 사이에 위치한 지리적 상황으로 인해 서양의 논리적, 형이상학적 특성과 동양의 직관적 특성이 접합되어 나타난다. 인도의 언어 자체도 서양식의 특성이 나타나는 바와 같이 논리성이 매우 중요한 특성이 된다. 중국에 불교가 전파되고 난 이후, 자체적인 진화를 바탕으로 본토와는 전혀 다른 방식으로 선불교가 발전한 이유에는 상징적, 직관적 언어인 중국어의 특성이 작용한 것도 중요한 이유 중 하나로 볼 수 있다. 인도로부터 전해지며 발전한 불교사찰의 가람배치는 법의 상징인 부처를 모신 스투파 혹은 전각을 중심으로 주위에 회랑을 두르고 기타 강학 및 부속시설들을 기하학적으로 배치하여 건축군을 구성한다. 인도는 이처럼 공간의 배치와 구성에 있어서 논리적이고 기능적이면서 질서 정연한 군집을 이루는 방식을 전파하게 되었다. 그러나 동북아 건축, 특히 한국의 사찰 건축의 특성은 산지 및 구릉지형이 많은 특성상 직관적이고 수행을 중심으로 하는 선불교의 특성이 맞물려 기본적으로는 논리적인 가람배치를 따르지만, 주변 자연 지형과 여건에 따라서 적절하게 변형시키고 주변과 조화를 이루기 위해 혹은 주변 산세를 바라보는 방향에 따라 축을 탄력적으로 변화시키는 융통성이 발휘되었다. 기본적인 규칙와 질서는 존중하되 융통성을 발휘하여 전체적인 산세와 지형의 기를 존중하는 태도를 발전시켜 온 것이다. 그것이 바로 천인합일의 정신과 맥을 같이 하고 있다. 한국의 사찰 건축은 정신의 형이상학적 측면이 작용하는 관념적인 그리드 군집의 질서체계와 함께 자연의 운행과 기를 존중하는 융통성을 발휘하는 축의 변화 및 시각적 변화를 수용함으로써 이상과 직관의 조화를 동시에 수용하고자 한 것이다.

화엄 사상은 부분과 전체가 하나로 일체화가 되어 하나의 거대한 꽃과 같이 장엄한 형상을 이루고 자연의 법칙에 따라 순리대로 운행하는 것을 상징한다. 화엄일승법계도의 만다라적 구성방식이나 부분 부분이 모여 전체의 형상을 이루는 프랙탈적인 특성 역시 그러한 방식으로 바라볼 수 있다. 형태적인 측면에서 보았을 때 만다라와 프랙탈의 방식은 유사한 지점을 공유한다. 그것은 부분과 전체의 연계와 합일의 가능성을 가지고 있는 것이며 달리 이야기하면 부분과 전체의 기능이 하나로 이루어 질 수 있는 방안이기도 하다. 급변적인 형태와 특성이 나타난다고 하더라도 거시적인 시점에서 전체적인 형태를 바라보면 그 역시 부분의 특성과 유사하여 자기유사성을 보이며 각자의 영역에서 유사하게 기능하는 특성을 보이는 것이다. 다시 말해, 질서 있는 체계로서 근본적인 토대가 되는 구조가 다양한 요소들이 만들어내는 운동을 포용하는 것이 중요하며 그것이 부분과 전체에 있어서 자기유사성의 형태가 보이면서 각 영역이 자연과 연계되는 구조 그러면서 전체와 부분이 연계되며 하나의 흐름과 움직임으로 유기적인 기능을 수행할 수 있는 구조를 생각해볼 필요가 있다.

0139 자연의 기를 감지할 수 있는 누각건축과 정자 건축의 요소를 동시대 건축에 어떻게 적용해야 할 것인가.

자연의 기(氣)를 감응하는 것은 더위와 추위의 기운과 바람의 기운, 그리고 물줄기의 흐름을 몸으로 함께 느끼는 것이며, 건축에 있어서 주요한 외적 변수로서 작용한다. 누각건축과 정자 건축은 그 자체로 기능과 존재론적으로 허(虛)와 같이 작용하고 자연의 기를 원활하게 감지할 수 있도록 외부에 열려 있다. 지붕과 기둥 그리고 떠있는 바닥과 함께 중앙에 최소한의 방이 계획되거나 기존 주거 혹은 건물에 연결되도록 계획되는 것이 일반적이다.

오늘날 토지이용이 집약적으로 이루어지고 고층화가 진행되는 가운데 현대적 구법과 패시브 디자인 적용의 한계로 인하여 집합주거에서는 자연의 기를 온전히 느낄 수 있는 누각건축과 정자 건축의 실현이 상대적으로 어려울 수 있다.

생각해볼 수 있는 것은 건물 외부에 확장되며 설치되는 외부 베란다(테라스형)나 선스페이스의 새로운 방안을 고려해 볼 수 있을 것이다. 한국식 정자공간과 누각의 공간이 목재 벽체와 바닥의 인테리어를 덧붙여 시공했을 때 한국적 감성이 충만한 외기에 면한 공간이 만들어질 수도 있을 것이다. 그러나 그것은 단순한 인테리어에 불과하고 근본적인 해결책이 될 수는 없을 것이다. 일률적인 고층건축물의 계획보다는 매스 중간 중간에 외기에 쉽게 면하는 공용의 공간을 계획하며 한적하게 개인 시간을 보내거나 커뮤니티를 형성하기 용이하게 하면서 동시에 자연의 변화의 흐름을 느낄 수 있는 공간들이 늘어나도록 계획하는 방안을 생각해볼 수 있다. 여기에서 중요한 것은 이러한 공간들이 각 동별로 일률적으로 배치되기보다는 다층적으로 존재하면서 자연과 긴밀히 연계되는 구조이고 각 주호에서 접근하고 사용하기에 편리한 방식의 커뮤니티 공간이어야 한다는 것이다.

조금 더 외부공간의 여유를 가질 수 있는 교외의 주택의 경우, 마당과 함께 선스페이스와 유사한 거실의 확장공간을 생각해볼 수 있다. 폴더블 윈도우를 적용하는 열린 공간들과 함께 현대적인 정자와 누각건축을 적용해볼 수 있을 것이다. 여기에서 중요한 것은 단순히 생활의 편의성이나 쾌적함을 위한 것도 포함되지만, 최종적으로 생활과 자연의 흐름과 하나가 되고자 하는 부분에 건축 역시 초점을 맞추는 것이 중요하며 내재성의 범아일여, 천인합일의 정신의 계보를 잇는 사유와 생활과 물질적 구축이 함께 나아갈 수 있어야 할 것이다.

0140 한국 건축의 장이론의 요소의 배치방식과 동시대 건축과의 차이와 유사성은 어떻게 연계하여 계획할 것인가.

현대건축에서는 매트빌딩(mat-building)의 구축 및 구성방법론에 영향을 받아서 공간이나 프로그램의 요소들이 하나의 장을 이루면서 건축물로 구성되는 사례들이 꾸준하게 등장해왔다. SANNA의 카나자와 21세기 뮤지엄의 경우, 각 프로그램의 공간들을 계획하고 그것을 이어주는 복도 등의 공간 역시 하나의 또 다른 공간으로 쓰임새를 가지도록 하여 '회색 공간'의 특성을 보이는 방법론으로 발전되었다. 각 공간구획의 프로그램이나 기능은 각각의 역할과 연계특성이 있기 때문에 조닝이 이루어지게 마련이다. 그러나 의외의 프로그램이 삽입되었을 때 나타나는 시너지가 있을 수 있다. 문제는 현대건축에서는 다양한 프로그램을 수용할 수 있는 잠재성의 회색 공간을 필요로 한다는 점이다. 그것은 하나의 프로그램이나 기능으로 한정된 공간이 아니라 다양한 프로그램들이 유연하고 느슨하게 그렇지만 무리없이 기능했다가 사라질 수 있는 가변성이나 유연성의 공간이다. 불교적으로 이야기하면 2권에서 주요하게 언급할 '무자성(無自性)의 공간'이라고 할 수 있다.

여기에서 중요한 점은 공간과 조형의 구성 중심이 대상화된 것이 중심이 되는 것과 관심의 중심이 자연의 흐름과 변화를 온전하게 연계하고 수용될 수 있는 공간구조를 먼저 생각하고 구성하느냐가 가장 큰 차이라고 할 수 있다.

건축가라는 주체의 자의식이 중심이 되어 평면상에서 프로그램과 기능을 대상화하고 그 기능의 특성들을 보기에 좋고 합리적 이성에 근거하여 평면을 시각적으로 보았을 때 큰 무리없이 조닝하는 것이 능사가 아니라는 것이다. 이런 방식이 근대 건축과 이성이 수행했던 합리적 방식이었다. 그러나 합리적이라고 보였던 이러한 방식이 여러 가지 폐해를 가져왔음을 우리는 잘 알고 있다. 각 기능이 자신의 역할에 맞는 자리를 찾아가되 유연하게 기능의 보완이나 시너지를 일으킬 수 있는 사이 공간을 계획할 필요가 있다. 여기에서 중요한 것은 그 사이의 공간이 또 하나의 공간으로서 다양한 행위들이 유연하게 시너지를 일으키며 이벤트가 일어날 수 있는 공간이면서 자연과의 관계를 맺는 공간이어야 한다는 점이다. 이것이 바로 장이론의 핵심이다. 기능과 프로그램의 특성상 자기 자신의 자리를 찾아가되 각자의 영역의 자기장과 그 사이의 영역이 한정된 기능으로는 해결하기 힘든 영역의 행위들을 포용할 수 있는 사이(틈)의 공간으로 역할하게 된다. 이 역시 세밀한 조정을 통해 다양한 행위와 이벤트가 발생할 수 있도록 계획할 수 있다. 그러나 동북아 건축, 특히 한국건축에서 중요한 점은 그러한 다양한 행위의 영역들이 모두 외부공간이었다는 점이다. 마당은 기능을 한정하지 않으면서 실로 다양한 행사들과 작업들이 이루어진다. 외부공간 역시 마찬가지이다. 그러나 그 외부공간은 모두가 하늘(세계)로 열려 있으면서 자연과 연계되어 있다. 천인합일의 구조를 먼저 생각하는 장이론의 기능적 집합이 될 수 있도록 계획하는 것이다. 가장 중요한 고려사항이 바로 이렇게 하늘과 연계되는 마당을 계획한 이후에 기능 및 공간의 구성 및 내외부 공간의 세밀한 조정을 차후에 고려하는 것이다. 출발점이 근본적으로 다르다는 점에서 오늘날 건축가들은 요청되는 기능을 중심으로 하여 도면으로 각 공간들을 대상화하여 기능간의 장이론을 접목하는 것이 아니라 자연과 연계를 최우선하는 다른 방식으로 계획하는 것이 필요하다. 각 기능과 사이 공간의 연계되는 장의 요소들이 자연과 연계되고 합일될 수 있는 방안을 먼저 생각하고 그것과 조화를 이루는 기능과 중성적 공간의 조합이 이루어질 수 있도록 하는 방안을 고려해야 한다. 카나자와 21세기 뮤지엄의 경우, 원형의 외곽선을 설정하기 이전에 중성적인 공간이나 외부에 열려 있는 중정 공간을 계획함에 있어서 자연과의 연계를 가장 우선시하여 계획하고 나머지 기능이 부차적으로 계획되었다면 조금 더 다른 결과물이 나올 수 있었을 것이다. 자신의 기능에 맞추어 계획되면서 다른 기능 역시 넉넉히 품을 수 있는 공간과 그것이 자연과 연계된 공간을 만드는 것이 장이론의 배치방식이 추구하는 방법이라고 할 수 있고 동시대 건축에서도 고민해보아야 할 지점이될 것이다.

0141 인위적으로 비보(裨補)를 하여 보완한다는 개념을 동시대 건축과 건조환경에 어떻게 적용할 수 있을 것인가.

인위적으로 비보한다는 것은 보완하여 더욱 완전하게 된다거나 특정 대지의 불리한 측면을 물리적인 변화의 방법론을 사용하여 분위기를 전환할 수 있게 하는 태도이다. 세계 어느곳에서나 인간이 거주하고자 하는 지역은 상대적으로 생존과 거주에 적합한 곳을 찾기 마련이고, 그것이 여의치 않은 경우, 단점을 보완하는 방식으로 거주공간과 이를 둘러싼 환경을 적합하게 구축해왔다. 예를 들어 중국 서부의 사막기후의 평원 지역에는 북서풍을 막을 수 있는 위요된 지형이 부족하기 때문에 거주를 위한 영역을 그리드로 구획하고 인위적으로 키가 높은 나무들을 북서방향으로 식재하여 북서풍을 막아주는 방풍림을 반드시 조성하곤 한다. 생존과 거주에 있어서 꼭 필요한 요소들이기 때문이다. 이처럼 비보라는 개념은 풍수지리 이전에 인간의 거주조건을 향상시키기 위해 주변 자연을 활용하고 보완하는 인간의 자연스러운 대응이라고 보아야 할 것이다.

그러나 우리나라 풍수가 발생하게 된 원인 중에 중요한 부분은 비보풍수가 정치적 목적과 결부되었다는 점이다. 산지 지형이 대부분인 우리나라는 중앙정부와 각 지역의 호족 간 힘겨루기의 양상이 지속되었던 역사를 보여왔다. 각지의 산지 지형으로 인해 정보, 물자교류, 소통에 있어서 한계가 있었고 중앙 권력의 통제가 온전하게 각 지역에 효과적으로 미치기 힘든 상황이었던 것이다. 따라서 지방 군벌과 호족은 선종을 중심으로 자신의 권력체계를 암암리에 강화시켜 나가고, 이들의 지원을 받는 지방 불교는 선종을 중심으로 하여 중앙정부와 각을 세우며 교세를 늘려가기 위해 사찰을 위한 명승지가 아니라고 하더라도 건립하기 위한 명분을 세우기 위해 비보사찰설을 내세웠던 측면이 있다.

그럼에도 불구하고 관계를 중시하고 상극을 상생의 조건으로 만들면서 그 지역의 단점을 장점으로 승화시키고자 하는 노력은 오늘날 불리한 여건을 극복할 수 있는 건축 방법론으로 눈여겨볼 사안이다. 예를 들어 케빈 린치의 5가지 도시 경관의 이미지를 만드는 근본 구조를 살펴보면 랜드마크의 요소들이 나타나는 장소 혹은 필요한 지점에 대한 고찰이 있다. 비보사찰 역시 음의 기운이 강한 대지이거나 양적인 특성이 필요한 부분에 수직적 요소에 대한 경관적 보완을 취하는 방식을 통해서 조화를 이루는 과정이 발전해왔다. 건축의 각 부분들에서 양과 음의 요소들을 음양오행의 방식으로 설정하고 그 요소들의 관계에서 상극의 요소들을 제거하고 상생할 수 있는 방식으로 배치하고 연계하며 건축하는 것이 필요할 것이다. 그러나 오늘날의 건축기술은 과거에 비해 단열, 방수, 방풍, 해충으로부터 보호받는 건축기술이 비약적으로 발전했고, 상하수도와 위생기술 역시 비약적으로 발전했다. 조건 자체가 이전과 근본적으로 달라진 점이 많다는 것이다. 이러한 측면에서 기존의 가치관이나 자연관만을 무작정 고집할 수는 없는 상황이다. 예를 들어 조선 시대에는 원활한 물류를 위해 물길과 뱃길을 따라서 도시와 물류시설이 배치되고 성장했다. 선조들은 배산임수 중에서 물의 경우, 물류를 통해 윤택한 생활을 할 수 있는 가능성이 높아지기 때문에 물과 가까운 지역의 주거입지를 선택했던 것이다. 그런 측면에서 보았을 때 오늘날의 배산임수와 같은 물류의 흐름은 지하철 노선과 근접한 역세권이라는 주장은 타당한 부분이 있다. 고밀의 도시에서 비보되고 인간의 삶이 윤택해지는 것은 결국 인공건조물과 녹지의 연계, 대중교통과의 연계와 편의시설의 편리성, 그리고 학군으로 결정된다. 일반 대중들은 자녀를 양육하고 교육하고 거주하고 자연을 느끼면서 살아가는데 용이한 여건을 선택하기 때문이다. 모더니티에 의해 발전하고 편리한 부분을 적극적으로 사용하면서 동시에 자연의 기를 느끼며 일체화되는 삶을 살기 위한 목적과 생활 태도를 충족시킬 수 있도록 불리한 여건을 보완하며 살아갈 수 있는 건축계획의 자세가 필요할 것이다.

0142 미세기후를 고려하는 건축적 방법론은 어떻게 성취해야 할 것인가.

서양의 근대 건축은 의도적으로 주체가 객체를 분리하고 배제하며 대상화하여 사유하고자 하는데서 나타나는 폐해적인 특성을 보여왔다. 도심 내 하나의 건축물을 주체라고 가정하면, 주체인 건축물 내부는 인공적, 기계적 냉난방의 수단으로 쾌적하게 만들지만, 주변의 미세기후에는 악영향을 끼치는 이기적으로 대상화된 사고방식의 건축물이 중식되었다. 그 결과 자신의 건축물은 쾌적하지만 주변의 건물과 주변 미세기후는 계속해서 그 질을 악화시키는 악순환이 계속되어 왔다.

기의 흐름에 대한 이해와 그에 대응하는 동북아 철학의 관점으로 보았을 때, 현재 건축부문에 있어서 가장 취약한 부분이 바로 미세기후에 대한 계획적 접근방식의 지식과 교육이다. 물론, 대류현상에 대하여 외부에서 대류적인 바람의 흐름을 도입되고 있으나 실질적인 바람길에 의한 지식으로부터 나오는 것이 아니라 천편일률적으로 정확하게 알지 못하고 시행하는 경우가 대부분이다.

예를 들어 어떤 영역에 고층 건물이 들어서게 되는 그 대지 주위의 미세기후가 빌딩풍으로 인해 그전과는 달라지기 때문에 이로 인해 발생할 수 있는 문제를 해결하기 위해서 시뮬레이션이 필수적으로 필요하다. 이러한 시뮬레이션은 나라, 권역, 지역에 따라 특정 대지에 따라 특정한 미세기후의 특성이 존재하므로 지역에 특수해가 필요하게 된다. 그 지역, 그 콘텍스트의 건축물의 구성에 따라 미세기후의 변화와 적용양상이 달라지게 마련이므로 이에 대한 조사와 적절한 대응이 필요하다. 현재 건축 교육에 있어서 미세기후의 정확한 진단에 따라 미세기후를 적용하여 최적화된 기의 흐름을 적용하는 노력이 필요하다. 즉, 시뮬레이션과 연계된 계획설계 단계의 패시브 건축계획에 대한 교육이 필요한 것이다. 대학교육에서는 일반적으로 편서풍에 내응하는 건축계획으로부터 그 지역 미세기후의 특수 조건에 맞추어 특수한 해결방식이 건축적으로 성취될 수 있는 미세기후와 채광에 대한 커리큘럼이 부족하다. 이를 해결하는 것을 시작으로 자연의 기의 흐름을 건축에 실질적으로 적용하면 해결방법을 만들어낼 수 있는 건축적 방법론이 생성될 수 있을 것이다. 특히 패시브 기술은 기본적으로 연중고도의 채광과 연중기후의 변화에 따라 여름과 겨울에 어떻게 대응하느냐에 따라 외피, 루버, 경사지붕 및 대류현상을 이용한 기의 원활한 순환이 핵심이다. 미세기후는 기의 순환에 있어서 기초적인 팩트와 순환성을 조절할 수 있는 기본적인 시뮬레이션이 될 것이다. 건축물과 이를 둘러싸고 있는 콘텍스트에 불어오는 기의 흐름은 해당 대지에 건축물의 삽입(건축) 전후로 시뮬레이션이 이루어져야 하며, 이것은 원활한 기의 조화와 순환에 있어서 중요한 가치를 가지게 될 것이다. 물론, 이 부분은 단순히 기술의 문제이고, 가장 중요한 것은 자연의 기를 원활하게 느끼면서 하나가 되고자 하는 '태도' 에 있었고 이를 중심으로 계획에 반영해야 할 것이다.

0143 조절능력, 자율성의 한국적 특성은 어떤 방식으로 동시대 건축에 적용할 수 있을 것인가?

동북아 사유의 중요한 흐름 중 하나는 물의 흐름과 같이 세상의 법칙(道)이 운행되기 때문에, 인위적 개입이 없기 때문에 자연스럽게 흐르도록(운행하도록) 놔두어야 한다는 생각이 강하게 자리잡고 있다. 노장사상이 대표적이다. 자연은 부족한 부분을 스스로 메꾸고 지나친 부분은 적절한 수준으로 끌어내려 평형을 맞춘다. 그것이 바로 자연의 조절능력과 자율성이라고 할 수 있다. 봄, 여름, 가을, 겨울의 순환에 있어서 양과 음의 대립적인 요소들이 순환하면서 동시에 중용의 밸런스를 이루어가는 것이 자연의 중요한 특징이다. 자연은 지나침이 있으면 나누어주고 모자란 부분은 더하여 평형을 맞추게 된다. 앞서 언급한 바와 같이 프랙탈의 경우, 부분적으로 보인 형태와 유사한 형태를 만들어내면서 조화를 이루고 있음을 확인할 수 있다. 부분적으로 다르게 보이는 것을 줌아웃해서 보게 되면 전체적으로 유사하게 나타날 수 있다. 그것이 바로 부분과 전체를 함께 나타내는 조절능력이자 자율성이라고 할 수 있다.

다차원의 시각이 공존하는 칠관법과 같은 방법론을 중시하는 동북아 회화(산수화, 사물화)의 방법론처럼 각자의 영역에서 그 부분을 바라보고 그리는 풍경이 여러 방향에서 직관적으로 합쳐지는 방식은 동북아 문화의 일부로서, 그것은 부분들이 각각 다른 방식으로 바라보고 있는 것이다. 또 다른 시각의 표현 요소들이 합쳐져서 전체의 회화가 되더라도 전체적인 시점에서 보았을 때 전체와 조화를 거스르지 않는 회화의 특성을 보인다. 이처럼 우리 민족은 다른 방식의 구성이나 이질적인 것들이 함께 공존하면서 동시에 전체적으로 조화를 이루는 조절능력이 매우 뛰어나다. 종묘의 박석의 부분적 이미지는 사당의 엄숙한 분위기와 정갈하고 단정한 분위기의 이미지와 대비되어 투박하고 거칠기까지 하다. 또한 각각의 박석 조각은 의도하지 않은 러프한 느낌의 다양한 자연적인 형태를 그대로 깔아 나간다. 우리 민족은 돌을 잘 다듬고 만드는 능력과 기술이 있었다. 그럼에도 불구하고 국가의 가장 중요한 상징적 시설 중 하나인 종묘가 박석의 거칠고 의도하지 않은 질감의 집합체로 만들었던 이유는 무엇인가? 앞서 언급한 바와 같이, 우연성의 우발적인 집합적 형태와 이미지의 집합이 오히려 엄숙함을 더욱 강화시켜주는 역설적인 상황을 만들어내기 때문이다. 투박하면서 정감있는 조절능력과 자율성을 보이는 조절능력과 자율성의 감각은 한국적 미감의 독특하면서 강점이 될 수 있는 부분이다.

그러나 산업사회에서는 모든 재료와 공법이 점차 균일화되고 산업적인 니즈에 맞추어 정확한 부분들이 서로 연결되면서 완성되기 마련이다. 오늘날 우연성과 불예측성은 미덕이 될 수 없는 자본에 근거하여 산업화된 여건에서 인간적인 맛과 우연성의 조절성을 획득할 수 있는 건축적 방법론은 무엇일까? 김인철은 '바우지움 미술관' 작업에서 쇄석과 콘크리트를 거푸집에 비벼넣어 벽체를 만들었다. 이를 통해 미술관의 내외부의 벽체들은 마치 자연의 돌과 같은 우연성의 벽체와 재질을 만들 수 있었다. 매끈한 콘크리트와 사이의 거친 쇄석이 우연적인 텍스처를 만들어서 투박하면서 정감있는 느낌을 내는 동시에 더 거시적인 시각에서 장식이 없는 모더니즘 건축의 평활하고 긴 벽면의 느낌을 만들고 있다. 이 방식은 우연성과 조절성을 중심으로 하는 한국적 특성과 모더니즘의 연결을 보여주는 것이다. 그것은 한편으로 우연성이 상당부분 영향을 주고 있으며, 건축이 지니는 현장의 탄력성을 적용한 결과라고 표현할 수도 있을 것이다. 그 면들이 만들어내는 공간의 영역은 마치 옛 전통 마을의 낮은 담장들을 연상케 하기도 한다. 동시에 강원도 태백산맥의 자락에서 느껴지는 자연스러운 조경과 암석 그리고 수공간이 조화를 이루는 방식은 이것이 원래부터 있었던 자연인지 조성되어 있는 조경인지 헷갈릴 정도로 자연스러운 원림을 조성하고 있다. 방문자는 이동 경로를 자연스럽게 이끄는 스크린과 같은 벽의 인도함 이후에 인공의 원림을 만나게 된다. 조경가 안상수가 작업한 원림은 있는 그대로의 모습으로 사람의 동선을 끌어들여 사람과 자연이 최대한 자연스럽게 만날 수 있도록 이끌고 있다. 즉, 인간이 자연으로 걸어 들어가 하나가 되는 장면을 연출한다. 그것은 자연과 하나가 되는 건축적 표현과 의도적인 우연을 기획한 자연스러운 조절능력의 한국적 특성이 드러나는 장면이다.

다른 사례로 김인철이 계획한 신신제약의 조형은 프랙탈적인 느낌의 다이아몬드 형태의 요소들이 부분에서 전체로 확장되면서 입면을 만들고 있으며 이로 인해 햇빛의 투과와 그림자 문양이 시시각각 변화하도록 계획하고 있다. 이와 동시에 바닥에 깔은 흰 자갈의 자연 재료가 우연을 가장한 의도된 분위기를 연출할 수 있도록 한다는 점에서 특유의 조절 능력을 보여주는 방식을 선보이고 있다. 신신제약에서 다이아몬드 문양이 조합을 이루는 파사드와 문양의 크기를 조합하여 만들어지는 외피는 프랙탈의 자기유사성이 부분과 전체로 확장됨을 암시한다. 내부에 들어가면 다이아몬드 문양이 루버 역할을 하면서 동시에 태양의 흐름에 따라 그림자의 다양한 표정을 내부에 드리우게 만들고 있다. 특히 로비에서 중정부분에 이르는 바닥 면에 흰 자갈을 불규칙하게 배치하고 에폭시 마감을 한 방식은 마치 바우지움과 종묘의 박석의 우연성을 지닌 조절성을 생각나게 한다. 신신제약 사옥의 경우, 자본주의 사회의 제약의 신전을 만들어낸 것 같은 느낌이다. 거기에는 부분에서 전체로 확장되는 조형 및 공간구성조직의 원리, 열림과 닫힘, 그리고 조절능력과 자율성은 한국건축이 가지고 있는 고유한 특성등이 구현되고 있다. 조절능력의 현대적 해석과 적용은 한국적 특성을 살릴 수 있는 하나의 방안이 될 수 있다.

17

임형남, 노은주의 금산주택의 경우, 맞배지붕의 전통 반가주택의 동시대적 버전의 번안을 훌륭하게 성취한 작품이다. 이 작품은 동시대의 산업 목자재 및 목구조와 지붕의 클래딩 등의 서구식 공법 등을 차용하여 서양식의 박공지붕을 구축하면서도 한국적 맞배지붕의 느낌을 잘 살리고 있다. 또 자연의 기를 원활하게 느낄 수 있는 대청마루와 창호를 적용하면서도 동시대적인 라이프 스타일의 주거공간과 단열 및 창호 기술을 적절하게 접목하였고 미니멀적인 표현으로 담백함을 주어 사대부의 청빈함을 드러내는 옛 주택의 느낌을 잘 살리고 있다. 주택이 거의 대부분 기성 산업재료와 구축법을 따랐지만, 대청에서 풍경을 바라보는 방향의 주요한 기둥은 자연 그대로의 목새 기둥을 체택하여 옛 방식대로 배치했다. 마치 한옥의 대들보와 기둥을 최대한 자연 그대로의 형태와 느낌이 나도록 다듬어서 구축하는 것과 유사하다. 이렇게 전통 건축의 재료의 자연스러움과 상부의 산업재료 특유의 기계적 정갈함은 부조화를 이룰 수밖에 없겠지만, 금산주택은 그것을 훌륭하게 조화시키고 있으며, 그 결과물은 주변의 수려한 경관과 잘 어울리는 선택이 되고 있다. 금산주택의 외부에는 마치 병산서원의 외부에 있는 측간과 같이, 문이 없이 돌아 들어가는 재래식 화장실의 그리드 버전으로 번안된 외부화장실이 계획되어 있고 외부는 벤치와 수돗가가 결합되어 있는데 그것은 수려한 주변 자연과 하나가 될 수 있는 훌륭한 고안물이다. 그것은 단순히 한국건축의 이미지 요소일 뿐이라고 말할 수도 있을지 모르겠다. 그러나 자연합일을 중시했던 동북아 사유와 한국인의 멋과 정취를 중시하는 주거문화를 생각했을 때 금산주택은

17 금산주택과 전통과 동시대적 구법의 융합(가온건축 제공/박영채 작가)

성공적으로 그 이미지와 기능을 동시대적으로 만족시키고 있다. 대청에 앉아 바깥을 바라보며 자연과 하나가 되는 일체감을 위해 대청마루의 특징적인 포인트에 자연적 재료를 도입한 것은 훌륭한 성취이며 향후 한국건축에서 생각해보아야 할 방법론의 사례가 될 수 있을 것이다.

20세기 건축의 폐해를 극복하고 동시대적인 '관계 중심의 비건축, 관계의 건축, 생명의 건축(氣건축)은 어떻게 성취될 수 있을 것인가? 그것은 결국 자연과 하나가 되고자 하는 선조들의 지혜를 참고하여 오늘날에 새롭게 적용하는 자세에서 나온다. 효율성, 문제해결의 이성적 태도와 자본사회의 대상화된 태도의 자연관이 아니라 동북아 사상에서 자연을 대하는 태도가 중심이 되어 자연과 하나가 되어 살아갈 수 있는 방안에 대해서 새롭게 생각할 필요가 있다. 특히 자연합일을 이룰 수 있는 생활과 정신자세와 생활 태도가 하나가 되어 삶의 터전과 일터의 건축에도 동일하게 자연과 일체화되며 자연을 향유할 수 있는 건축문화를 새롭게 생각해볼 필요가 있다.

참고문헌

국내 단행본

1. 건축, 도시 부문

- 강상중, 공간-아시아를 묻는다, 이강민 역, 한울, 2007
- 강영환, 아시아 건축기행-유토피아를 디자인하다, 한길사, 2019
- 강영환, 건축에 담긴 문화읽기(중국남방 건축기행), 울산대학교출판부, 2003
- 건축운동연구회, 건축운동 4 (한국근대건축개론), 대건사, 2004
- 건축세계 편집부, 중국고건축 세트[전10권], 건축세계, 2015
- 건축평단, 건축평단 2017.봄 - 통권9호, 반지역주의, 반세계주의, 건축평단, 2017
- 건축평단, 건축의 한국성, 정예씨, 2015
- 고유섭, 조선건축미술사 초고 (우현 고유섭 전집 6),열화당, 2010
- 고토 오사무, 일본 건축사, 김왕직, 조현정 역, 한국학술정보, 2011
- 국민대학교 건축대학, 통섭지도: 한국건축을 위한 아홉 개의 탐침, 공간사, 2007
- 권태문, 건축미학과의 만남, 대가, 2009
- 김개천, 명묵의 건축, 컬처그라퍼, 2011
- 김경표, 동양건축사, 보성각 2014
- 김도경, 지혜로 지은 집, 한국 건축, 현암사, 2011
- 김도수, 참 한옥 집 짓기-김 목수가 살림집 현장에서 쓴 이야기, 보리, 2015
- 김동욱, 한국건축 중국건축 일본건축-동아시아 속 우리 건축 이야기, 김영사, 2015
- 김동욱, 조선시대 건축의 이해, 서울대학교출판문화원, 2013
- 김동욱, 한국건축의 역사, 기문당, 2013
- 김봉렬, 김봉렬의 한국건축 이야기 1-시대를 담는 그릇, 돌베개 2006
- 김봉렬, 김봉렬의 한국건축 이야기 2 - 앎과 삶의 공간, 돌베개 2006
- 김봉렬, 김봉렬의 한국건축 이야기 3-이 땅에 새겨진 정신 돌베개, 2006
- 김성도, 근현대 문화재: 건축유산의 보존과 활용, 고려, 2012
- 김성도, 사진으로 풀어본 한일전통건축, 고려, 2012
- 김승제, 의상대사 구법 건축순례행기, 조계종출판사, 2018
- 김왕직, 조선후기 건축경제사, 한국학술정보, 2005
- 김왕직, 알기쉬운 한국건축 용어사전, 동녘, 2007
- 김인철, 공간열기, 동녘, 2011
- 김홍식, 민족건축론, 한길사, 1987
- 김홍식, 대동사회 건축론, 발언, 2016
- 노은주, 임형남, 집을 위한 인문학, 인물과 사상사, 2019
- 대한건축학회, 동양건축사도집(축학전서 11), 1995
- 대한건축학회, 동양건축사도집, 기문당, 1995
- 러우칭시, 중국의 고대건축, 한동수 역, 혜안 2004
- 리여성, 조선 건축 미술의 연구, 한국문화사, 1999
- 리화선, 조선건축사 3, 발언, 1993
- 리화선, 조선 건축사: 원시-근대편 (조선부문사 시리즈), 사회과학출판사, 2012
- 리화선, 조선건축사 2, 발언, 1993
- 무라타 겐이찌, 일본 전통 건축 기술의 이해, 임채현, 김철주 역, 한국학술정보 2009
- 민현식, 건축에게 시대를 묻다, 돌베개, I2006
- 박강철, 현대 건축의 전화, 조선대학교출판부, 1999
- 박윤준, 정승진, 아시아 건축의 이해, 서울하우스, 2010
- 박정해, 조선 유교건축의 풍수 미학: 서원과 향교 건축을 중심으로, 민속원, 2013
- 박정해, 풍수이야기, CIR, 2014
- 박시익, 한국의 풍수지리와 건축, 일빛, 1999
- 박언곤, 일본 건축사-건축읽기, 발언, 1994
- 박정해, 한국 유교건축에 담긴 풍수 이야기, CIR(씨아이알), 2014
- 박정해, 조선 유교건축의 풍수 미학-서원과 향교건축을 중심으로, 민속원, 2013
- 삼성문화재단, 땅의 깨달음 한국건축, Leeum, 2015, 프라니스코 사닌, 관계의 건축
- 새로운 한옥을 위한 건축인 모임, 한옥에 살어리랏

다, 돌베게, 2007
- 샤오모, 건축의 의경-동양과 서양의 건축은 어떻게 다른가, 박민호 역, 글항아리, 2019
- 서경원, 한국건축 속의 인문학, 도서출판 담디, 2016
- 세키노 타다시, 韓國의 建築과 藝術, 건축문화, 1990
- 손세관, 집의 시대: 시대를 빛낸 집합주택, 집(도서출판), 2019
- 스기야마 노부조, 일본조선비교건축사, 서동천 역, 세진사, 2017
- 신응수, 경복궁 근정전-무형문화재 대목장 신응수의 근정전 중수기, 현암사, 2005
- 신응수, 목수 - 나무를 다루다, 사람을 다루다, 열림원, 2005
- 신응수, 大木匠 신응수의 목조건축 기법_한국건축, 천년의 지혜를 전하다, 눌와, 2012
- 신영훈, 사원 건축, 대원사, 1989
- 안영배, 흐름과 더함의 공간, 다른세상, 2008
- 안창모 외, 한국의 근대건축, 북노마드, 2011
- 영건의궤 연구회, 영건의궤: 의궤에 기록된 조선시대 건축, 동녘, 2010
- 오인욱, 오인욱교수의 한국 근대건축 속의 공간디자인, 고성도서유통, 2012
- 왕수, 집을 짓다: 건축을 마주하는 태도, 아트북스,.2020
- 왕 치쥔, 중국 민가: 천년을 이어온 사람의 집, 박철만 역, 2016
- 옥한석, 풍수: 시간리듬의 과학: 고전적 풍수지리와 그의 현대적 재해석, 이지출판, 2017
- 윤장섭, 인도의 건축, 기문당, 2002
- 윤장섭, 불교건축(佛教建築), 중국의 건축, 1999
- 유돈정, 중국고대건축사, 세진사, 2004
- 윤일주, 한국근대건축사연구, 기문당, 1988
- 윤장섭, 한국건축사, 동명사, 2008
- 윤장섭, 한국건축사론, 기문당, 1990
- 윤장섭, 한국의 건축, 서울대학교출판부, 2008
- 윤장섭, 중국 건축기행, 기문당, 2005
- 윤장섭, 인도의 건축, 서울대학교출판부, 2002
- 윤장섭, 일본의 건축, 서울대학교출판부, 2000
- 윤장섭, 중국의 건축, 서울대학교출판부, 1999
- 윤장섭, 한국의 건축, 서울대학교출판부, 2008
- 이강민, 도리구조와 서까래구조-동아시아 문명과 목조건축의 구조원리, 시공문화사, 2013
- 이강민, 한옥문화의 세계화을 위한 인문학적 가치 발굴 연구 3, auri(건축도시공간연구소), 2014
- 이강민, 현대 한옥기술의 변화와 전망, auri(건축도시공간연구소), 2014
- 이강민, 한옥활성화를 위한 신한옥 모델개발 연구 2, auri(건축도시공간연구소), 2013
- 이광노, 한국근대건축: 한국 근대건축 연구, 곰시, 2014
- 이상정, 한국 풍토건축의 멋, 경상대학교출판부, 2012
- 이상해, 궁궐 유교건축(한국 미의 재발견 12권), 솔, 2004
- 이상헌, 한국 건축의 정체성-서양 건축과의 차이를 통해 보다, 미메시스, 2017
- 이중우, 건축사상과 공간, 기문당, 2002
- 이희숙, 이슬람 건축의 동양과 서양, 이담북스, 2016
- 임기택, 후기구조주의와 건축이론, 시공문화사, 2016
- 임석재, 우리 옛 건축과 서양 건축의 만남, 대원사, 1999
- 임석재, 한국 전통건축과 동양사상, 북하우스, 2005
- 임석재, 절 건축에서 불교를 보다: 법주사, 일상성으로 체상용 삼대를 설하다, 나녹, 2019
- 임석재, 한국 현대건축의 지평 1, 인물과사상사, 2013
- 임석재, (예로 지은) 경복궁, 인물과사상사, 2015,
- 임석재, 지혜롭고 행복한 집 한옥, 인물과 사상사, 2013
- 자오광차오, 마젠충, 세상에서 가장 친절한 중국 건축 이야기, 이명화 역, 다빈치 2014
- 장경호, 한국의 전통건축, 문예출판사, 1992
- 장기인, 목조-한국건축대계 5, 보성각, 1998
- 장기인, 석조-한국건축대계 7, 보성각, 1997
- 장헌덕, 중국과 한국의 불교건축, 빛과글, 2005
- 전봉희 , 이규철, 서영희, 한국 근대도면의 원점, 서울대학교출판문화원, 2012

- 전봉희, 3칸×3칸-한국건축의 유형학적 접근, 서울대학교출판부, 2006
- 전봉희, 나무, 돌, 그리고 한국건축문명, 21세기 북스, 2021
- 정연상, 한국 전통 목조건축의 결구법 맞춤과 이음, 고려(도서출판), 2010
- 정영철, 한국건축의 흐름, CIR(씨아이알), 2016
- 주남철, 한국건축의장-한국문화예술대계 1, 일지사, 1979
- 주진형, 최형순, 한국 건축 공간 디자인, 구미서관, 2015
- 중국 근대건축 1, 한동수 역, 발언, 1994
- 중국 근대건축 2, 한동수 역, 발언, 1994
- 최부득, 건축가가 찾아간 중국정원: 강남 원림건축 26곳, 미술문화, 2008
- 최우용, 일본 건축의 발견-일본 건축은 어떻게 세계건축계의 주류가 되었는가, 궁리 2019
- 최종현, 옛 사람의 발길을 따라가는 우리 건축 답사 1, 현실과문화, 2010
- 최종현, 옛 사람의 발길을 따라가는 우리 건축 답사 2, 현실과문화, 2010
- 최창조, 땅의 논리, 인간의 논리, 민음사, 2000
- 퍼트리샤 아이헨바움 카레츠키, 불교 예술과 건축, 박선영 역, 시그마북스, 2016
- 프리미어 편집부, 한국의 전통사찰, 우리 전통건축의 모습-프리미어, 2018
- 쿠마 켄고, 쿠마 켄고, 건축을 말하다. 작고, 낮고, 느리게, 이정환 역, 나무생각, 2020
- 쿠마 켄고, 임태희 역, 약한 건축, 안그라픽스, 2010
- 쿠마 켄고, 임태희 역, 작은 건축, 안그라픽스, 2014
- 쿠마 켄고, 임태희 역, 자연스러운 건축, 안그라픽스, 2010
- 쿠마 켄고, 점, 선, 면, 송태욱 역, 안그라픽스, 2021
- 한국건축역사학회 , 한국건축답사수첩, 동녘, 2008
- 한국건축역사학회, 한국 건축사연구 1_분야와 시대, 발언, 2003
- 한국건축역사학회, 한국 건축사연구 2 이론과 쟁점, 발언, 2003
- 한국건축역사학회 집필진, 한옥 설계의 원리와 실무, 국토교통부, 2014
- 한동수, 중국고건축 · 원림감상입문, 세진사, 1997
- 함성호, 철학으로 읽는 옛집: 조선의 성리학자들은 왜 건축에 중독되었는가, 열림원, 2011
- 황두진, 당신의 서울은 어디입니까?- 서울을 다시 짓는 건축가, 황두진의 나의 도시 이야기, 해, 2005
- 황두진, 가장 도시적인 삶 - 무지개떡 건축 탐사 프로젝트, 반비, 2017
- 황두진, 한옥이 돌아왔다 : 건축가 황두진의 한옥짓기, 공간사, 2006
- 허균, 한국 전통 건축 장식의 비밀, 대원사, 2013
- 후지시마 가이지로, 한의 건축문화 나의 연구 60년, 곰시, 2011
- 히사오 코야마, 건축의장 12강, 김광현 역, 도서출판 국제, 2008
- Amos Ih Tiao Chang, 건축공간과 노자사상, 윤장섭 역, 기문당, 1984

2. 철학 부문

- 강성률, 청소년을 위한 동양철학사-한권으로 끝내는 동양철학 이야기, 평단, 2009
- 강상중, 오리엔탈리즘을 넘어서, 이경덕, 임성모 역, 이산, 1997
- 강신주, 강신주의 노자 혹은 장자-노자의 길과 장자의 길 사이에서, 오월의봄, 2014
- 강신주, 철학 VS 철학 - 동서양 철학의 모든 것, 오월의봄, 2016
- 강신주, 장자 & 노자: 道에 딴지걸기, 김영사, 2013
- 길희성, 인도 철학사, 소나무, 2019
- 권일찬, 주역학 개론, 한국학술정보, 2012
- 금장태, 聖學十圖와 퇴계철학의 구조, 서울대학교출판부, 2001
- 김용헌, 조선성리학, 지식권력의 탄생, 프로네시스, 2010
- 김형효, 철학나그네, 소나무, 2010
- 김형효, 마음나그네, 소나무, 2010
- 김형효, 사유나그네, 소나무, 2010
- 나카지마 다카히로, 저, 조영렬 역, 장자, 닭이 되어 때를 알려라, 글항아리, 2010
- 노스코트 파킨슨, 동양과 서양, 안정효 역, 김영사, 2011

- 라다크리슈난, 인도철학사 1, 이거룡 역, 한길사, 1996
- 뤼스 이리가라이, 동양과 서양 사이-개인으로부터 공동체로, 동문선, 2000
- 리쩌허우, 중국고대사상사론, 정병석 역, 한길사, 2005
- 리쩌허우, 중국근대사상사론, 임춘성 역, 한길사, 2005
- 리쩌허우, 중국현대사상사론, 김형종 역, 한길사 2005
- 리처드 곰브리치, 곰브리치의 불교 강의, 송남주 역, 불광출판사, 2018
- 리처드 니스벳, 생각의 지도-동양과 서양, 세상을 바라보는 서로 다른 시선, 최인철 역, 김영사, 2004
- 마르셀 그라네, 중국사유, 유병태 역, 한길사 2015
- 모리 미키사부로, 저, 노장과 불교, 법장관, 1986
- 박성배, 한국사상과 불교 : 원효와 퇴계, 그리고 돈점논쟁, 혜안, 2009
- 박동환, 서양의 논리 동양의 마음, 사월의책, 2017
- 박우찬, 박종용, 동양의 눈 서양의 눈, 재원, 2016
- 북경대학교철학과연구실, 중국 철학사 1, 박원재 역, 간디서원, 2005
- 서행정, 인도철학 이야기, 한국외국어대학교출판부 지식출판원(HUINE), 2013
- 세계사상연구회, 간단 명쾌한 동양사상, 이소담역, 시그마북스, 2010
- 스피노자, 에티카, 강영계 역, 2008
- 신정근, 철학사의 전환, 글항아리, 2012
- 에드워드 W. 사이드, 오리엔탈리즘, 박홍규 역, 교보문고, 2015
- 오태석, 시공간의 인문학, 역락, 2021
- 유종근, 한국풍수의 원리, 동학사, 1997
- 윤홍식, 마음챙김의 지혜100, 봉황동래, 2006
- 윤홍식, 수심결강의, 봉황동래, 2007
- 이기동, 주역, 동아출판사, 1994
- 이동건, 조선시대의 성학십도 聖學十圖 유포 · 확산에 대한 연구, 인문사, 2014
- 이병욱, 인도철학사, 운주사, 2004
- 이승환, 김용석, 서양과 동양이 127일간 e-mail을 주고받다, 휴머니스트, 2001
- 이안 부루마, 아비샤이 마갈릿, 옥시덴탈리즘 - 반서양주의의 기원을 찾아서,송충기 역, 민음, 2007
- 이정우, 세계철학사 1-지중해세계의 철학, 길, 2018,
- 이정우, 세계철학사 2-아시아세계의 철학, 길, 2018
- 이지수, 인도 불교철학의 원전적 연구, 여래, 2014
- 이승종, 동아시아 사유로부터 : 시공을 관통하는 철학자들의 대화, 동녘, 2018
- 이시이 코세이, 동아시아 불교사, 최연식 역, CIR, 2020
- 이율곡, 율곡전서 제 10권 답성호원答成浩源
- 이율곡, 율곡전서 율곡전서 제 9권 답박화숙答朴和叔
- 이진경, 불교를 철학하다 : 21세기 불교를 위한 하나의 초상, 휴, 2016
- 오태석, 노장선역, 동아시아 근원사유, 역락, 2017
- 장영훈, 생활풍수강론, 기문당, 2000
- 장왕식, 동양과 서양, 종교철학에서 만나다, 동연(와이미디어), 2016
- 정대현, 한국 현대 철학 : 그 주제적 지형도, 이화여자대학교출판문화원, 2016
- 정재서, 한국 도교의 기원과 역사, 이화여자대학교출판문화원, 2006
- 질 들뢰즈, 차이와 반복, 김상환 역, 민음사, 2004
- 최영진, 한국철학사, 새문사, 2009
- 최진석, 생각하는 힘, 노자 인문학, 위즈덤하우스, 2015
- 최창조, 한국의 풍수사상, 민음사, 1984
- 펑유란, 중국철학사_상, 하, 박성규 역, 까치, 1999
- 펑유란, 간명한 중국철학사, 정인재 역, 마루비, 2018
- 폴 A. 코헨, 학문의 제국주의-오리엔탈리즘과 중국사, 이남희 역, 순천향대학교출판부, 2013
- 틸만 호이트, 주희의 사유세계, 김변환 역, 교육과학사, 2010
- 한스 요아힘 슈퇴리히, 세계 철학사, 박민수 역, 자음과모음(이룸), 2008
- 한자경, 불교철학의 전개, 인도에서 한국까지, 예문서원, 2003
- 한자경, 마음은 이미 마음을 알고 있다: 공적영지, 김영사, 2018
- 한자경, 한국철학의 맥, 이화여대출판부, 2008

- 한자경, 대승기신론 강해, 불광출판사, 2013
- 한자경, 선종영가집 강해, 불광출판사, 2016
- 한자경, 성유식론 강해, 서광사, 2019
- 한중수, 사주학 대강의, 동반인, 2004

3. 예술 부문

- 강희정, 구하원, 조인수, 클릭, 아시아미술사-선사토기에서 현대미술까지, 예경, 2015
- 구노 미키 중국의 불교미술, 최성은 역, 시공사, 2001
- 레지스 드브레, 정진국 역, 이미지의 삶과 죽음, 글항아리, 2011
- 마츠바라 사브로 동양미술사, 예경, 1998
- 무동금강, 밀교 만다라의 서: 비밀 법장의 세계, 김양수 역, 맑은샘, 2020
- 바이하원, 불교미술 입문을 위한 중국사원 문화기행, 배진달 역, 예경, 2001
- 아놀드 하우저, 문학과 예술의 사회사, 백낙청 역, 창작과 비평사, 1974
- 자현 스님, 사찰의 상징세계. 上, 돌베개, 2012
- 자현 스님, 사찰의 상징세계. 下, 돌베개, 2012
- 홍윤식, 만다라, 대원사, 1992

외국단행본

- Arata Isozaki, Japan-ness, The MIT Press, 2006
- Agger, Ben, Cultural Studies as Critical Theory, London: Falmer Press, 1992
- Botond Bognar, Material Immaterial, Princeton Architectural Press, 2009
- The Japan Architects JA 109, Shinkenchiku-sa, 2018
- Balmond, Cecil, Element, 2007
- Norberg-Schulz, Christian, "Kahn, Heidegger and the Language of Architectre,"Oppositions, no 18(Fall, 1979)
- Norberg-Schulz, Christian, Intentions in Architecture, Cambridge, Mass, The M.I.T Press, 1992

국내 학위논문

- 이영수, 건축구성형식의 변화와 특성에 관한 연구, 홍익대 박론, 1992
- 박항섭, 한국 현대건축의 양태와 표현특성에 관한 연구, 홍익대 박론, 1997
- 이재원, 쿠마 켄고의 건축구축방법론에서 소멸성에 관한 연구, 부경대학교 건축학과, 2019

학회 논문

- 김규순, 고대 풍수지리학에 대한 도가사상 고찰, 한국민족문화 (60), 2016.8, 181-201
- 김재식, 안영배, 전남 승주군 조계산의 선암사의 택지에 관한 연구, 대한건축학회 논문집 11(6), 1995.6, 81-88
- 김봉렬, 한국과 일본의 가람배치계획 비교연구, 대한건축학회 논문집, 1988, 8
- 김봉렬, 박종진, 고려 가람의 구성형식에 관한 기초적 연구, 대한건축학회 논문집 5(6), 1989.12, 27-35
- 임충신, 최일, 김봉열, 교의적 해석을 통해 본 조선사찰의 전각 구성, 대한건축학회 논문집 4(4), 1988.8, 25-36
- 김봉렬, 이광노, 극락정토 신앙과 정토계 사찰의 가람구조, 대한건축학회 논문집 4(4), 1988.8, 63-71
- 김봉렬, 근세기 불교사찰의 건축계획과 구성요소 연구, 건축역사연구, 제4권 2호 통권8호 1995. 12
- 김봉열, 조선왕실 원당사찰건축의 구성형식, 대한건축학회 논문집 12(7), 1996.7, 97-105
- 김봉렬, 한국과 일본의 가람배치계획 비교연구, 건축사
- 김봉렬, 화엄사 사찰중심의 중심 개념, 대한건축학회 학술발표대회 논문집-계획계 8(2), 1988.10, 219-222
- 김봉렬, 이광노, 극락정토 신앙과 정토계 사찰의 가람구조, 대한건축학회 논문집 4(4), 1988.8, 63-71
- 김봉렬, 전통주택 선교장의 건축이론과 계획개념 연구, 건축역사연구 제7권 1호 14호 1998.3
- 김봉렬,, 현대 도시사찰의 건축계획과 구성요소에 관한 연구, 대한건축학회 논문집 11(4), 1995.4, 109-118
- 김성우, 건축에서의 근대적 오류와 전통적 대안,

한국인문사회과학회, 현상과인식 21(1), 1997.4, 29-51
- 김성우, 김홍주, 18세기 사찰 주불전의 건축적 특성, 대한건축학회 논문집-계획계 17(6), 2001.6, 83-90
- 김성우, 建築場 구성 체계와 해인사 건축장 고찰, 대한건축학회 논문집-계획계 23(1), 2007.1, 73-80
- 김성우, 동아시아 불사의 최초 형식, 대한건축학회 논문집 3(3), 1987.6, 105-113
- 김성우, 물리학적 장 개념을 도입한 건축장 이론의 구축과 적용가능성, 대한건축학회 논문집-계획계 21(5), 2005.5, 107-114
- 김성우, 분황사지와 7세기 불교건축의 전개, 대한건축학회 논문집 12(1), 1996.1, 125-135
- 김성우, 정인종, 선암사 육방건축의 형식과 성격, 대한건축학회 논문집 13(10), 1997.10, 149-160
- 김성우, 아시아 시대, 아시아 건축의 의미, 건축 57(11), 2013.11, 6-7
- 김성우, 한국 풍수에 대한 인식의 변화, 민족사상 8(3), 2014.10, 139-169
- 도용호, 이재헌, 유학사상의 사유체계에 의한 향교. 서원건축의 공간구성에 관한 연구, 대한건축학회 논문집 11(8), 1995.8, 95-106
- 도용호, 유학적 생활규범에 의한 조선시대 주거건축의 공간구성에 관한 연구, 대한건축학회 논문집 14(1), 1998.1, 169-178
- 도용호, 이재헌, 유학적 질서규범에 의한 향교건축의 배치에 관한 연구, 대한건축학회 논문집 11(7), 1995.7, 77-89
- 도용호, 이세호, 이재헌, 향교.서원건축의 입지환경에 관한 연구, 대한건축학회 학술발표대회 논문집-계획계 6(2), 1986.10, 91-94
- 박성대, 지종학, 회재 이언적 유적지의 풍수적 특성, 한국민족문화 , (77), 2020.11, 405-436
- 석준호, 김성우, 고려시대 불교건축의 경향과 성격, 대한건축학회 논문집-계획계 32(7), 2016.7, 75-84
- 성인수, 동양의 입체오행사상을 통하여 본 세계관과 건축공간 배치에 관한 가설, 건축 27(4), 1983.8, 44-53
- 안영배, 금산사 건축공간의 시각적 분석, 대한건축학회 논문집 9(5), 1993.5, 37-44
- 안영배, 시지각적 분석에 의한 금산사 가람배치에 관한 고찰, 대한건축학회 논문집 8(3), 1992.3, 71-78
- 안영배, 통도사 가람배치에 관한 연구 - 외도공간의 구성을 중심으로, 건축 25(1), 1981.2, 3-7
- 안영배, 화엄사 건축공간의 시각적 분석, 대한건축학회 논문집 2(3), 1986.6, 49-55
- 이명선, 김봉렬, 임충신, 강릉 선교장의 변화과정에 관한 연구, 대한건축학회 학술발표대회 논문집-계획계 17(2), 1997.10, 329-335
- 이왕기, 한국 유교건축의 경의 공간 에 관한 연구, 대한건축학회 논문집 2(5), 1986.10, 37-48
- 이용범, 천득염, 임영배, '경'으로 본 정자건축의 장소성에 관한 연구, 대한건축학회 논문집 10(6), 1994.6, 89-99
- 이정국, 박광규, 이해성, 조선시대 향교건축의 배치와 공간구성에 관한 연구, 대한건축학회 논문집 6(5), 1990.10, 29-36
- 이웅희, 이중우, 동양사상의 중심성을 통하여 본 전통주거의 마당공간에 관한 연구, 대한건축학회 논문집 11(5), 1995.5, 59-70
- 이인희, 이중우, 건축공간의 총상적 해석에 관한 연구, 대한건축학회 논문집-계획계 14(6), 1998.6, 3-12
- 이인희, 이중우, 체용사상의 건축적해석과 적용에 관한 연구, 대한건축학회 논문집 11(11), 1995.11, 69-77
- 이중우, 한국 전통건축의 생태미학과 그 현대적 변용, 한국학연구원 학술대회, 2010.10, 237-253
- 이중우, 현대 건축이론의 동향과 해석에 관한 연구, 대한건축학회 논문집 4(6), 1988.12, 33-40
- 이현병, 김성우, 형국이 서남향을 향하는 전통마을에서 주택의 방위적 특성, 韓國農村建築學會論文集 제11권 3호 통권34호 2009. 8
- 이현병, 김성우, 北向形局의 安東 臨河마을에서 주택의 方位的 특성, 대한건축학회 학술발표대회 논문집-계획계 28(1), 2008.10, 309-312
- 전봉희, 한옥의 유형과 신한옥의 지향점, 건축 57(4), 2013.4, 58-61
- 전봉희,한국건축에 적용된 축(軸) 개념의 다의성과

한계, 대한건축학회 학술발표대회 논문집 34(2), 2014.10, 229-230
- 전봉희, 한옥의 유형과 신한옥의 지향점, 건축 57(4), 2013.4, 58-61
- 전봉희, 전남지역의 모정건축에 관한 연구, 대한건축학회 논문집 10(5), 1994.5, 69-78
- 전해주, 김동진, 일본 현대건축의 생성적 공간구현 특성, 한국실내디자인학회논문집 제23권 4호 통권 105호, 2014
- 정승안, 범어사의 건축공간에 대한 주역사회학적 분석, 한국학논집 51, 2013.6, 357-384
- 조성호, 김성우, 한옥형 공공건축물의 계획유형과 디자인 특성, 한국주거학회논문집 25(4), 2014.8, 101-110
- 조은경, 박언곤, 고대 동아시아 불탑 구조체계를 통해 본 미륵사지석탑, 건축역사연구, 제20권 5호 통권78호 2011.10
- 홍병화, 김성우, 조선시대 寺刹門樓 건축형식의 변화과정에 대한 연구, 대한건축학회 논문집 - 계획계 25(11), 2009.11, 197-208
- 홍성수, 한국 전통건축과 동양사상, 건축 49(2), 2005.3, 98-99
- 황호진, 박언곤, 현대 도시 사찰의 공간구성에 관한 연구, 대한건축학회 학술발표대회 논문집-계획계 20(1), 2000.4, 163-166

잡지

- 김봉렬, 20세기 한국건축의 유산과 교훈, 건축사, 99년 1월호
- 김봉열, 대한건축사협회, 건축사, 180호 1984
- 김봉렬, 심광현, [대담] 한국문화의 정체성을 말하다, 문화과학 , 문화과학사 2005.06, 296-317

동북아 사유와 건축이론 시리즈 1
Thinking and Architectural Theory in Northeast Asia

내재성의 철학과 생기(生氣)의 건축

1판 1쇄 2023년 1월 5일

저자 임기택(ktarchitect@pknu.ac.kr)

발행인. 김기현
발행처. 시공문화사(Spacetime)
디자인. Design Battery

등록. 1993년 3월 12일
주소. 서울시 서대문구 독립문공원길 13 극동프라자 5층(03733)
전화. 02)3147-1212, 2323
전송. 02)3147-2626

www.spacetime.co.kr, spacetime@korea.com
ISBN 978-89-5592-462-6 93540

정가 10,000원